准静态电磁场数值分析方法

李　琳等著

科学出版社
北　京

内 容 简 介

本书以作者团队多年在电磁场理论及数值计算方法方面的科研成果为基础，结合实际的工程问题介绍准静态电磁场的若干数值计算方法。第 1 章为全书的理论基础，介绍准静态定律、导电媒质中的电场、磁准静态场、电磁扩散、电磁能等内容。第 2～5 章针对电准静态场的数值计算方法，分别介绍极性反转瞬态电场的标量电位有限元法、极性反转电场的节点电荷电位有限元法、交直流复合电场的频域有限元法和瞬态电场的降阶计算有限元法。第 6～8 章针对磁准静态场的数值计算方法，分别介绍求解电力变压器直流偏磁问题的谐波平衡有限元法及其分解算法、场路耦合的时间周期有限元法和雷电通道近区准静态电磁场计算方法。

本书可供在电磁场理论、计算电磁学、电力装备电磁问题等领域从事科学研究和技术开发工作的人员参考，也可作为高等院校相关专业研究生的教学参考书。

图书在版编目（CIP）数据

准静态电磁场数值分析方法 / 李琳等著. —北京：科学出版社，2019.5
ISBN 978-7-03-061084-3

Ⅰ. ①准… Ⅱ. ①李… Ⅲ. ①电磁场-数值分析 Ⅳ. ①O441.4

中国版本图书馆 CIP 数据核字（2019）第 075456 号

责任编辑：闫 悦 / 责任校对：张凤琴
责任印制：吴兆东 / 封面设计：迷底书装

科 学 出 版 社 出版
北京东黄城根北街 16 号
邮政编码：100717
http://www.sciencep.com

北京中石油彩色印刷有限责任公司 印刷
科学出版社发行 各地新华书店经销
*
2019 年 5 月第 一 版 开本：720 × 1000 1/16
2020 年 1 月第二次印刷 印张：11 1/4 插页：2
字数：212 000

定价：78.00 元

(如有印装质量问题，我社负责调换)

本书撰写人员

李　琳	华北电力大学
刘　刚	华北电力大学
赵小军	华北电力大学
王　平	华北电力大学
纪　锋	全球能源互联网研究院有限公司
王帅兵	南方电网科学研究院有限责任公司
谢裕清	国网浙江省电力有限公司信息通信分公司

前　言

建立在牛顿力学基础上的经典电磁场理论是电气、电子、通信、微波和航天等学科的理论基础，经过一个多世纪的发展，以麦克斯韦方程组为核心，形成了电磁场完备的理论体系。电磁场理论的核心是麦克斯韦方程组，其由安培环路定律、电磁感应定律、磁通连续性原理和高斯定理组成，系统描述了电磁场的时空分布特性和场量之间的相互作用关系。

电磁场可以分类成静态电磁场和时变电磁场。完整的电磁场理论是在静态电磁场的理论和实验基础之上发展起来的。针对静态电场和恒定磁场计算问题，引入标量电位和矢量磁位，可以形成静态电磁场的边值问题。伴随着数学物理方程及其计算方法的发展，形成了若干求解静态电场、静态磁场的解析和数值计算方法，如镜像法、保角变换法、复位函数法、分离变量法、有限差分法、有限元法、边界元法和积分方程法等。因此，静态电磁场的理论和分析方法是整个电磁场理论的基础。但在实际工程中，纯粹的静态电磁场问题非常少，大多数问题需要归类到时变电磁场。

快速时变或时谐高频电磁场表现出波动特性，在时间空间上形成电磁波。对应的电磁场理论包括电磁辐射、天线、平面电磁波、导行电磁波等，相应的计算方法为针对波动方程求解的分离变量法、时域有限差分法、时域有限元法、时域积分方程法等。

慢速时变或时谐低频电磁场的空间分布与静态电场、磁场类似，称为准静态电磁场。电气电子工程领域很多实际工程问题可以归类到准静态电磁场的范畴，例如，电机、变压器中的稳态或瞬态涡流场，换流变压器油纸绝缘结构中的交直流复合电场和极性反转瞬态电场，输电线路周围的稳态或瞬态电磁场，集成电路或电力电子器件中的瞬态电磁场，雷电通道近区的瞬态电磁场等。准静态电磁场又可以进一步划分为电准静态场和磁准静态场。以麦克斯韦方程组为基础，当交变磁场感生的电场相比于空间分布电荷产生的库仑电场可以忽略时，电场强度的旋度近似为零，此时的时变电磁场称为电准静态场；当交变电场(位移电流)感生的磁场相比于空间分布的传导电流产生的磁场可以忽略时，此时的时变电磁场称为磁准静态场。

在计算与分析方法方面，准静态电磁场既有别于纯粹静态电磁场又有别于电磁波，因此有必要对其中的特殊现象、特性、问题和计算方法作专门的阐述。本书结合实际的工程问题介绍准静态电磁场的若干数值计算方法。

李琳负责与本书相关的科研课题与全书的整体内容安排，并撰写第 1 章。纪锋(第 2 章)、刘刚(第 3、4 章)、谢裕清(第 5 章)、赵小军(第 6 章)、王帅兵(第 7 章)和王平(第 8 章)参加了本书的撰写工作。本书的研究工作得到了国家自然科学基金项目(50977030，51277064)的资助。本书的出版与作者所在新能源电力系统国家重点实验室(华北电力大学)先进输电技术研究团队多年的科研工作是密不可分的，在项目研究和本书撰写过程中得到了团队带头人崔翔教授和其他成员的大力支持，在此表示衷心的感谢！

限于作者的学识水平，书中难免会有不足和疏漏，欢迎读者批评指正！

作　者

2018 年 9 月

目　　录

第 1 章　准静态电磁场理论基础

1.1　电磁场方程

随时间变化的电场和磁场是相互联系的，随时间变化的磁场可以产生电场，随时间变化的电场也可以产生磁场。时变电磁场的基本方程描述了时变电磁场的基本性质，是准确理解时变电场和磁场的相互关系、掌握时变电磁场变化规律的基础。时变电磁场的基本方程即麦克斯韦方程组可以用表 1-1 表示[1]。

表 1-1　时变电磁场基本方程

积分形式	微分形式	注释
$\oint_C \boldsymbol{H}\cdot \mathrm{d}\boldsymbol{l}=\int_S\left(\boldsymbol{J}+\frac{\partial \boldsymbol{D}}{\partial t}\right)\cdot \mathrm{d}\boldsymbol{S}$	$\nabla\times\boldsymbol{H}=\boldsymbol{J}+\frac{\partial \boldsymbol{D}}{\partial t}$	推广的安培环路定理
$\oint_C \boldsymbol{E}\cdot \mathrm{d}\boldsymbol{l}=-\int_S\frac{\partial \boldsymbol{B}}{\partial t}\cdot \mathrm{d}\boldsymbol{S}+\oint_C \boldsymbol{v}\times\boldsymbol{B}\cdot \mathrm{d}\boldsymbol{l}$	$\nabla\times\boldsymbol{E}=-\frac{\partial \boldsymbol{B}}{\partial t}+\nabla\times(\boldsymbol{v}\times\boldsymbol{B})$	法拉第电磁感应定律
$\oint_S \boldsymbol{B}\cdot \mathrm{d}\boldsymbol{S}=0$	$\nabla\cdot\boldsymbol{B}=0$	磁通连续性原理
$\oint_S \boldsymbol{D}\cdot \mathrm{d}\boldsymbol{S}=q$	$\nabla\cdot\boldsymbol{D}=\rho$	高斯定理

在线性、均匀、各向同性的媒质中，由于麦克斯韦方程是线性偏微分方程，当场源是单频正弦时间函数时，由场源所激励的场强矢量的每一个坐标分量均是同频率的正弦时间函数。这样的时变电磁场称为时谐电磁场，也称为正弦电磁场。因为非正弦的时间函数可以根据傅里叶定理分解为许多正弦时间函数的叠加，所以研究正弦电磁场是研究一般的时变电磁场的基础。

时谐电磁场强矢量的每一个坐标分量均是同频率的正弦时间函数，其振幅和初相位都是空间坐标的函数。以电场强度为例，在直角坐标中可以表示为

$$\boldsymbol{E}(x,y,z,t)=\boldsymbol{a}_x E_x(x,y,z,t)+\boldsymbol{a}_y E_y(x,y,z,t)+\boldsymbol{a}_z E_z(x,y,z,t) \tag{1-1}$$

式中，各坐标分量为

$$E_x(x,y,z,t)=E_{xm}(x,y,z)\cos[\omega t+\varphi_x(x,y,z)]$$
$$E_y(x,y,z,t)=E_{ym}(x,y,z)\cos[\omega t+\varphi_y(x,y,z)]$$
$$E_z(x,y,z,t)=E_{zm}(x,y,z)\cos[\omega t+\varphi_z(x,y,z)]$$

其中，各坐标分量的振幅值 E_{xm}、E_{ym}、E_{zm} 以及相位 φ_x、φ_y、φ_z 都不随时间变化，只是空间位置的函数。在一般情况下，场强矢量 $\boldsymbol{E}(x,y,z,t)$的模值并不是时间的正弦函数，只有当 $\varphi_x=\varphi_y=\varphi_z$ 时才是。

在引入复矢量表示正弦电磁场的场强矢量之后，微分形式的麦克斯韦方程组的复数形式为

$$\begin{cases}\nabla\times\dot{\boldsymbol{H}}=\dot{\boldsymbol{J}}+\mathrm{j}\omega\dot{\boldsymbol{D}}\\\nabla\times\dot{\boldsymbol{E}}=-\mathrm{j}\omega\dot{\boldsymbol{B}}\\\nabla\cdot\dot{\boldsymbol{B}}=0\\\nabla\cdot\dot{\boldsymbol{D}}=\dot{\rho}\end{cases}\tag{1-2}$$

式中，场源 $\boldsymbol{J}$ 和 ρ 也已分别用它们所对应的复矢量和相量表示。

媒质的电磁特性可以分为极化、磁化和导电三个方面，在静态电磁场中分别用介电常数 ε、磁导率 μ 和电导率 γ 表示。根据焦耳定律，电导率 γ 还决定媒质中电磁能量的损耗。在正弦电磁场中，反映媒质电磁特性的宏观参数与电磁场的频率有关。媒质参数随频率变化称为色散。研究表明，可以引入复介电常数和复磁导率来表示媒质的电磁性能。复介电常数是一个复数，可以表示为

$$\varepsilon_c=\varepsilon'-\mathrm{j}\varepsilon''\tag{1-3}$$

它的实部和虚部都是频率的函数。其虚部 ε'' 总是大于零的正数，反映媒质的极化损耗。

对于线性、均匀、各向同性的媒质，在没有场源的空间，麦克斯韦第一方程的复数形式为

$$\nabla\times\dot{\boldsymbol{H}}=\gamma\dot{\boldsymbol{E}}+\mathrm{j}\omega(\varepsilon'-\mathrm{j}\varepsilon'')\dot{\boldsymbol{E}}=(\gamma+\omega\varepsilon'')\dot{\boldsymbol{E}}+\mathrm{j}\omega\varepsilon'\dot{\boldsymbol{E}}=\mathrm{j}\omega\varepsilon_c\dot{\boldsymbol{E}}\tag{1-4}$$

式中，

$$\varepsilon_c=\varepsilon'-\mathrm{j}\left(\varepsilon''+\frac{\gamma}{\omega}\right)\tag{1-5}$$

称为等效复介电常数。可见，引入等效复介电常数以后，可以把导体视为一种等效的电介质。与介质的介电性能相似，媒质的导磁性能在高频下可以用复磁导率表示为

$$\mu_c=\mu'-\mathrm{j}\mu''\tag{1-6}$$

复磁导率的虚部也是与磁损耗相对应的。

实际应用中经常引入损耗角的概念来反映介质的损耗特性。对于电介质，其损耗角正切定义为

$$\tan\delta_e=\frac{\varepsilon''}{\varepsilon'}\tag{1-7}$$

对于导磁媒质，其损耗角正切定义为

$$\tan\delta_m = \frac{\mu''}{\mu'} \tag{1-8}$$

1.2　准静态定律

在电气工程中涉及的电磁场问题多数属于低频场，即激励源的频率较低，这样的场可以用准静态场的理论进行分析。准静态场分为电准静态场(electroquasistatic field, EQS)和磁准静态场(magnetoquasistatic field, MQS)两种[2-8]，与静态场有本质的区别。每一种准静态场都是与时间相关的，且既含电场又含磁场。

时变电磁场的电场由空间分布的时变电荷产生的库仑电场 $\boldsymbol{E}_c$ 和变化的磁场产生的感应电场 $\boldsymbol{E}_i$ 组成。当感应电场远小于库仑电场时(即在麦克斯韦方程中可以忽略$\partial \boldsymbol{B}/\partial t$ 项)，时变电磁场可以简化为电准静态场，对应的基本方程为

$$\nabla\times\boldsymbol{E}\approx 0 \tag{1-9a}$$

$$\nabla\cdot\boldsymbol{D}=\rho \tag{1-9b}$$

$$\nabla\times\boldsymbol{H}=\boldsymbol{J}+\frac{\partial\boldsymbol{D}}{\partial t} \tag{1-10a}$$

$$\nabla\cdot\boldsymbol{B}=0 \tag{1-10b}$$

式(1-9)中的两个方程描述的是电准静态场的电场，是随时间变化的。由于方程形式与静电场相同，可以借助与静电场类似的求解方法进行求解。在求得电场分布之后，可以借助式(1-10)求解电准静态场的磁场。

时变电磁场的磁场由空间分布的时变传导电流密度 $\boldsymbol{J}$ 和位移电流密度$\partial\boldsymbol{D}/\partial t$ 共同产生，其中，位移电流密度反映了变化的电场感生磁场的性质。当感生磁场相比传导电流产生的磁场可以忽略时，时变电磁场称为磁准静态场，对应的基本方程为

$$\nabla\times\boldsymbol{H}\approx\boldsymbol{J} \tag{1-11a}$$

$$\nabla\cdot\boldsymbol{B}=0 \tag{1-11b}$$

$$\nabla\times\boldsymbol{E}=-\frac{\partial\boldsymbol{B}}{\partial t} \tag{1-12a}$$

$$\nabla\cdot\boldsymbol{D}=\rho \tag{1-12b}$$

式(1-11)中的两个方程描述的是磁准静态场的磁场，是随时间变化的。由于方程形式与恒定磁场相同，可以借助与恒定磁场类似的求解方法进行求解。在求得磁场

分布之后，可以借助式(1-12)求解磁准静态场的电场。当存在导电媒质时，时变磁场感生的电场在导电媒质中产生感应电流，这个感应电流与激励源的电流一样会产生磁场，此时需要将式(1-12)和式(1-11)耦合到一起求解。这就是工程上经常遇到的涡流场问题。

可以用一个简单的方法判断一个低频电磁场问题是电准静态场还是磁准静态场：降低激励源的频率，使得场变成静态的。在这种极限情况下，如果磁场消失，则场应该是电准静态场；如果电场消失，则场应该是磁准静态场。

1.3 电准静态场

电准静态场属于时变电磁场，对应的电场和磁场满足的基本方程分别为式(1-9)和式(1-10)。其基本特点是：由变化的磁场产生的感应电场远小于库仑电场(即在电磁感应定律中可以忽略$\partial \boldsymbol{B}/\partial t$项)，电场分布仅由空间分布的(时变)电荷决定，分布规律与静电场相同，可以不用考虑磁场的存在单独求解。

由式(1-9a)可知，电准静态场的电场是无旋的。由矢量分析知任意标量函数的梯度的旋度恒为零(即$\nabla \times \nabla \psi \equiv 0$)，由此，可以定义标量电位：

$$\boldsymbol{E} = -\nabla \varphi \tag{1-13}$$

式中，标量电位φ的单位为伏特。根据矢量分析的斯托克斯定理，电场强度的无旋性等价于电场强度的闭合线积分为零，或电场强度在任意两点间的线积分与路径无关。将电场强度在场域中任意的两点P和Q之间积分，并利用式(1-13)，得

$$\int_P^Q \boldsymbol{E} \cdot \mathrm{d}\boldsymbol{l} = -\int_P^Q \nabla \varphi \cdot \mathrm{d}\boldsymbol{l} = \int_Q^P \mathrm{d}\varphi = \varphi(P) - \varphi(Q) \tag{1-14}$$

式(1-14)说明场域中任意两点P和Q之间的电位差等于电场强度在这两点间的线积分，与积分路径无关。仅由式(1-13)定义的标量电位不是唯一的。由式(1-14)可知，如果在场域中选定任意点Q的标量电位为零电位参考点($\varphi(Q)=0$)，则任意点P的电位唯一确定，且可以由式(1-14)计算。

将式(1-13)代入式(1-9b)，并利用电位移矢量$\boldsymbol{D}$与电场强度$\boldsymbol{E}$的本构关系，得

$$\nabla^2 \varphi = -\frac{\rho}{\varepsilon} \tag{1-15}$$

式(1-15)称为标量电位φ满足的泊松方程。在无电荷分布的区间，式(1-15)右端项为零，称为标量电位φ满足的拉普拉斯方程：

$$\nabla^2 \varphi = 0 \tag{1-16}$$

1.4　导电媒质中的电场

1.4.1　自由电荷在导电媒质中的弛豫

在电准静态场的电场力作用下，导电媒质中的自由电荷沿电力线方向移动形成电流。空间的电荷分布服从电荷守恒定律。

$$\oint_S \boldsymbol{J}\cdot \mathrm{d}\boldsymbol{S} = -\frac{\mathrm{d}}{\mathrm{d}t}\int_V \rho \mathrm{d}V \tag{1-17}$$

假定导电媒质的电导率为γ，介电常数为ε，结合媒质的本构关系$\boldsymbol{J}=\gamma\boldsymbol{E}$、$\boldsymbol{D}=\varepsilon\boldsymbol{E}$、式(1-9b)和微分形式的电荷守恒定律，得

$$\frac{\partial \rho}{\partial t}+\frac{\gamma}{\varepsilon}\rho = 0 \tag{1-18}$$

该一阶微分方程的解为

$$\rho = \rho_0 \mathrm{e}^{-\frac{t}{\tau_e}} \tag{1-19}$$

式中，ρ_0为t=0 时的初始电荷密度分布；$\tau_e=\varepsilon/\gamma$(秒)为电荷密度衰减的时间常数。银、铜、铝和钢等良导体的电导率在 10^6～10^7S/m(西门子/米)数量级，介电常数$\varepsilon \approx \varepsilon_0$，时间常数$\tau_0$在 10^{-18}～10^{-17} 秒数量级。可见，在良导体内部体电荷密度很快衰减到零，电荷很快移动到导体的表面上，这一自由电荷迁移的过程称为电荷的弛豫。云母、绝缘油等绝缘介质的导电性很差，其电导率在 10^{-15}～10^{-13}S/m 数量级，时间常数τ_0在 10～10^4 秒数量级。可见，在绝缘介质内部体电荷密度衰减得很慢，在电气绝缘问题研究中值得关注。

1.4.2　导电媒质中电场的基本方程

由式(1-9)可得导电媒质中电准静态电场的积分形式基本方程为

$$\oint_C \boldsymbol{E}\cdot \mathrm{d}\boldsymbol{l} = 0 \tag{1-20}$$

$$\oint_S \boldsymbol{D}\cdot \mathrm{d}\boldsymbol{S} = q \tag{1-21}$$

电荷守恒定律为另一个约束方程。两种不同导电媒质分界面上，电准静态电场场量满足的边界条件为

$$\boldsymbol{n}^0 \times (\boldsymbol{E}_1 - \boldsymbol{E}_2) = 0 \tag{1-22}$$

$$\boldsymbol{n}^0 \cdot (\boldsymbol{D}_1 - \boldsymbol{D}_2) = \sigma \tag{1-23}$$

$$\boldsymbol{n}^0 \cdot (\boldsymbol{J}_1 - \boldsymbol{J}_2) = -\frac{\mathrm{d}\sigma}{\mathrm{d}t} \tag{1-24}$$

媒质的本构关系 $\boldsymbol{J}=\gamma\boldsymbol{E}$ 和 $\boldsymbol{D}=\varepsilon\boldsymbol{E}$ 约束了电流密度矢量 $\boldsymbol{J}$ 和电位移矢量 $\boldsymbol{D}$ 与电场强度 $\boldsymbol{E}$ 的关系，依据矢量分析的亥姆霍兹定理，仅需要使用式(1-17)或式(1-21)二者之一与式(1-20)结合相应的边界条件即可唯一确定导电媒质中电准静态的电场。但由于两种不同导电媒质分界面上总是会存在自由面电荷，且其面密度 σ 通常是未知的，需要把三个方程结合在一起求解电场，式(1-23)和式(1-24)提供了分界面上自由面电荷与场量之间的关系。

在导电媒质中可以引入标量电位 φ，且 $\boldsymbol{E}=-\nabla\varphi$。利用微分形式的高斯定理并结合微分形式的电荷守恒定律，可得标量电位 φ 满足的二阶偏微分方程：

$$\nabla\cdot\left(\gamma\nabla\varphi+\varepsilon\frac{\partial}{\partial t}\nabla\varphi\right)=0 \tag{1-25}$$

在均匀导电媒质中，式(1-25)可以写成

$$\nabla^2\left(\frac{\partial\varphi}{\partial t}+\frac{\varphi}{\tau_e}\right)=0 \tag{1-26}$$

式(1-26)可以看成一个特解 φ_p 和一个齐次解 φ_h 的线性组合，即

$$\varphi=\varphi_p+\varphi_h \tag{1-27}$$

式中，特解 φ_p 服从类似电荷密度的弛豫方程：

$$\frac{\partial\varphi_p}{\partial t}+\frac{\varphi_p}{\tau_e}=0 \tag{1-28}$$

而齐次解 φ_h 满足拉普拉斯方程：

$$\nabla^2\varphi_h=0 \tag{1-29}$$

特解 φ_p 随时间的变化规律与电荷密度相同，其在空间的分布可以借助式(1-30)的积分获得：

$$\varphi_p(r)=\int_V\frac{\rho_0(r')\mathrm{e}^{-t/\tau_e}}{4\pi\varepsilon\left|r-r'\right|}\mathrm{d}V' \tag{1-30}$$

可见，式(1-30)满足电荷与电位分布的初始条件。

1.4.3 恒定电场

如果导电媒质中的电流是不随时间变化的恒定电流，则空间电荷分布也是不随时间变化的，这样的电荷称为驻定电荷，由其产生的电场称为恒定电场。可以把恒定电场看作导电媒质中电准静态场电场的一个特例。由式(1-18)可知在恒定电场中导电媒质内部不存在电荷体密度，即导电媒质内部没有电荷分布，但在导电

媒质的表面总是会存在自由面电荷。

显然，恒定电场也是无旋场，即

$$\nabla \times \boldsymbol{E} = 0 \tag{1-31}$$

恒定电流满足连续性方程，即

$$\nabla \cdot \boldsymbol{J} = 0 \tag{1-32}$$

式(1-31)和式(1-32)即为恒定电场的基本方程。在确定了电场强度之后，可以借助式(1-23)确定导电媒质分界面上的自由面电荷密度。

由式(1-25)可得恒定电场的标量电位满足拉普拉斯方程，即

$$\nabla^2 \varphi = 0 \tag{1-33}$$

由式(1-22)和式(1-23)可得恒定电场在两种导电媒质分界面上的边界条件为

$$E_{1t} = E_{2t} \tag{1-34}$$

$$J_{1n} = J_{2n} \tag{1-35}$$

如果两种导电媒质均为各向同性的线性媒质，由 $\boldsymbol{J}_1 = \gamma_1 \boldsymbol{E}_1$ 和 $\boldsymbol{J}_2 = \gamma_2 \boldsymbol{E}_2$，结合式(1-34)和式(1-35)可得

$$\frac{\tan \alpha_1}{\tan \alpha_2} = \frac{\gamma_1}{\gamma_2} \tag{1-36}$$

式中，α_1 和 α_2 为场矢量与媒质分界面法向的夹角。式(1-36)称为折射定律，反映了场量与分界面法线方向的夹角和媒质参数间的关系。对于良导体(媒质 2)与不良导体(媒质 1)的分界面($\gamma_2 \gg \gamma_1$)，只要 $\alpha_2 \neq 90°$，由式(1-36)可得 $\alpha_1 \approx 0°$。即土壤中电流密度或电场强度近似垂直于良导体(钢)的表面，或者说在良导体的表面电场强度的切向分量近似为零。因此，良导体表面近似为等位面，良导体(尺寸不是很大)近似为等位体。

1.5　磁准静态场

磁准静态场也属于时变电磁场，对应的磁场和电场满足的基本方程分别为式(1-11)和式(1-12)。其基本特点是：由变化的电场(位移电流)产生的感应磁场远小于由传导电流产生的磁场(即在推广的安培环路定律中可以忽略 $\partial \boldsymbol{D}/\partial t$ 项)，磁场分布仅由空间分布的(时变)传导电流决定，分布规律与恒定磁场相同，可以不用考虑电场的存在单独求解。如果已知空间的传导电流分布，可以用毕奥-萨伐尔定律通过积分求解空间的磁场分布。当存在导电媒质时，时变磁场感生的电场在导电媒质中产生感应电流，这个感应电流与激励源产生的传导电流一样会产生磁场，此时需要将式(1-11)和式(1-12)耦合到一起求解，在工程上称为涡流场问题。

1.5.1 矢量磁位

由式(1-11b)可知，磁准静态场的磁场是无散的。由矢量分析知任意矢量函数的旋度的散度恒为零(即$\nabla\cdot\nabla\times\boldsymbol{F}\equiv 0$)，由此，可以定义矢量磁位$\boldsymbol{A}$：

$$\boldsymbol{B}=\nabla\times\boldsymbol{A} \tag{1-37}$$

再利用媒质的本构关系$\boldsymbol{B}=\mu\boldsymbol{H}$，将式(1-37)代入式(1-11a)，得

$$\nabla\times\nabla\times\boldsymbol{A}=\mu\boldsymbol{J} \tag{1-38}$$

由亥姆霍兹定理可知仅由式(1-37)定义的矢量磁位不是唯一的，需要同时定义它的散度。引入库仑规范：

$$\nabla\cdot\boldsymbol{A}=0 \tag{1-39}$$

再利用矢量恒等式$\nabla\times\nabla\times\boldsymbol{A}=\nabla\nabla\cdot\boldsymbol{A}-\nabla^2\boldsymbol{A}$，式(1-38)转换成

$$\nabla^2\boldsymbol{A}=-\mu\boldsymbol{J} \tag{1-40}$$

式(1-40)为矢量形式的泊松方程。

定义磁通量为磁感应强度$\boldsymbol{B}$在任意曲面S上的通量，即

$$\varPhi=\int_S\boldsymbol{B}\cdot\mathrm{d}\boldsymbol{S} \tag{1-41}$$

将式(1-37)代入式(1-41)得

$$\varPhi=\int_S\boldsymbol{B}\cdot\mathrm{d}\boldsymbol{S}=\int_S\nabla\times\boldsymbol{A}\cdot\mathrm{d}\boldsymbol{S}=\oint_C\boldsymbol{A}\cdot\mathrm{d}\boldsymbol{l} \tag{1-42}$$

式中，闭合路径C为曲面S的外边界曲线。

1.5.2 标量磁位

由式(1-11a)可知，磁准静态场的磁场是有旋的，不能像在电准静态场中引入标量电位φ那样没有限制地引入标量磁位。但是在无源区$(J=0)$磁场强度的旋度为零$(\nabla\times\boldsymbol{H}=0)$，可以引入标量磁位，其定义式为

$$\boldsymbol{H}=-\nabla\varphi_m \tag{1-43}$$

标量磁位的量纲是A(安培)。电准静态场中引入标量电位φ具有明确的物理意义，与电场力做功有关。但磁场力总是与磁场强度垂直，此处引入的标量磁位与磁场力做功无关，它不具有物理意义，只是人为引入的计算辅助量。

限定在无源区，磁场强度的线积分与路径无关，因此可以定义无源区任意两点之间的标量磁位差：

$$U_{mPQ}=\int_P^Q\boldsymbol{H}\cdot\mathrm{d}\boldsymbol{l}=-\int_P^Q\nabla\varphi_m\cdot\mathrm{d}\boldsymbol{l}=-\int_P^Q\frac{\partial\varphi_m}{\partial l}\mathrm{d}l=\varphi_{mP}-\varphi_{mQ} \tag{1-44}$$

如果积分路径经过有电流存在的区域，则磁场强度的线积分与路径有关，此

时再引入的标量磁位就不是单值(唯一)的，而是多值的。

将式(1-43)代入式(1-11b)，并利用媒质的本构关系式可得标量磁位满足的拉普拉斯方程为

$$\nabla^2\varphi_m = 0 \tag{1-45}$$

1.6　磁准静态场电场

当存在导电媒质时，磁准静态场的时变磁场感生的电场在导电媒质中产生感应电流，这个感应电流与激励源产生的传导电流一样(而且其大小是不可以忽略的)会产生磁场。磁准静态系统中导体周围电场分布有重要的工程意义，如电力变压器绕组绝缘就依赖于磁准静态场电场。

假定在磁准静态系统中导体为良导体(近似为完纯导体)，其周围的绝缘材料为线性介质。由于良导体内电荷弛豫时间远比工程中涉及的时间尺度短，在导体内不存在空间电荷体密度。另外，绝缘材料(包括有损介质)中电荷弛豫时间很长，但对于均匀的线性介质，介质内也不存在自由电荷体密度。因此，电场强度的散度为零，即

$$\nabla\cdot\boldsymbol{E} = 0 \tag{1-46}$$

另外，电场服从电磁感应定律：

$$\nabla\times\boldsymbol{E} = -\frac{\partial\boldsymbol{B}}{\partial t} \tag{1-47}$$

把电场分解为特解和齐次解之和，即

$$\boldsymbol{E} = \boldsymbol{E}_p + \boldsymbol{E}_h \tag{1-48}$$

式中，齐次解满足

$$\nabla\times\boldsymbol{E}_h = 0 \tag{1-49}$$

$$\nabla\cdot\boldsymbol{E}_h = 0 \tag{1-50}$$

特解满足

$$\nabla\times\boldsymbol{E}_p = -\frac{\partial\boldsymbol{B}}{\partial t} \tag{1-51}$$

$$\nabla\cdot\boldsymbol{E}_p = 0 \tag{1-52}$$

电场特解满足的方程与恒定磁场强度满足的基本方程在形式上相同，通过类比的方法，可以得到类似毕奥-萨伐尔定律形式的一个特解：

$$\boldsymbol{E}_p = -\frac{1}{4\pi}\int_{V'}\frac{(\partial\boldsymbol{B}/\partial t)\times\boldsymbol{a}_R}{|r-r'|^2}\mathrm{d}V \tag{1-53}$$

在完纯导体的表面，电场强度满足的边界条件为$\boldsymbol{n}\times\boldsymbol{E}=0$，由此可得

$$\boldsymbol{n}\times\boldsymbol{E}_h=-\boldsymbol{n}\times\boldsymbol{E}_p \tag{1-54}$$

给定了特解、齐次解的基本方程加边界条件形成边值问题。

从以上分析可见，特解$\boldsymbol{E}_p$是由随时间变化的磁场产生的，称为感应电场。在导体表面和媒质的分界面上会存在分布的自由电荷或束缚电荷，这些电荷在空间产生的电场即为齐次解$\boldsymbol{E}_h$，称为库仑电场。由式(1-54)可知，在磁准静态场中，感生电场会影响导体表面的自由电荷分布，进而改变库仑电场的空间分布。因此，此处的库仑电场与相同结构(导体尺寸、空间位置与周围媒质分布)的静电场分布不同。

将式(1-37)代入式(1-47)，可得

$$\nabla\times\left(\boldsymbol{E}+\frac{\partial\boldsymbol{A}}{\partial t}\right)=0 \tag{1-55}$$

由此可以定义标量电位$\varPhi$:

$$\boldsymbol{E}=-\frac{\partial\boldsymbol{A}}{\partial t}-\nabla\varPhi \tag{1-56}$$

仅由式(1-37)定义的矢量磁位$\boldsymbol{A}$不是唯一的，需要定义它的散度，即取规范。对式(1-56)取散度，结合式(1-46)和式(1-39)的库仑规范，可得

$$\nabla^2\varPhi=0 \tag{1-57}$$

可见，在库仑规范条件下，式(1-56)定义的标量电位满足拉普拉斯方程。而且，式(1-56)第一项对应感应电场，第二项对应库仑电场，即

$$\boldsymbol{E}_p=-\frac{\partial\boldsymbol{A}}{\partial t},\quad \boldsymbol{E}_h=-\nabla\varPhi \tag{1-58}$$

1.7 电 磁 扩 散

导电媒质中的磁准静态场重点研究时变磁场与感应电场的相互作用。当外界磁场突然施加到导电媒质上时，导电媒质中会产生感应电流，感应电流产生的磁场会抵抗外界磁场在导电媒质内引起的磁场变化，呈现去磁效应。随着时间的增加，导电媒质中的电场、磁场逐渐趋于稳态，过渡过程消失，这一现象称为电磁扩散(或弛豫)。

1.7.1 电磁扩散方程

线性均匀导电媒质中磁准静态场的磁场和电场满足的基本方程分别为

$$\begin{cases}\nabla\times\boldsymbol{H}=\gamma\boldsymbol{E}\\ \nabla\cdot\boldsymbol{B}=0\end{cases}\quad 和 \quad \begin{cases}\nabla\times\boldsymbol{E}=-\dfrac{\partial\boldsymbol{B}}{\partial t}\\ \nabla\cdot\boldsymbol{D}=0\end{cases}\tag{1-59}$$

场量满足的本构关系分别为 $\boldsymbol{D}=\varepsilon\boldsymbol{E}$ 和 $\boldsymbol{B}=\mu\boldsymbol{H}$。对电场的旋度方程两端求旋度，代入磁场的旋度方程，可得

$$\nabla\times\nabla\times\boldsymbol{E}=-\mu\frac{\partial(\nabla\times\boldsymbol{H})}{\partial t}=-\mu\gamma\frac{\partial\boldsymbol{E}}{\partial t}$$

利用矢量恒等式 $\nabla\times\nabla\times\boldsymbol{E}=\nabla(\nabla\cdot\boldsymbol{E})-\nabla^2\boldsymbol{E}$ 和电场的散度方程 $\nabla\cdot\boldsymbol{D}=\varepsilon\nabla\cdot\boldsymbol{E}=0$，可得

$$\nabla^2\boldsymbol{E}-\mu\gamma\frac{\partial\boldsymbol{E}}{\partial t}=0\tag{1-60}$$

式(1-60)为导电媒质中的电场扩散方程。类似的推导可得磁场扩散方程：

$$\nabla^2\boldsymbol{H}-\mu\gamma\frac{\partial\boldsymbol{H}}{\partial t}=0\tag{1-61}$$

对于时谐电磁场，导电媒质中对应的复数形式的电磁扩散方程分别为

$$\nabla^2\dot{\boldsymbol{E}}-p^2\dot{\boldsymbol{E}}=0\tag{1-62}$$

$$\nabla^2\dot{\boldsymbol{H}}-p^2\dot{\boldsymbol{H}}=0\tag{1-63}$$

式中，$p=\sqrt{\mathrm{j}\omega\mu\gamma}=(1+\mathrm{j})\sqrt{\dfrac{\omega\mu\gamma}{2}}=\dfrac{1+\mathrm{j}}{\delta}$ 为扩散系数，$\delta=\sqrt{\dfrac{2}{\omega\mu\gamma}}$。

1.7.2　趋肤效应

当导线中流过时变的正弦或非正弦传导电流时，由这种时变电流产生的时变磁场在导线中会产生感应电场，感应电场与原来形成传导电流的库仑电场相互作用，使得导线中的电流分布不再均匀，而是趋向于导线表面分布，这种现象称为趋肤效应。从更一般的角度来看，导电媒质中的磁准静态场的电场、磁场分别满足扩散方程(1-60)和方程(1-61)，电场和磁场从导电媒质的边界向内部是有衰减的扩散，场强分布表现出趋肤效应。

下面讨论电磁场在半无限大导电媒质中的扩散。

如图 1-1 所示，假定 $z>0$ 的半无限大区域为导电媒质，磁导率为μ，电导率

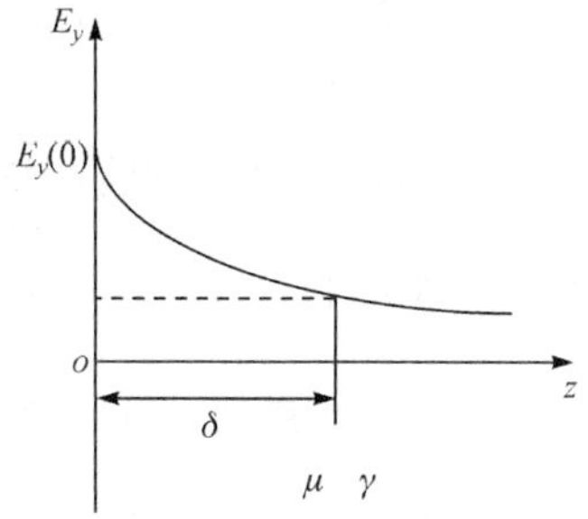

图 1-1　半无限大导电媒质中电磁场的扩散

为γ，角频率为ω的时谐电磁场仅有 y 方向分量，$z=0$ 边界处的电场强度为 $\dot{\boldsymbol{E}}(0)=\boldsymbol{a}_y\dot{E}_y(0)$。在导电媒质中，电场扩散方程(1-62)的解为

$$\dot{E}_y(z)=C_1\mathrm{e}^{-pz}+C_2\mathrm{e}^{pz} \tag{1-64}$$

式中，C_1和C_2为待定的常数。因为当$z\to\infty$时电场应该为有限值，所以C_2为零。代入$z=0$处的边界条件，得

$$\dot{E}_y(z)=\dot{E}_y(0)\mathrm{e}^{-pz} \tag{1-65}$$

式中，$\dot{E}_y(0)=E_y(0)\mathrm{e}^{\mathrm{j}\varphi_0}$。将扩散系数$p$代入式(1-65)，得

$$\dot{E}_y(z)=\dot{E}_y(0)\mathrm{e}^{-\frac{z}{\delta}}\mathrm{e}^{-\mathrm{j}\frac{z}{\delta}} \tag{1-66}$$

对应的时域表达式为

$$E_y(z,t)=E_{y0}\mathrm{e}^{-\frac{z}{\delta}}\cos\left(\omega t-\frac{z}{\delta}+\varphi_0\right) \tag{1-67}$$

可见，导电媒质中的时谐电场为指数衰减的波动函数。导电媒质中的感应电流密度为

$$\dot{J}_y(z)=\gamma\dot{E}_y(z)=\gamma\dot{E}_y(0)\mathrm{e}^{-\frac{z}{\delta}}\mathrm{e}^{-\mathrm{j}\frac{z}{\delta}}=\dot{J}_y(0)\mathrm{e}^{-\frac{z}{\delta}}\mathrm{e}^{-\mathrm{j}\frac{z}{\delta}} \tag{1-68}$$

由$\nabla\times\dot{\boldsymbol{E}}=-\mathrm{j}\omega\mu\dot{\boldsymbol{H}}$，可得

$$\dot{\boldsymbol{H}}(z)=-\boldsymbol{a}_x\sqrt{\frac{\gamma}{\omega\mu}}\dot{E}_y(0)\mathrm{e}^{-\frac{z}{\delta}}\mathrm{e}^{-\mathrm{j}\left(\frac{z}{\delta}+\frac{\pi}{4}\right)} \tag{1-69}$$

对应的时域表达式为

$$H_x(z,t)=-H_{x0}\mathrm{e}^{-\frac{z}{\delta}}\cos\left(\omega t-\frac{z}{\delta}-\frac{\pi}{4}+\varphi_0\right) \tag{1-70}$$

式中，$H_{x0}=E_{y0}\Big/\sqrt{\dfrac{\omega\mu}{\gamma}}$为磁场在$z=0$边界处的振幅。从式(1-66)、式(1-68)和式(1-70)可以看出，导电媒质中的电磁场以指数$\mathrm{e}^{-\frac{z}{\delta}}$衰减，当$z=\delta$时，场强衰减到表面处场强的$1/\mathrm{e}$，$\delta=\sqrt{\dfrac{2}{\omega\mu\gamma}}$为趋肤深度。通常可以认为当$z=(4\sim5)\delta$时，场强衰减到零。从物理机理上看，场强衰减是由导电媒质中的焦耳热损耗引起的，而场强的相位随$\mathrm{e}^{-\mathrm{j}\frac{z}{\delta}}$变化是由电磁感应引起的，仍然属于准静态场的范畴。

1.8　电磁场的能量

1.8.1　带电体系统的静电能量

带电体系统具有的静电能量为

$$W_e = \int_0^{\rho}\int_V \delta\rho(r,t)\varphi(r,t)\mathrm{d}V + \int_0^{\sigma}\int_S \delta\sigma(r,t)\varphi(r,t)\mathrm{d}S \tag{1-71}$$

式中，ρ为空间电荷体密度；σ为面密度。在线性电介质中，空间分布的电荷系统形成的静电场能量为

$$W_e = \frac{1}{2}\int_V \rho(r)\varphi(r)\mathrm{d}V + \frac{1}{2}\int_S \sigma(r)\varphi(r)\mathrm{d}V \tag{1-72}$$

对于系统中无空间电荷分布仅有带电导体的情况，导体所带电荷以面电荷的形式分布在导体表面，导体表面为等位面。假定带电导体的个数为 N，系统具有的静电能量为

$$W_e = \frac{1}{2}\int_S \sigma(r)\varphi(r)\mathrm{d}S = \frac{1}{2}\sum_{k=1}^{N}\varphi_k q_k \tag{1-73}$$

用场矢量表示的系统具有的静电能量为

$$W_e = \int_0^{D}\int_V \boldsymbol{E}\cdot(\delta\boldsymbol{D})\mathrm{d}V \tag{1-74}$$

空间分布的静电能量密度为

$$w_e = \int_0^{D} \boldsymbol{E}\cdot(\delta\boldsymbol{D}) \tag{1-75}$$

对于各向同性的线性电介质，系统具有的静电能量为

$$W_e = \frac{1}{2}\int_V \boldsymbol{E}\cdot\boldsymbol{D}\mathrm{d}V \tag{1-76}$$

空间分布的静电能量密度为

$$w_e = \frac{1}{2}\boldsymbol{E}\cdot\boldsymbol{D} \tag{1-77}$$

由于 $\boldsymbol{D}=\varepsilon\boldsymbol{E}$，得

$$w_e = \frac{1}{2}\varepsilon E^2 \tag{1-78}$$

1.8.2　载流回路系统的静态磁场能量

N 个单匝线性载流回路构成的系统中，第 k 个载流回路的电流是 $i_k(t)$，磁链

是$\psi_k(t)$。系统具有的磁场能量为

$$W_m=\sum_{k=1}^{N}\int_0^{\psi_k} i_k \mathrm{d}\psi_k \tag{1-79}$$

用场矢量和矢量磁位 $\boldsymbol{A}$ 表示的系统具有的磁场能量为

$$W_m=\int_V\left(\int_0^A \boldsymbol{J}\cdot\mathrm{d}\boldsymbol{A}\right)\mathrm{d}V \tag{1-80}$$

在线性媒质中，系统具有的磁场能量为

$$W_m=\sum_{k=1}^{N} I_k\psi_k \tag{1-81}$$

对于线性媒质中的单个载流回路，其磁链与电流之间的比例系数为回路的自感 L，因此磁场能量可以表示为

$$W_m=\frac{1}{2}LI^2 \tag{1-82}$$

用场矢量表示的系统磁场能量为

$$W_m=\int_V\left(\int_0^B \boldsymbol{H}\cdot\mathrm{d}\boldsymbol{B}\right)\mathrm{d}V$$

空间分布的磁场能量密度为

$$w_m=\int_0^B \boldsymbol{H}\cdot\mathrm{d}\boldsymbol{B}$$

铁磁媒质的非线性静态磁化曲线如图 1-2 所示，其磁场能量密度为图中的阴影区域的面积。对于各向同性的线性媒质，系统具有的磁场能量为

$$W_m=\frac{1}{2}\int_V \boldsymbol{H}\cdot\boldsymbol{B}\mathrm{d}V \tag{1-83}$$

空间分布的磁场能量密度为

$$w_m=\frac{1}{2}\boldsymbol{H}\cdot\boldsymbol{B} \tag{1-84}$$

由于 $\boldsymbol{B}=\mu\boldsymbol{H}$，得

$$w_m=\frac{1}{2}\mu H^2 \tag{1-85}$$

可见，磁场能量密度与磁场强度的平方成正比。

在铁磁材料中，磁场强度 $\boldsymbol{H}$ 与磁感应强度 $\boldsymbol{B}$ 的关系一般是各向异性、非线性和多值的。当磁场沿磁滞回线绕行一周时，如图 1-3 所示，由式(1-83)可以计算铁磁材料单位体积的磁场能量损耗量(磁滞损耗)为

$$\delta w_m=\oint_C \boldsymbol{H}\cdot\mathrm{d}\boldsymbol{B} \tag{1-86}$$

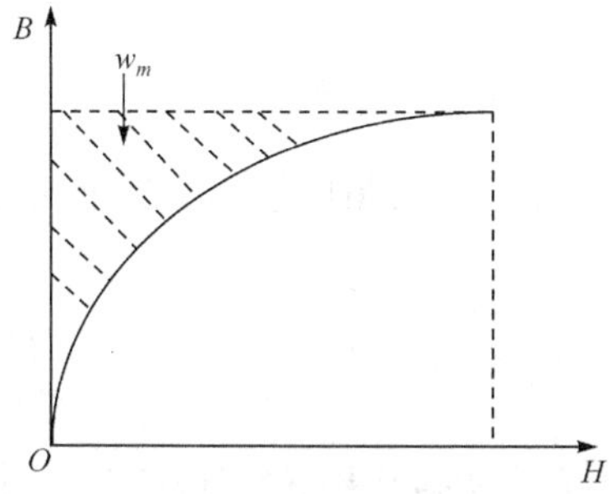

图 1-2 铁磁介质的非线性静态磁化曲线

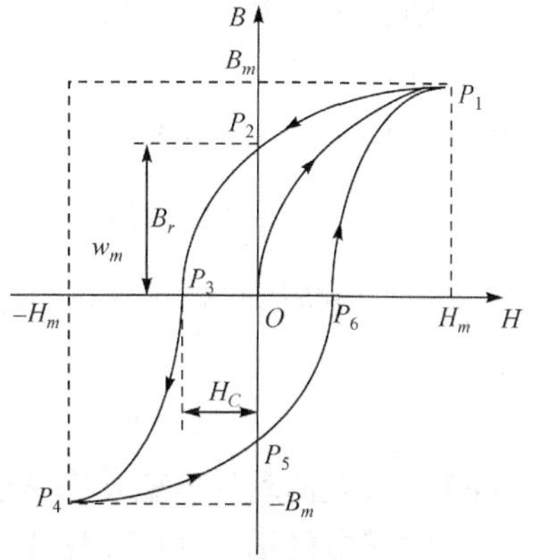

图 1-3 磁滞回线

用 C_1 表示沿磁滞回线从点 $P_4 \to P_5 \to P_6 \to P_1$ 的曲线，C_2 表示沿磁滞回线从点 $P_1 \to P_2 \to P_3 \to P_4$ 的曲线，则

$$\delta w_m = \int_{C_1} \boldsymbol{H} \cdot \mathrm{d}\boldsymbol{B} + \int_{C_2} \boldsymbol{H} \cdot \mathrm{d}\boldsymbol{B} = \int_{C_1} \boldsymbol{H} \cdot \mathrm{d}\boldsymbol{B} - \int_{-C_2} \boldsymbol{H} \cdot \mathrm{d}\boldsymbol{B} = S_{\text{loop}} \tag{1-87}$$

即磁滞回线的面积为磁感应强度 $\boldsymbol{B}$ 沿磁滞回线从 $-B_m$ 到 B_m 交变一次铁磁材料单位体积中产生的磁滞损耗。假定交变磁场的频率为 f，体积为 V 的铁磁材料的磁滞损耗功率为

$$P_h = f \int_V \mathrm{d}V \oint_C \boldsymbol{H} \cdot \mathrm{d}\boldsymbol{B} \tag{1-88}$$

可见，铁磁材料的磁滞损耗功率与交变磁场的频率成正比。

1.8.3 坡印亭定理

由于时变电场和时变磁场在空间是同时存在的，任一体积元中的电磁能量可以看成电场能量与磁场能量之和，且某一时刻 t 电场能量密度与磁场能量密度的表达式与静电场和恒定磁场中的表达式在形式上相同。

由于场量是随时间变化的，电磁能量密度 w_e 和 w_m 也是随时间变化的。将电场能量密度对时间 t 求导，得

$$\frac{\partial w_e}{\partial t} = \frac{\partial \left[\int_0^D \boldsymbol{E} \cdot (\delta \boldsymbol{D}) \right]}{\partial t} = \frac{\partial \left[\int_0^D \boldsymbol{E} \cdot (\delta \boldsymbol{D}) \right]}{\partial D} \cdot \frac{\partial \boldsymbol{D}}{\partial t} = \boldsymbol{E} \cdot \frac{\partial \boldsymbol{D}}{\partial t} \tag{1-89}$$

同理可得磁场能量密度对时间 t 的导数：

$$\frac{\partial w_m}{\partial t} = \frac{\partial}{\partial t} \int_0^B \boldsymbol{H} \cdot \mathrm{d}\boldsymbol{B} = \boldsymbol{H} \cdot \frac{\partial \boldsymbol{B}}{\partial t} \tag{1-90}$$

在任意闭合面 S 所包围的体积 V 中，电磁能量是随时间变化的。由能量守恒定律

可知，伴随着体积 V 中电磁能量随时间的变化，会不断有能量经闭合面 S 流入或流出体积 V，即时变电磁场中能量是流动的。表达时变电磁场中能量守恒和转换关系的定理称为坡印亭定理，其积分形式为

$$-\oint_S (\boldsymbol{E}\times\boldsymbol{H})\cdot \mathrm{d}\boldsymbol{S} = \int_V \gamma E^2 \mathrm{d}V + \frac{\partial}{\partial t}\int_V (w_e + w_m)\mathrm{d}V \tag{1-91}$$

式中，γE^2 为单位体积的焦耳热损耗功率。功率流密度矢量或坡印亭矢量用 $\boldsymbol{S}$ 表示，即

$$\boldsymbol{S} = \boldsymbol{E}\times\boldsymbol{H} \tag{1-92}$$

为空间任一点上流动的电磁功率密度。

对于时谐电磁场，假设在任意闭合面 S 所包围的体积 V 中没有外加源，且媒质是线性、静止、均匀和各向同性的。复数形式的坡印亭定理为

$$-\oint_S \frac{1}{2}\left(\dot{\boldsymbol{E}}\times\dot{\boldsymbol{H}}^*\right)\cdot \mathrm{d}\boldsymbol{S} = \int_V \frac{1}{2}E^2 \mathrm{d}V + \mathrm{j}\omega\frac{1}{2}\int_V \left(\dot{\boldsymbol{B}}\cdot\dot{\boldsymbol{H}}^* - \dot{\boldsymbol{E}}\cdot\dot{\boldsymbol{D}}^*\right)\mathrm{d}V \tag{1-93}$$

相应的功率流密度矢量或坡印亭矢量的平均值为

$$\boldsymbol{S}_{\mathrm{av}} = \frac{1}{2}\mathrm{Re}\left[\dot{\boldsymbol{E}}\times\dot{\boldsymbol{H}}^*\right] \tag{1-94}$$

式(1-94)所表示的坡印亭矢量的平均值即为空间任一点上流动的有功功率密度。

参 考 文 献

[1] Stratton J A. Electromagnetic Theory[M]. New York: McGraw-Hill,1941.

[2] Haus H A, Melcher J R. Electromagnetic Field and Energy[M]. Englewood Cliffs: Prentice Hall,1989.

[3] Zahn M. Electromagnetic Field Theory[M]. New York: John Wiley & Sons, 1979.

[4] 冯慈璋. 电磁场[M]. 2 版. 北京：高等教育出版社，1983.

[5] 谢处方，饶克谨. 电磁场与电磁波[M]. 2 版. 北京：高等教育出版社，1987.

[6] 毕德显. 电磁场原理[M]. 北京：电子工业出版社, 1985.

[7] 雷银照. 电磁场[M]. 北京：高等教育出版社, 2010.

[8] 李琳. 电磁场[M]. 北京：高等教育出版社, 2016.

第 2 章　极性反转瞬态电场的标量电位有限元法

有限单元方法简称有限元法(finite element method, FEM)，也称为有限元分析(finite element analysis, FEA)，是一种求解场问题数值解的方法。相比其他数值方法，有限元法具有许多优点，包括通用性强和物理概念明确。

(1) 有限元法可以运用于任何场问题：热传导、应力分析、电磁场问题等。

(2) 没有几何形状的限制。所分析的物体或区域可以具有任何形状。

(3) 边界条件和载荷没有限制。例如，在应力分析中，物体的任意部分都可以被支撑起来，然而分布力或集中力却可以施加在其他任何部位。

(4) 材料性质并不限于各向同性，可以从一个单元到另一个单元变化，甚至在单元内也可以不同。

(5) 有限元结构和被分析的物体或区域很类似。

(6) 通过网格细分可以很容易地改善解的逼近度，这样在场梯度大的地方就会出现更多的单元，需要求解更多的方程。

自从有限元法出现以来已经有许多其他数值方法，但目前仅有有限元法具备所有上述优点和特性[1-5]。

本章主要讨论各向同性介质中的准静态电场有限元模型的建立、各向异性和非线性介质的处理，以及介质分界面上的电荷处理等问题。

2.1　电准静态场的数学模型

电磁分析问题实际上就是求解给定边界条件下的麦克斯韦方程组问题。麦克斯韦方程组是支配所有宏观电磁现象的一组基本方程。这组方程既可以写成微分形式，又可以写成积分形式，这里给出它们的微分形式。

对于一般的时变场，微分形式的麦克斯韦方程组可写成

$$\nabla \times \boldsymbol{E} + \frac{\partial \boldsymbol{B}}{\partial t} = 0 \qquad \text{(法拉第定律)} \tag{2-1}$$

$$\nabla \times \boldsymbol{H} + \frac{\partial \boldsymbol{D}}{\partial t} = \boldsymbol{J} \qquad \text{(安培定律)} \tag{2-2}$$

$$\nabla \cdot \boldsymbol{D} = \rho \qquad \text{(高斯定理)} \tag{2-3}$$

$$\nabla \cdot \boldsymbol{B} = 0 \qquad \text{(磁场高斯定理)} \tag{2-4}$$

式中，$\boldsymbol{E}$ 为电场强度，单位为 V/m；$\boldsymbol{D}$ 为电通量密度，单位为 C/m^2；$\boldsymbol{H}$ 为磁场强度，单位为 A/m；$\boldsymbol{B}$ 为磁通量密度，单位为 T；$\boldsymbol{J}$ 为电流密度，单位为 A/m^2；ρ 为电荷密度，单位为 C/m^3。

另一个基本方程是连续性方程，可以写成

$$\nabla \cdot \boldsymbol{J} = -\frac{\partial \rho}{\partial t} \tag{2-5}$$

它表示电荷守恒。

式(2-1)～式(2-5)中只有三个方程是独立的，称为独立方程。式(2-1)～式(2-3)，或式(2-1)、式(2-2)以及式(2-5)，都可以被选作这种独立方程。其他两个方程，可以用独立方程导出，因此称为辅助方程或相关方程[6, 7]。

换流变压器极性反转电场的瞬时演变过程可用电准静态方程描述，本节利用麦克斯韦方程组推导电准静态场方程。

换流变压器油纸绝缘系统中的散度方程(2-3)与电流连续性方程(2-5)联立，并消去方程中的电荷密度 ρ，得到

$$\frac{\partial}{\partial t}(\nabla \cdot \boldsymbol{D}) = -\nabla \cdot \boldsymbol{J} \tag{2-6}$$

或记为

$$\frac{\partial}{\partial t}(\nabla \cdot \boldsymbol{\varepsilon E}) = -\nabla \cdot \boldsymbol{\gamma E} \tag{2-7}$$

式中，$\boldsymbol{\varepsilon}$ 为介电常数，单位为 F/m；$\boldsymbol{\gamma}$ 为电导率，单位为 S/m。

又由于电场强度是电位的负梯度 ($\boldsymbol{E} = -\nabla \varphi$)，式(2-7)变为

$$\nabla \cdot \frac{\partial}{\partial t}(\boldsymbol{\varepsilon} \nabla \varphi) + \nabla \cdot \boldsymbol{\gamma} \nabla \varphi = 0 \tag{2-8}$$

当材料属性为各向同性时，介电常数$\boldsymbol{\varepsilon}$和电导率$\boldsymbol{\gamma}$可以用常数来表示；当材料属性为各向异性时，介电常数和电导率需要用张量来表示。以二维问题为例，在二维问题中，其表示如下：

$$\boldsymbol{\varepsilon} = \begin{bmatrix} \varepsilon_{xx} & \varepsilon_{xy} \\ \varepsilon_{yx} & \varepsilon_{yy} \end{bmatrix}, \quad \boldsymbol{\gamma} = \begin{bmatrix} \gamma_{xx} & \gamma_{xy} \\ \gamma_{yx} & \gamma_{yy} \end{bmatrix} \tag{2-9}$$

为了叙述的一致性，可统一使用张量来表示材料的介电常数与电导率。其中，各向同性材料的介电常数与电导率的张量表示为

$$\boldsymbol{\varepsilon} = \begin{bmatrix} \varepsilon & 0 \\ 0 & \varepsilon \end{bmatrix}, \quad \boldsymbol{\gamma} = \begin{bmatrix} \gamma & 0 \\ 0 & \gamma \end{bmatrix} \tag{2-10}$$

即式(2-9)中有 $\varepsilon_{xx} = \varepsilon_{yy} = \varepsilon$，$\varepsilon_{xy} = \varepsilon_{yx} = 0$ 和 $\gamma_{xx} = \gamma_{yy} = \gamma$，$\gamma_{xy} = \gamma_{yx} = 0$。

这时，电通量 $\boldsymbol{D}$ 和电流密度 $\boldsymbol{J}$ 与电场强度 $\boldsymbol{E}$ 的关系为

$$\boldsymbol{D}=\begin{bmatrix}D_x\\D_y\end{bmatrix}=\begin{bmatrix}\varepsilon_{xx}&\varepsilon_{xy}\\\varepsilon_{yx}&\varepsilon_{yy}\end{bmatrix}\begin{bmatrix}E_x\\E_y\end{bmatrix},\quad \boldsymbol{J}=\begin{bmatrix}J_x\\J_y\end{bmatrix}=\begin{bmatrix}\gamma_{xx}&\gamma_{xy}\\\gamma_{yx}&\gamma_{yy}\end{bmatrix}\begin{bmatrix}E_x\\E_y\end{bmatrix}\tag{2-11}$$

将式(2-8)在直角坐标系中展开，并考虑边界条件和初始条件，得到

$$\begin{cases}\dfrac{\partial}{\partial t}\left[\dfrac{\partial}{\partial x}\left(\varepsilon_{xx}\dfrac{\partial\varphi}{\partial x}+\varepsilon_{xy}\dfrac{\partial\varphi}{\partial y}\right)+\dfrac{\partial}{\partial y}\left(\varepsilon_{yx}\dfrac{\partial\varphi}{\partial x}+\varepsilon_{yy}\dfrac{\partial\varphi}{\partial y}\right)\right]\\+\left[\dfrac{\partial}{\partial x}\left(\gamma_{xx}\dfrac{\partial\varphi}{\partial x}+\gamma_{xy}\dfrac{\partial\varphi}{\partial y}\right)+\dfrac{\partial}{\partial y}\left(\gamma_{yx}\dfrac{\partial\varphi}{\partial x}+\gamma_{yy}\dfrac{\partial\varphi}{\partial y}\right)\right]=0\\\varphi|_b=\varphi_b(t),\qquad\text{边界条件}\\\varphi|_{t=0}=\varphi_{x,y,z}(0),\qquad\text{初始条件}\end{cases}\tag{2-12}$$

2.2 电准静态场的有限元方程

如式(2-12)所述，我们要求解的是一个初-边值问题。解决这种问题应用最广泛的是里兹方法和伽辽金法。

里兹方法也称为瑞利-里兹(Rayleigh-Ritz)方法，它是一种变分方法，其中边值问题用变分表达式(也称为泛函)表示，泛函的极小值对应于给定边界条件下的控制微分方程。通过求泛函相对于其变量的极小值，可得到近似解。

伽辽金(Galerkin)法属于残数加权方法类型，它通过对微分方程的残数求加权方法来得到方程的解。下面就利用伽辽金法来推导准静态电场的有限元方程。

2.2.1 伽辽金法

利用伽辽金法，实际上是需要找到一个 φ 的近似解 $\varPhi$，使式(2-13)成立：

$$\begin{aligned}&\iint_\Omega\phi\frac{\partial}{\partial t}\left[\frac{\partial}{\partial x}\left(\varepsilon_{xx}\frac{\partial\varPhi}{\partial x}+\varepsilon_{xy}\frac{\partial\varPhi}{\partial y}\right)+\frac{\partial}{\partial y}\left(\varepsilon_{yx}\frac{\partial\varPhi}{\partial x}+\varepsilon_{yy}\frac{\partial\varPhi}{\partial y}\right)\right]\mathrm{d}s\\&+\iint_\Omega\phi\left[\frac{\partial}{\partial x}\left(\gamma_{xx}\frac{\partial\varPhi}{\partial x}+\gamma_{xy}\frac{\partial\varPhi}{\partial y}\right)+\frac{\partial}{\partial y}\left(\gamma_{yx}\frac{\partial\varPhi}{\partial x}+\gamma_{yy}\frac{\partial\varPhi}{\partial y}\right)\right]\mathrm{d}s=0\end{aligned}\tag{2-13}$$

函数 ϕ 与 $\varPhi$ 使用相同的构造函数并且在第一类边界 S_1 上满足 $\phi=0$ 的任意函数。

注意到：

$$\phi\frac{\partial}{\partial x}\alpha\frac{\partial\varPhi}{\partial x}=\frac{\partial}{\partial x}\left(\phi\alpha\frac{\partial\varPhi}{\partial x}\right)-\frac{\partial\phi}{\partial x}\alpha\frac{\partial\varPhi}{\partial x}\tag{2-14}$$

$$\phi\frac{\partial}{\partial x}\alpha\frac{\partial\varPhi}{\partial y}=\frac{\partial}{\partial x}\left(\phi\alpha\frac{\partial\varPhi}{\partial y}\right)-\frac{\partial\phi}{\partial x}\alpha\frac{\partial\varPhi}{\partial y}\tag{2-15}$$

所以有

$$\phi\frac{\partial}{\partial x}\left(\varepsilon_{xx}\frac{\partial\Phi}{\partial x}+\varepsilon_{xy}\frac{\partial\Phi}{\partial y}\right)=\frac{\partial}{\partial x}\left(\phi\varepsilon_{xx}\frac{\partial\Phi}{\partial x}\right)-\frac{\partial\phi}{\partial x}\varepsilon_{xx}\frac{\partial\Phi}{\partial x}+\frac{\partial}{\partial x}\left(\phi\varepsilon_{xy}\frac{\partial\Phi}{\partial y}\right)-\frac{\partial\phi}{\partial x}\varepsilon_{xy}\frac{\partial\Phi}{\partial y}\tag{2-16}$$

$$\phi\frac{\partial}{\partial x}\left(\gamma_{xx}\frac{\partial\Phi}{\partial x}+\gamma_{xy}\frac{\partial\Phi}{\partial y}\right)=\frac{\partial}{\partial x}\left(\phi\gamma_{xx}\frac{\partial\Phi}{\partial x}\right)-\frac{\partial\phi}{\partial x}\gamma_{xx}\frac{\partial\Phi}{\partial x}+\frac{\partial}{\partial x}\left(\phi\gamma_{xy}\frac{\partial\Phi}{\partial y}\right)-\frac{\partial\phi}{\partial x}\gamma_{xy}\frac{\partial\Phi}{\partial y}\tag{2-17}$$

同理有

$$\phi\frac{\partial}{\partial y}\left(\varepsilon_{yx}\frac{\partial\Phi}{\partial x}+\varepsilon_{yy}\frac{\partial\Phi}{\partial y}\right)=\frac{\partial}{\partial y}\left(\phi\varepsilon_{yx}\frac{\partial\Phi}{\partial x}\right)-\frac{\partial\phi}{\partial y}\varepsilon_{yx}\frac{\partial\Phi}{\partial x}+\frac{\partial}{\partial y}\left(\phi\varepsilon_{yy}\frac{\partial\Phi}{\partial y}\right)-\frac{\partial\phi}{\partial y}\varepsilon_{yy}\frac{\partial\Phi}{\partial y}\tag{2-18}$$

$$\phi\frac{\partial}{\partial y}\left(\gamma_{yx}\frac{\partial\Phi}{\partial x}+\gamma_{yy}\frac{\partial\Phi}{\partial y}\right)=\frac{\partial}{\partial y}\left(\phi\gamma_{yx}\frac{\partial\Phi}{\partial x}\right)-\frac{\partial\phi}{\partial y}\gamma_{yx}\frac{\partial\Phi}{\partial x}+\frac{\partial}{\partial y}\left(\phi\gamma_{yy}\frac{\partial\Phi}{\partial y}\right)-\frac{\partial\phi}{\partial y}\gamma_{yy}\frac{\partial\Phi}{\partial y}\tag{2-19}$$

将式(2-16)～式(2-19)代入式(2-13)，得到

$$\begin{aligned}\iint_{\Omega}\Bigg\{&\frac{\partial}{\partial x}\left[\phi\frac{\partial}{\partial t}\left(\varepsilon_{xx}\frac{\partial\Phi}{\partial x}\right)\right]-\frac{\partial\phi}{\partial y}\frac{\partial}{\partial t}\left(\varepsilon_{xx}\frac{\partial\Phi}{\partial x}\right)+\frac{\partial}{\partial t}\left[\phi\frac{\partial}{\partial t}\left(\varepsilon_{xy}\frac{\partial\Phi}{\partial x}\right)\right]-\frac{\partial\phi}{\partial x}\frac{\partial}{\partial t}\left(\varepsilon_{xy}\frac{\partial\Phi}{\partial y}\right)\\&+\frac{\partial}{\partial y}\left[\phi\frac{\partial}{\partial t}\left(\varepsilon_{yx}\frac{\partial\Phi}{\partial x}\right)\right]-\frac{\partial\phi}{\partial y}\frac{\partial}{\partial t}\left(\varepsilon_{yx}\frac{\partial\Phi}{\partial x}\right)+\frac{\partial}{\partial y}\left[\phi\frac{\partial}{\partial t}\left(\varepsilon_{yy}\frac{\partial\Phi}{\partial y}\right)\right]-\frac{\partial\phi}{\partial y}\frac{\partial}{\partial t}\left(\varepsilon_{yy}\frac{\partial\Phi}{\partial y}\right)\\&+\frac{\partial}{\partial x}\left(\phi\gamma_{xx}\frac{\partial\Phi}{\partial x}\right)-\frac{\partial\phi}{\partial x}\gamma_{xx}\frac{\partial U}{\partial x}+\frac{\partial}{\partial x}\left(\phi\gamma_{xy}\frac{\partial\Phi}{\partial x}\right)-\frac{\partial\phi}{\partial x}\gamma_{xy}\frac{\partial\Phi}{\partial y}\frac{\partial}{\partial y}\left(\phi\gamma_{yx}\frac{\partial\Phi}{\partial x}\right)-\frac{\partial\phi}{\partial y}\gamma_{yx}\frac{\partial\Phi}{\partial x}\\&+\frac{\partial}{\partial y}\left(\phi\gamma_{yy}\frac{\partial\Phi}{\partial y}\right)-\frac{\partial\phi}{\partial y}\gamma_{yy}\frac{\partial\Phi}{\partial y}\Bigg\}\mathrm{d}s=0\end{aligned}\tag{2-20}$$

考虑到全电流为传导电流 $\boldsymbol{J}_c$ 与位移电流 $\boldsymbol{J}_d$ 之和，其表达式如下：

$$\boldsymbol{J}=\boldsymbol{J}_c+\boldsymbol{J}_d=-\frac{\partial}{\partial t}(\boldsymbol{\varepsilon}\nabla\Phi)-\boldsymbol{\gamma}\nabla\Phi\tag{2-21}$$

将 $\nabla\Phi=\begin{bmatrix}\dfrac{\partial\Phi}{\partial x} & \dfrac{\partial\Phi}{\partial y}\end{bmatrix}^{\mathrm{T}}$ 与式(2-11)代入式(2-21)，整理后得到

$$\boldsymbol{J}_x=-\left[\frac{\partial}{\partial t}\left(\varepsilon_{xx}\frac{\partial\Phi}{\partial x}\right)+\gamma_{xx}\frac{\partial\Phi}{\partial x}+\frac{\partial}{\partial t}\left(\varepsilon_{xy}\frac{\partial\Phi}{\partial y}\right)+\gamma_{xy}\frac{\partial\Phi}{\partial y}\right] \tag{2-22}$$

$$\boldsymbol{J}_y=-\left[\frac{\partial}{\partial t}\left(\varepsilon_{yx}\frac{\partial\Phi}{\partial x}\right)+\gamma_{yx}\frac{\partial\Phi}{\partial x}+\frac{\partial}{\partial t}\left(\varepsilon_{yy}\frac{\partial\Phi}{\partial y}\right)+\gamma_{yy}\frac{\partial\Phi}{\partial y}\right] \tag{2-23}$$

根据散度定理，式(2-20)中所有正号项构成的部分为

$$\begin{aligned}-\iint_S\left\{\frac{\partial}{\partial x}\phi\boldsymbol{J}_x+\frac{\partial}{\partial y}\phi\boldsymbol{J}_y\right\}\mathrm{d}s&=-\oint_C\phi(J_xn_x+J_yn_y)\mathrm{d}l\\&=-\oint_C\phi\boldsymbol{J}_n\mathrm{d}l\\&=0\end{aligned} \tag{2-24}$$

因为在有限元分析中，除非有特别标明的第二类边界条件，否则在所有边界上存在 $\boldsymbol{J}_n=0$，并且在第一类边界上 $\phi=0$。所以式(2-20)化简为

$$\begin{aligned}&\iint_\Omega\left[\frac{\partial\phi}{\partial x}\frac{\partial}{\partial t}\left(\varepsilon_{xx}\frac{\partial\Phi}{\partial x}\right)+\frac{\partial\phi}{\partial x}\gamma_{xx}\frac{\partial\Phi}{\partial x}+\frac{\partial\phi}{\partial x}\frac{\partial}{\partial t}\left(\varepsilon_{xy}\frac{\partial\Phi}{\partial y}\right)+\frac{\partial\phi}{\partial x}\gamma_{xy}\frac{\partial\Phi}{\partial y}\right.\\&\left.+\frac{\partial\phi}{\partial y}\frac{\partial}{\partial t}\left(\varepsilon_{yx}\frac{\partial\Phi}{\partial x}\right)+\frac{\partial\phi}{\partial x}\gamma_{yx}\frac{\partial\Phi}{\partial x}+\frac{\partial\phi}{\partial t}\frac{\partial}{\partial t}\left(\varepsilon_{yy}\frac{\partial\Phi}{\partial y}\right)+\frac{\partial\phi}{\partial y}\gamma_{yy}\frac{\partial\Phi}{\partial y}\right]\mathrm{d}S=0\end{aligned} \tag{2-25}$$

或写成矩阵形式为

$$\iint_\Omega\left\{\nabla\phi\cdot\left[\frac{\partial}{\partial t}(\boldsymbol{\varepsilon}\nabla\Phi)+\boldsymbol{\gamma}\nabla\Phi\right]\right\}\mathrm{d}S=0 \tag{2-26}$$

2.2.2　形状函数

在有限元分析中，利用形状函数 $\boldsymbol{N}$ 来表示每个单元中的电位分布时，单元中某一点的电位和电位梯度可以表示为[2]

$$\Phi=\boldsymbol{N}\boldsymbol{\Phi}_e,\quad\left[\frac{\partial\Phi}{\partial x}\quad\frac{\partial\Phi}{\partial y}\right]^{\mathrm{T}}=\boldsymbol{B}\boldsymbol{\Phi}_e \tag{2-27}$$

式中，$\boldsymbol{B}=\partial\boldsymbol{N}$。

下面的算例均采用线性三角形有限元，其形状函数为

$$\boldsymbol{N}=[\xi\quad\eta\quad1-\xi-\eta] \tag{2-28}$$

ξ 和 η 是自然坐标(图 2-1)，其可做如下解释：点 (x,y) 将三角形分为三部分，每部分的面积为 A_1、A_2 和 A_3，形状函数表示为

$$N_1=\frac{A_1}{A},\quad N_2=\frac{A_2}{A},\quad N_3=\frac{A_3}{A} \tag{2-29}$$

式中，A 为三角形的面积，单位为 m^2。

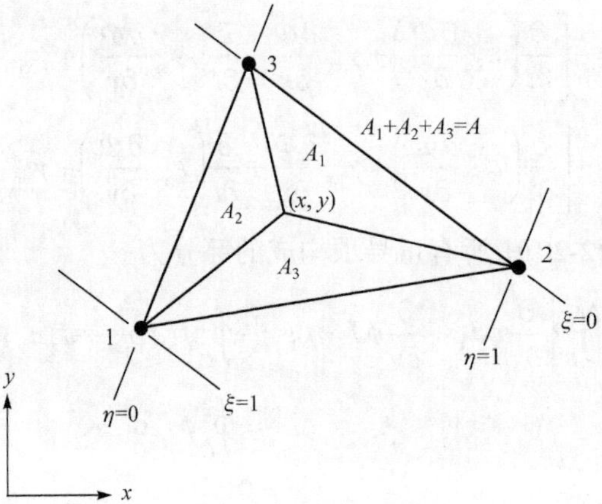

图 2-1　线性三角形有限元

很明显在三角形内部的任何一点，都有 $N_1+N_2+N_3=1$。

利用形状函数，有

$$\begin{cases} x = N_1x_1 + N_2x_2 + N_3x_3 \\ y = N_1y_1 + N_2y_2 + N_3y_3 \end{cases} \tag{2-30}$$

或

$$\begin{cases} x = (x_1 - x_3)\xi + (x_2 - x_3)\eta + x_3 \\ y = (y_1 - y_3)\xi + (y_2 - y_3)\eta + y_3 \end{cases} \tag{2-31}$$

将 $x_{ij} = x_i - x_j$ 和 $y_{ij} = y_i - y_j$ 代入式(2-31)，式(2-31)可以写为

$$\begin{cases} x = x_{13}\xi + x_{23}\eta + x_3 \\ y = y_{13}\xi + y_{23}\eta + y_3 \end{cases} \tag{2-32}$$

根据链导法则，有

$$\begin{cases} \dfrac{\partial \Phi}{\partial \xi} = \dfrac{\partial \Phi}{\partial x}\dfrac{\partial x}{\partial \xi} + \dfrac{\partial \Phi}{\partial y}\dfrac{\partial y}{\partial \xi} \\ \dfrac{\partial \Phi}{\partial \eta} = \dfrac{\partial \Phi}{\partial x}\dfrac{\partial x}{\partial \eta} + \dfrac{\partial \Phi}{\partial y}\dfrac{\partial y}{\partial \eta} \end{cases} \tag{2-33}$$

因而有

$$\begin{bmatrix} \dfrac{\partial \Phi}{\partial \xi} \\ \dfrac{\partial \Phi}{\partial \eta} \end{bmatrix} = \boldsymbol{J} \begin{bmatrix} \dfrac{\partial \Phi}{\partial x} \\ \dfrac{\partial \Phi}{\partial y} \end{bmatrix}, \quad \boldsymbol{J} = \begin{bmatrix} x_{13} & y_{13} \\ x_{23} & y_{23} \end{bmatrix} \tag{2-34}$$

式中，$\boldsymbol{J}$ 为雅可比(Jacobian)矩阵。

不难证明当三角形有限元的节点按逆时针顺序编号时，有 $\det \boldsymbol{J} = 2A$，A 是三角形的面积。

利用式(2-34)可以得到

$$\begin{bmatrix} \dfrac{\partial \Phi}{\partial x} \\ \dfrac{\partial \Phi}{\partial y} \end{bmatrix} = \boldsymbol{J}^{-1} \begin{bmatrix} \dfrac{\partial \Phi}{\partial \xi} \\ \dfrac{\partial \Phi}{\partial \eta} \end{bmatrix} = \frac{1}{\det \boldsymbol{J}} \begin{bmatrix} y_{23} & -y_{13} \\ -x_{23} & x_{13} \end{bmatrix} \begin{bmatrix} 1 & 0 & -1 \\ 0 & 1 & -1 \end{bmatrix} \boldsymbol{\Phi}_e \tag{2-35}$$

或记为

$$\begin{bmatrix} \dfrac{\partial \Phi}{\partial x} \\ \dfrac{\partial \Phi}{\partial y} \end{bmatrix} = \boldsymbol{B}\boldsymbol{\Phi}_e \tag{2-36}$$

式中

$$\begin{aligned} \boldsymbol{B} &= \frac{1}{\det \boldsymbol{J}} \begin{bmatrix} y_{23} & -y_{13} & y_{13} - y_{23} \\ -x_{23} & x_{13} & x_{23} - x_{13} \end{bmatrix} \\ &= \frac{1}{\det \boldsymbol{J}} \begin{bmatrix} y_{23} & y_{31} & y_{12} \\ x_{32} & x_{13} & x_{21} \end{bmatrix} \end{aligned} \tag{2-37}$$

2.2.3　有限元方程

每个有限元中的虚拟电位分布也利用形状函数记为

$$\phi = \boldsymbol{N}\boldsymbol{\psi}, \quad \begin{bmatrix} \dfrac{\partial \phi}{\partial x} & \dfrac{\partial \phi}{\partial y} \end{bmatrix}^{\mathrm{T}} = \boldsymbol{B}\boldsymbol{\psi}_e \tag{2-38}$$

式中，ψ 为虚拟电位分布，单位为 V。

考虑式(2-26)，有

$$\begin{aligned} \iint_S \left\{ \nabla\phi \cdot \left[\frac{\partial}{\partial t}(\boldsymbol{\varepsilon}\nabla U) + \boldsymbol{\gamma}\nabla U \right] \right\} \mathrm{d}S &= \iint_S \begin{bmatrix} \dfrac{\partial \phi}{\partial x} & \dfrac{\partial \phi}{\partial y} \end{bmatrix} \left[\frac{\partial}{\partial t}(\boldsymbol{\varepsilon}\nabla U) + \boldsymbol{\gamma}\nabla U \right] \mathrm{d}S \\ &= \sum_e \boldsymbol{\psi}^{\mathrm{T}} \left[\int_e \boldsymbol{B}^{\mathrm{T}} \left[\frac{\partial}{\partial t}(\boldsymbol{\varepsilon}\nabla U) + \boldsymbol{\gamma}\nabla U \right] \mathrm{d}S \right] \\ &= 0 \end{aligned} \tag{2-39}$$

对于所有的虚拟电位分布 $\boldsymbol{\psi}$，只要其满足在第一类边界条件的节点上 $\boldsymbol{\psi} = 0$，都有式(2-39)成立，因此必有式(2-40)成立：

$$\begin{aligned}\sum_e\left\{\int_e \boldsymbol{B}^{\mathrm{T}}\left[\frac{\partial}{\partial t}(\boldsymbol{\varepsilon}\nabla\boldsymbol{\Phi})+\boldsymbol{\gamma}\nabla\boldsymbol{\Phi}\right]\mathrm{d}s\right\} &= \frac{\partial}{\partial t}\left[\sum_e\left(\int_e \boldsymbol{B}^{\mathrm{T}}\boldsymbol{\varepsilon}\nabla\boldsymbol{\Phi}\mathrm{d}s\right)\right]+\sum_e\left(\int_e \boldsymbol{B}^{\mathrm{T}}\boldsymbol{\gamma}\nabla\boldsymbol{\Phi}\mathrm{d}s\right)\\ &= \frac{\partial}{\partial t}\left[\sum_e\left(\int_e \boldsymbol{B}^{\mathrm{T}}\boldsymbol{\varepsilon}\boldsymbol{B}\mathrm{d}s\right)\boldsymbol{\Phi}_e\right]+\sum_e\left(\int_e \boldsymbol{B}^{\mathrm{T}}\boldsymbol{\gamma}\boldsymbol{B}\mathrm{d}s\right)\boldsymbol{\Phi}_e\\ &= \frac{\partial}{\partial t}\left(\sum_e \boldsymbol{k}_\varepsilon\boldsymbol{\Phi}_e\right)+\sum_e \boldsymbol{k}_\gamma\boldsymbol{\Phi}_e\\ &= 0\end{aligned} \tag{2-40}$$

式中，

$$\boldsymbol{k}_\gamma = A_e\boldsymbol{B}^{\mathrm{T}}\boldsymbol{\gamma}\boldsymbol{B},\quad \boldsymbol{k}_\varepsilon = A_e\boldsymbol{B}^{\mathrm{T}}\boldsymbol{\varepsilon}\boldsymbol{B} \tag{2-41}$$

其中，A_e 为三角形有限元的面积，单位为 m^2。因此式(2-26)的离散形式为

$$\frac{\partial}{\partial t}\left(\sum_e \boldsymbol{k}_\varepsilon\boldsymbol{\Phi}_e\right)+\sum_e \boldsymbol{k}_\gamma\boldsymbol{\Phi}_e = 0 \tag{2-42}$$

或记为

$$\frac{\partial}{\partial t}(\boldsymbol{K}_\varepsilon\boldsymbol{\Phi})+\boldsymbol{K}_\gamma\boldsymbol{\Phi} = 0 \tag{2-43}$$

式中，$\boldsymbol{K}_\gamma = \sum_e \boldsymbol{k}_\gamma$；$\boldsymbol{K}_\varepsilon = \sum_e \boldsymbol{k}_\varepsilon$。

2.2.4　各向异性介质

由于各向异性材料介质的电导率和介电常数都只在两个正交方向上存在差异[8]，所以下面采用对角线张量来表示电导率和介电常数。本节以介质电导率为例来讨论各向异性材料的参数问题。

在局部坐标系中有

$$\boldsymbol{\gamma} = \begin{bmatrix}\gamma_h & 0\\ 0 & \gamma_t\end{bmatrix} \tag{2-44}$$

式中，γ_h 为沿纸面方向的电导率，单位为 S/m；γ_t 为垂直纸面方向的电导率，单位为 S/m。

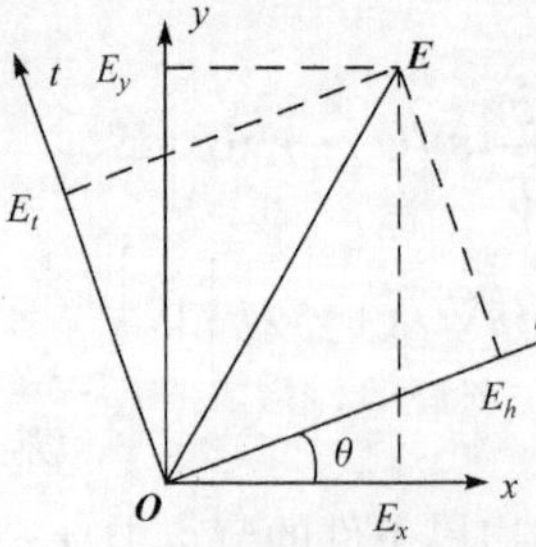

图 2-2　电场强度在局部、整体坐标系之间的坐标变换关系

电场强度在局部坐标系与整体坐标系之间的坐标变换关系如图 2-2 所示，用方程表示为

$$\begin{bmatrix}E_x\\ E_y\end{bmatrix} = \boldsymbol{T}\begin{bmatrix}E_h\\ E_t\end{bmatrix},\quad \boldsymbol{T} = \begin{bmatrix}\cos\theta & -\sin\theta\\ \sin\theta & \cos\theta\end{bmatrix} \tag{2-45}$$

式中，θ 为沿纸面方向与水平方向的倾角，一般 $-\dfrac{\pi}{2}<\theta\leqslant\dfrac{\pi}{2}$。

$$\begin{bmatrix} J_h \\ J_t \end{bmatrix} = \begin{bmatrix} \gamma_h & 0 \\ 0 & \gamma_t \end{bmatrix} \begin{bmatrix} E_h \\ E_t \end{bmatrix} = \begin{bmatrix} \gamma_h & 0 \\ 0 & \gamma_t \end{bmatrix} \boldsymbol{T}^{\mathrm{T}} \begin{bmatrix} E_x \\ E_y \end{bmatrix} \tag{2-46}$$

$$\begin{bmatrix} J_x \\ J_y \end{bmatrix} = \boldsymbol{T} \begin{bmatrix} J_h \\ J_t \end{bmatrix} = \boldsymbol{T} \begin{bmatrix} \gamma_h & 0 \\ 0 & \gamma_t \end{bmatrix} \boldsymbol{T}^{\mathrm{T}} \begin{bmatrix} E_x \\ E_y \end{bmatrix} \tag{2-47}$$

由此得等效电导率[9, 10]为

$$\begin{bmatrix} \gamma_{xx} & \gamma_{xy} \\ \gamma_{yx} & \gamma_{yy} \end{bmatrix} = \boldsymbol{T} \begin{bmatrix} \gamma_h & 0 \\ 0 & \gamma_t \end{bmatrix} \boldsymbol{T}^{\mathrm{T}} \tag{2-48}$$

即

$$\begin{cases} \gamma_{xx} = \gamma_h \cos^2\theta + \gamma_t \sin^2\theta \\ \gamma_{xy} = \gamma_h \cos\theta \sin\theta - \gamma_t \cos\theta \sin\theta \\ \gamma_{yx} = \gamma_{xy} \\ \gamma_{yy} = \gamma_t \cos^2\theta + \gamma_h \sin^2\theta \end{cases} \tag{2-49}$$

2.2.5　轴对称情形

一般来说，变压器套管和绕组绝缘结构都是轴对称几何结构(即旋转体)。在对这类问题进行分析时，需要利用轴对称有限元模型。

不同于一般直角坐标系的 x-y 坐标，轴对称模型的坐标系采用 ρ-z 坐标。假设 z 轴是对称轴，则式(2-8)在 ρ-z 坐标系中展开为

$$\begin{aligned} &\frac{\partial}{\partial t}\left[\frac{1}{\rho}\frac{\partial}{\partial\rho}\left(\rho\varepsilon_{\rho\rho}\frac{\partial u}{\partial\rho}+\rho\varepsilon_{\rho z}\frac{\partial u}{\partial z}\right)+\frac{\partial}{\partial z}\left(\varepsilon_{z\rho}\frac{\partial u}{\partial\rho}+\varepsilon_{zz}\frac{\partial u}{\partial z}\right)\right] \\ &+\frac{1}{\rho}\frac{\partial}{\partial\rho}\left(\rho\gamma_{\rho\rho}\frac{\partial u}{\partial\rho}+\rho\gamma_{\rho z}\frac{\partial u}{\partial z}\right)+\frac{\partial}{\partial z}\left(\gamma_{z\rho}\frac{\partial u}{\partial\rho}+\gamma_{zz}\frac{\partial u}{\partial z}\right)=0 \end{aligned} \tag{2-50}$$

初看起来，式(2-50)与式(2-12)略有不同，但如果在式(2-50)两边乘以 ρ，则得到

$$\begin{aligned} &\frac{\partial}{\partial t}\left[\frac{\partial}{\partial\rho}\left(\rho\varepsilon_{\rho\rho}\frac{\partial u}{\partial\rho}+\rho\varepsilon_{\rho z}\frac{\partial u}{\partial z}\right)+\frac{\partial}{\partial z}\left(\varepsilon_{z\rho}\frac{\partial u}{\partial\rho}+\varepsilon_{zz}\frac{\partial u}{\partial z}\right)\right] \\ &+\frac{\partial}{\partial\rho}\left(\rho\gamma_{\rho\rho}\frac{\partial u}{\partial\rho}+\rho\gamma_{\rho z}\frac{\partial u}{\partial z}\right)+\frac{\partial}{\partial z}\left(\gamma_{z\rho}\frac{\partial u}{\partial\rho}+\gamma_{zz}\frac{\partial u}{\partial z}\right)=0 \end{aligned} \tag{2-51}$$

显然，该方程在引入如下变换后即可以转化成式(2-12)的形式[5]：

$$x=\rho,\quad y=z,\quad \boldsymbol{\varepsilon}'=\rho\boldsymbol{\varepsilon},\quad \boldsymbol{\gamma}'=\rho\boldsymbol{\gamma} \tag{2-52}$$

式中，$\boldsymbol{\varepsilon}, \boldsymbol{\gamma}$均为张量。

所以，2.2.3 节中建立的有限元公式可以直接应用于该问题的求解。

2.2.6 罚函数法施加边界条件

2.2.3 节中，利用伽辽金法有限元得到了式(2-12)的离散形式，将其与边界条件重新列写如下：

$$\begin{cases} \dfrac{\partial}{\partial t}\left(\boldsymbol{K}_{\varepsilon}\boldsymbol{\Phi}\right)+\boldsymbol{K}_{\gamma}\boldsymbol{\Phi}=\mathbf{0} \\ \boldsymbol{\Phi}|_{b}=\boldsymbol{\Phi}_{b}(t) \\ \boldsymbol{\Phi}|_{t=0}=\boldsymbol{\Phi}(\mathbf{0}) \end{cases} \tag{2-53}$$

式(2-53)是一个初-边值问题，本节利用罚函数法对式(2-51)进行改写，从而得到便于求解的有限元状态方程。

首先，按下面的方法选取一个罚系数 C[2]：

$$C=\max|\boldsymbol{K}_{\varepsilon}(i,j)|\times 10^{8} \quad 1\leqslant i\leqslant N;\ 1\leqslant j\leqslant N \tag{2-54}$$

式中，N为有限元剖分的节点数，即系数阵 $\boldsymbol{K}_{\varepsilon}$ 的规模。

利用罚函数法确定边界条件，将式(2-53)中的边界条件整合到方程中，得到

$$\frac{\partial}{\partial t}\left[(\boldsymbol{K}_{\varepsilon}+\boldsymbol{C})\boldsymbol{\Phi}\right]=-\boldsymbol{K}_{\gamma}\boldsymbol{\Phi}+\boldsymbol{C}\frac{\partial \boldsymbol{\Phi}_{b}}{\partial t} \tag{2-55}$$

式中，$\boldsymbol{C}$ 为一个罚系数对角矩阵，如果对角元素 c_{ii} 所对应的 i 号节点属于给定了边界条件的边界节点，则 $c_{ii}=C$；否则，$c_{ii}=0$。

在式(2-53)中，对于所有保留的自由度，容性系数矩阵 $\boldsymbol{K}_{\varepsilon}$ 和阻性系数矩阵 $\boldsymbol{K}_{\gamma}$ 都是奇异的。在结构力学中类似的情况是刚度矩阵 $\boldsymbol{K}_{\varepsilon}$，它的奇异性是因为没有自由度设定为边界条件(没有支撑)；而在电场分析中，必要的“支撑条件”可来自于一个或多个设定的边界电位、边界电位梯度或它们的一些组合[1]。下面通过罚函数法施加边界条件消除了矩阵 $\boldsymbol{K}_{\varepsilon}$ 的奇异性，但阻性系数矩阵 $\boldsymbol{K}_{\gamma}$ 仍为奇异阵。在瞬态电场分析中，可以接受 $\boldsymbol{K}_{\gamma}$ 为奇异阵，但所有的节点电位必须作为初始条件来设定，通常这些节点的电位不会都为零[1]。

在电场分析中，若给定的是第一类边界条件，相当于存在一个无限大电容值的电容连接在零电位点与边界点之间，电容的电压值等于给定的电位值。对于一个超大电容值的电容器，若要改变其电压值，需要提供巨大的电荷量，因而该电容器两端的电压是不易被改变的，它可按照等效直流电压源来对待。由于系统内部电流不会影响罚电容上的电荷量，需要由系统外部对罚电容进行充放电，以维持罚电容的电压值。式(2-55)中的输入项可表示为

$$\boldsymbol{R}(t)=\boldsymbol{C}\frac{\partial \boldsymbol{U}_b}{\partial t}=\frac{\partial \boldsymbol{Q}_b}{\partial t}=\boldsymbol{I}_b \tag{2-56}$$

式中，$\boldsymbol{Q}_b$为罚电容上的电荷量，单位为 C，该项体现为外界对此封闭系统输入的电流。

式(2-55)变为

$$\frac{\partial}{\partial t}\left(\boldsymbol{K}_1\boldsymbol{\Phi}\right)=-\boldsymbol{K}_2\boldsymbol{\Phi}+\boldsymbol{R}(t) \tag{2-57}$$

式中，$\boldsymbol{K}_1=\boldsymbol{K}_\varepsilon+\boldsymbol{C}$；$\boldsymbol{K}_2=\boldsymbol{K}_\gamma$；$\boldsymbol{R}(t)=\boldsymbol{C}\dfrac{\partial \boldsymbol{\Phi}_b}{\partial t}$。

2.2.7 非线性介质

当介质的介电常数和电导率都与电场强度有关时，$\boldsymbol{\varepsilon}=\boldsymbol{\varepsilon}(\boldsymbol{E})$和$\boldsymbol{\gamma}=\boldsymbol{\gamma}(\boldsymbol{E})$，介质表现为非线性。由于电场强度是电位分布的负梯度，所以介质的介电常数和电导率也是关于电位分布的函数，即$\boldsymbol{\varepsilon}=\boldsymbol{\varepsilon}(\boldsymbol{\Phi})$和$\boldsymbol{\gamma}=\boldsymbol{\gamma}(\boldsymbol{\Phi})$。

容性系数矩阵 $\boldsymbol{K}_\varepsilon$和阻性系数矩阵$\boldsymbol{K}_\gamma$也就是电位分布的函数。其单元系数矩阵为

$$\boldsymbol{k}_e(\boldsymbol{\Phi})=A_e\boldsymbol{B}^{\mathrm{T}}\varepsilon\left(\boldsymbol{\Phi}_e\right)\boldsymbol{B} \tag{2-58}$$

$$\boldsymbol{k}_\gamma(\boldsymbol{\Phi})=A_e\boldsymbol{B}^{\mathrm{T}}\gamma\left(\boldsymbol{\Phi}_e\right)\boldsymbol{B} \tag{2-59}$$

这时，状态方程(2-57)中的$\boldsymbol{K}_1$和$\boldsymbol{K}_2$都是关于变量$\boldsymbol{\Phi}$的函数。因此在考虑非线性介质问题时，方程记为

$$\frac{\partial}{\partial t}\left[\boldsymbol{K}_1(\boldsymbol{\Phi})\boldsymbol{\Phi}\right]=-\boldsymbol{K}_2(\boldsymbol{\Phi})\boldsymbol{\Phi}+\boldsymbol{R}(t) \tag{2-60}$$

在换流变压器分析中，一般不考虑介质介电常数的非线性问题。因而在式(2-60)中，可以将$\boldsymbol{K}_1$看成常数构成的矩阵。

2.3 线性模型的时域求解方法

当介质的介电常数和电阻率均做线性考虑时，方程为

$$\boldsymbol{K}_1\frac{\partial}{\partial t}\boldsymbol{\Phi}=-\boldsymbol{K}_2\boldsymbol{\Phi}+\boldsymbol{R}(t) \tag{2-61}$$

此时方程中的矩阵$\boldsymbol{K}_1$和$\boldsymbol{K}_2$均为不随时间变化的常系数矩阵。对于线性问题方程(2-61)，可以利用模态法[1]或直接积分法[1,11,12]求解，也可以利用状态空间法进行求解。下面分别介绍这几种方法。

2.3.1 模态法

利用模态法求解线性介质状态方程(2-61)，首先求解特征问题：

$$(\boldsymbol{K}_2 - \lambda \boldsymbol{K}_1)\bar{\boldsymbol{\Phi}} = [0] \tag{2-62}$$

令 $\boldsymbol{P}$ 为模态矩阵，它的每一列都是正则化的特征矢量 $\bar{\boldsymbol{\Phi}}_i$。令 $\boldsymbol{\lambda}$ 为对角频谱阵，$\boldsymbol{\lambda} = \mathrm{diag}(\lambda_1, \lambda_2, \cdots, \lambda_n)$，矩阵变换得到的广义电位 $\boldsymbol{V}$ 与节点电位 $\boldsymbol{\Phi}$ 的关系为

$$\boldsymbol{\Phi} = \boldsymbol{PV} \tag{2-63}$$

对于 $N \times N$ 阶系统，得到 N 个解耦方程，每个都有如下的形式：

$$\frac{\mathrm{d}V_i}{\mathrm{d}t} + \lambda_i V_i = Q_i, \quad Q_i = \boldsymbol{P}_i^{\mathrm{T}} \boldsymbol{R} \tag{2-64}$$

式中，$\boldsymbol{P}_i$ 是 $\boldsymbol{P}$ 的第 i 列，$i = 1, \cdots, N$。

模态法需要计算模态矩阵，而随着矩阵阶数的增加，模态法的计算代价会越来越大。由于在有限元分析中，矩阵 $\boldsymbol{K}_1$ 和 $\boldsymbol{K}_2$ 都是稀疏矩阵，而模态矩阵是满阵，利用模态法求解是不保稀疏的，给求解大型矩阵方程带来极大的困难。因此，在实际应用中，模态法一般不被采用。

2.3.2　直接积分法

考虑由时间 Δt 分开的两个状态，表示为 $\boldsymbol{\Phi}_n$ 和 $\boldsymbol{\Phi}_{n+1}$。利用下列公式能够完成瞬时积分：

$$\boldsymbol{\Phi}_{n+1} = \boldsymbol{\Phi}_n + \Delta t\left[(1-\beta)\dot{\boldsymbol{\Phi}}_n + \beta \dot{\boldsymbol{\Phi}}_{n+1}\right] \tag{2-65}$$

式中，$\dot{\boldsymbol{\Phi}} = \dfrac{\partial \boldsymbol{\Phi}}{\partial t}$。

式(2-65)包含一个可以由分析者选择的因子 β。如果选择 $\beta = 0.5$，式(2-65)可以成为梯形规则。我们在时间步 n 写出式(2-61)，再在时间步 n+1 写出该式，用 $1-\beta$ 乘以第一式，用 β 乘以第二式，得到

$$(1-\beta)\boldsymbol{K}_1\dot{\boldsymbol{\Phi}}_n = -(1-\beta)\boldsymbol{K}_2\boldsymbol{\Phi}_n + (1-\beta)\boldsymbol{R}_n \tag{2-66}$$

$$\beta \boldsymbol{K}_1 \dot{\boldsymbol{\Phi}}_{n+1} = -\beta \boldsymbol{K}_2 \boldsymbol{\Phi}_{n+1} + \beta \boldsymbol{R}_{n+1} \tag{2-67}$$

如果 $\boldsymbol{K}_1$ 和 $\boldsymbol{K}_2$ 不随时间而改变，我们可以把这两个方程相加，然后用式(2-65)消去电位的时间导数，其结果为

$$\left(\frac{1}{\Delta t}\boldsymbol{K}_1 + \beta \boldsymbol{K}_2\right)\boldsymbol{\Phi}_{n+1} = \left[\frac{1}{\Delta t}\boldsymbol{K}_1 - (1-\beta)\Delta t \boldsymbol{K}_2\right]\boldsymbol{\Phi}_n + [(1+\beta)\boldsymbol{R}_n + \beta \boldsymbol{R}_{n+1}] \tag{2-68}$$

式(2-68)中 $\dfrac{1}{\Delta t}\boldsymbol{K}_1 + \beta \boldsymbol{K}_2$ 是非奇异矩阵，因而利用式(2-68)可以很方便地进行求解，可以从 $t = 0$ 已知的 $\boldsymbol{\Phi}_0$ 开始，依次得到 $t = n\Delta t$ 的 $\boldsymbol{\Phi}_n$。

如果 $\beta < 0.5$，那么这个算法是条件稳定的。数值稳定的最大时间步是

$$\Delta t_{\mathrm{cr}} = \frac{2}{(1-2\beta)\lambda_{\max}} \tag{2-69}$$

式中，$\lambda_{\max}$为式(2-62)的最大特征值。

如果$\beta\geqslant 0.5$，则这个算法对于线性问题是无条件稳定的。当β取不同的值时，相关的名称如下：

$\beta=0$	前差法或欧拉法	(条件稳定)
$\beta=0.5$	Crank-Nicolson 法或梯形法	(无条件稳定)
$\beta=0.5$	伽辽金法	(无条件稳定)
$\beta=1$	后差法	(无条件稳定)

在无条件稳定的方法当中，Crank-Nicolson 法被普遍采用，它具有二阶精度。当$\beta\neq 0.5$时，只能保证一阶精度。

2.3.3 状态空间法

状态空间法可视为电网络分析中线性时不变状态方程的解析解法[13,14]在瞬态场有限元分析中的推广[15]。文献[16]和文献[17]将状态空间法用于瞬态涡流场的计算。下面针对瞬态电场计算的特点，利用罚函数法获得了完整的包含边界条件的状态方程，形成一个以能量的输入/输出来表现与外界能量交换的封闭系统，从而使状态空间法应用在瞬态电场计算中。

状态空间法的基本思想是利用泰勒多项式来逼近状态方程的解析解。

首先，状态方程(2-61)存在积分形式的解析解：

$$\boldsymbol{\Phi}=\exp(-t\boldsymbol{K}_1^{-1}\boldsymbol{K}_2)\boldsymbol{\Phi}(0)+\exp(-t\boldsymbol{K}_1^{-1}\boldsymbol{K}_2)\int_0^t\exp(\tau\boldsymbol{K}_1^{-1}\boldsymbol{K}_2)\boldsymbol{K}_1^{-1}\boldsymbol{R}\mathrm{d}\tau \tag{2-70}$$

式中，默认$t<0$时，$\boldsymbol{R}=[0]$为零向量。

状态空间法就是基于式(2-70)的解析解，利用泰勒多项式近似函数来获得近似解的一种数值方法。

考虑输入变量$\boldsymbol{R}$，当$t>0$时，将$\boldsymbol{R}$用泰勒级数展开，并引入冲激函数$\delta(t)$，即

$$\boldsymbol{R}=\delta(t)\boldsymbol{r}_\delta+\boldsymbol{r}_0+t\boldsymbol{r}_1+t^2\boldsymbol{r}_2+\cdots=\delta(t)\boldsymbol{r}_\delta+\sum_{k=0}^{\infty}(t^k\boldsymbol{r}_k) \tag{2-71}$$

引入冲激函数的原因是，对于以节点电位为变量的有限元分析来说，允许边界电位突然变化，即存在阶跃函数。当边界电位突然变化时，根据式(2-56)，$\boldsymbol{R}$中将存在冲激分量。

同时，将矩阵指数函数$\exp(t\boldsymbol{A})$用级数展开为

$$\exp(t\boldsymbol{A})=\sum_{n=0}^{\infty}\frac{(t\boldsymbol{A})^n}{n!} \tag{2-72}$$

将式(2-71)和式(2-72)代入式(2-70)中，有

$$\boldsymbol{\Phi}=\sum_{n=0}^{\infty}\frac{(-t\boldsymbol{K}_1^{-1}\boldsymbol{K}_2)^n}{n!}\boldsymbol{\Phi}(0)+\sum_{n=0}^{\infty}\frac{(-t\boldsymbol{K}_1^{-1}\boldsymbol{K}_2)^n}{n!}\int_0^t\sum_{n=0}^{\infty}\frac{(\tau\boldsymbol{K}_1^{-1}\boldsymbol{K}_2)^n}{n!}\boldsymbol{K}_1^{-1}\left[\delta(t)\boldsymbol{r}_\delta+\sum_{k=0}^{\infty}(\tau^k\boldsymbol{r}_k)\right]\mathrm{d}\tau \tag{2-73}$$

利用冲激函数的积分特性，有

$$\begin{aligned}\int_0^t\sum_{n=0}^{\infty}\frac{(\tau\boldsymbol{K}_1^{-1}\boldsymbol{K}_2)^n}{n!}\boldsymbol{K}_1^{-1}\delta(\tau)\boldsymbol{r}_\delta\mathrm{d}\tau&=\int_0^t\exp(\tau\boldsymbol{K}_1^{-1}\boldsymbol{K}_2)\boldsymbol{K}_1^{-1}\delta(\tau)\boldsymbol{r}_\delta\mathrm{d}\tau\\&=\exp(0)\boldsymbol{K}_1^{-1}\boldsymbol{r}_\delta\\&=\boldsymbol{K}_1^{-1}\boldsymbol{r}_\delta\end{aligned} \tag{2-74}$$

和

$$\begin{aligned}\int_0^t\sum_{n=0}^{\infty}\frac{(\tau\boldsymbol{K}_1^{-1}\boldsymbol{K}_2)^n}{n!}\boldsymbol{K}_1^{-1}\sum_{k=0}^{\infty}(\tau^k\boldsymbol{r}_k)\mathrm{d}\tau&=\sum_{n=0}^{\infty}\sum_{k=0}^{\infty}\int_0^t\frac{(\tau\boldsymbol{K}_1^{-1}\boldsymbol{K}_2)^n}{n!}\boldsymbol{K}_1^{-1}(\tau^k\boldsymbol{r}_k)\mathrm{d}\tau\\&=\sum_{n=0}^{\infty}\sum_{k=0}^{\infty}\frac{(\boldsymbol{K}_1^{-1}\boldsymbol{K}_2)^n}{n!}\boldsymbol{K}_1^{-1}\boldsymbol{r}_k\int_0^t\tau^{n+k}\mathrm{d}\tau\\&=\sum_{n=0}^{\infty}\sum_{k=0}^{\infty}\left[\frac{t^{n+k+1}}{n+k+1}\frac{(\boldsymbol{K}_1^{-1}\boldsymbol{K}_2)^n}{n!}\boldsymbol{K}_1^{-1}\boldsymbol{r}_k\right]\end{aligned} \tag{2-75}$$

将式(2-74)和式(2-75)代入式(2-73)中，得到

$$\boldsymbol{\Phi}=\left[\sum_{n=0}^{\infty}\frac{(-t\boldsymbol{K}_1^{-1}\boldsymbol{K}_2)^n}{n!}\right]\left\{\boldsymbol{\Phi}(0)+\boldsymbol{K}_1^{-1}\boldsymbol{r}_\delta+\sum_{k=0}^{\infty}\sum_{n=0}^{\infty}\left[\frac{t^{n+k+1}}{n+k+1}\frac{(\boldsymbol{K}_1^{-1}\boldsymbol{K}_2)^n}{n!}\right]\boldsymbol{K}_1^{-1}\boldsymbol{r}_k\right\} \tag{2-76}$$

可以证明，式(2-76)中等号右边的级数是绝对收敛的。因而在精度允许的范围内，可用有限项来代替无限项：

$$\exp(t\boldsymbol{A})\approx\sum_{n=0}^{N}\frac{(t\boldsymbol{A})^n}{n!} \tag{2-77}$$

虽然式(2-77)中并未对时间变量 t 做任何限制，但在实际应用中，却很难通过式(2-77)来求取任意时刻的电位分布，因为随着时间 t 的增大，需要计算更多泰勒级数项才能得到一个较为精确的结果。当时间 t 继续增大时，在泰勒级数收敛之前所获得的中间数据会超出计算机双精度浮点数所能表示的范围。

所以，在实际应用中，我们也是采用将时间离散的办法来逐次计算各个时刻的电位分布。当时间步长为 Δt 时，展开项数 N 需满足

$$\frac{[-\Delta tR(\boldsymbol{A})]^{N+1}}{(N+1)!}<e_{\lim} \tag{2-78}$$

式中，$R(\boldsymbol{A})$为矩阵 $\boldsymbol{A}$ 的谱半径；$e_{\lim}$ 为设定的误差范围。

这时计算各个时刻电位分布的迭代式为

$$\boldsymbol{\Phi}_{m+1}=\left[\sum_{n=0}^{N}\frac{(-\Delta t\boldsymbol{K}_1^{-1}\boldsymbol{K}_2)^n}{n!}\right]\left\{\boldsymbol{\Phi}_m+\boldsymbol{K}_1^{-1}\boldsymbol{r}_\delta+\sum_{k=0}^{N}\sum_{n=0}^{N}\left[\frac{\Delta t^{n+k+1}}{n+k+1}\frac{(\boldsymbol{K}_1^{-1}\boldsymbol{K}_2)^n}{n!}\right]\boldsymbol{K}_1^{-1}\boldsymbol{r}_k\right\} \tag{2-79}$$

式中，$\boldsymbol{\Phi}_m$ 与 $\boldsymbol{\Phi}_{m+1}$ 为相邻时间 Δt 的电位分布。

式(2-79)中只存在矩阵与向量的乘法、向量右乘矩阵的逆等运算，没有其他更复杂的运算，便于用计算机实现。

2.3.4　龙格-库塔法

在换流变压器油纸绝缘结构的电场分析中，一般只考虑介质的电导率的非线性，而不考虑其介电常数的非线性。

前面介绍的几种数值方法适用于求解线性问题，当遇到非线性介质问题时，很难利用上述方法进行求解。对于非线性介质问题，若采用直接积分法进行求解，需要在每一个时间步里都利用迭代法求解一次非线性方程。求解非线性方程的过程会使计算效率大为降低。而状态空间法是一种直接泰勒级数展开方法，由于在非线性问题中，阻性系数矩阵 $\boldsymbol{K}_2$ 是关于电位 $\boldsymbol{\Phi}$ 的函数，利用泰勒级数展开方法变得极为困难，但可以设法间接使用泰勒级数展开，以求得精度较高的数值结果。而龙格-库塔法就是间接使用泰勒级数展开的。

在不考虑介质介电常数的非线性时，准静态电场的有限元状态方程为

$$\boldsymbol{K}_1\frac{\partial\boldsymbol{\Phi}}{\partial t}=-\boldsymbol{K}_2(\boldsymbol{\Phi})\boldsymbol{\Phi}+\boldsymbol{R}(t) \tag{2-80}$$

这时容性系数矩阵 $\boldsymbol{K}_1$ 为常系数矩阵，并且 $\boldsymbol{K}_1$ 为非奇异矩阵，因而可以将式(2-80)继续变形，得到

$$\frac{\partial\boldsymbol{\Phi}}{\partial t}=f(t,\boldsymbol{\Phi})=-\boldsymbol{K}_1^{-1}\boldsymbol{K}_2(\boldsymbol{\Phi})\boldsymbol{\Phi}+\boldsymbol{K}_1^{-1}\boldsymbol{R}(t) \tag{2-81}$$

对于式(2-79)，可以使用龙格-库塔法来进行求解。下面利用 4 阶龙格-库塔法来获得此状态方程的数值解。其迭代格式为[18,19]

$$\begin{cases}\boldsymbol{\Phi}_{n+1}=\boldsymbol{\Phi}_n+\dfrac{\Delta t}{6}\left(\boldsymbol{P}_1+2\boldsymbol{P}_2+2\boldsymbol{P}_3+\boldsymbol{P}_4\right)\\ \boldsymbol{P}_1=f\left(t_n,\boldsymbol{\Phi}_n\right)\\ \boldsymbol{P}_2=f\left(t_n+\dfrac{\Delta t}{2},\boldsymbol{\Phi}_n+\dfrac{\Delta t}{2}\boldsymbol{P}_1\right)\\ \boldsymbol{P}_3=f\left(t_n+\dfrac{\Delta t}{2},\boldsymbol{\Phi}_n+\dfrac{\Delta t}{2}\boldsymbol{P}_2\right)\\ \boldsymbol{P}_4=f\left(t_n+\Delta t,\boldsymbol{\Phi}_n+\Delta t\boldsymbol{P}_3\right)\end{cases} \tag{2-82}$$

龙格-库塔法既可以用来求解线性介质问题，也可以用来求解非线性介质问题。在求解非线性介质问题时，因为 $\boldsymbol{K}_2=\boldsymbol{K}_\gamma(\boldsymbol{\Phi})$是关于变量$\boldsymbol{\Phi}$的函数，所以每求一次 $\boldsymbol{P}_i\,(i=1, 2, 3, 4)$，都要根据电位分布$\boldsymbol{\Phi}$来重新生成一次阻性系数矩阵。

2.4　非线性极性反转瞬态电场分析

2.4.1　各向同性极性反转瞬态电场分析

由式(2-41)可知，绝缘介质电导率刚度阵 $\boldsymbol{K}_\gamma$与γ线性相关，而当考虑电导率-电场强度非线性影响时，则$\gamma=\gamma(\boldsymbol{E})$受电场强度 $\boldsymbol{E}$ 影响。此时式(2-41)中电导率刚度阵 $\boldsymbol{K}_\gamma$为电场强度 $\boldsymbol{E}$ 的函数，即与解向量$\boldsymbol{\varphi}$有关，为简化公式，这里用 $\boldsymbol{K}_\gamma(\boldsymbol{\varphi})$表示 $\boldsymbol{K}_\gamma(-\nabla\varphi)$。对于二维平面问题，三角形剖分线性插值时单元刚度阵 $\boldsymbol{K}_\gamma$ 的表达形式如下：

$$\boldsymbol{K}_\gamma^e(\boldsymbol{\varphi})=\Delta^e\boldsymbol{B}^{\mathrm{T}}\gamma(\boldsymbol{\varphi}^e)\boldsymbol{B} \tag{2-83}$$

此时式(2-68)在每个时间步均为一个非线性方程组，可简记如下：

$$\boldsymbol{S}(\boldsymbol{\varphi})\boldsymbol{\varphi}_{m+1}=\boldsymbol{Q}(\boldsymbol{\varphi})_m \tag{2-84}$$

式中，$\boldsymbol{S}(\boldsymbol{\varphi})$和 $\boldsymbol{Q}(\boldsymbol{\varphi})_m$ 定义如下：

$$\boldsymbol{S}(\boldsymbol{\varphi})=\boldsymbol{K}_\varepsilon+\alpha\Delta t\boldsymbol{K}_\gamma(\boldsymbol{\varphi})$$

$$\boldsymbol{Q}(\boldsymbol{\varphi})_m=\left[\boldsymbol{K}_\varepsilon-(1-\alpha)\Delta t\boldsymbol{K}_\gamma(\boldsymbol{\varphi})\right]\boldsymbol{\varphi}_m+\Delta t\left[(1-\alpha)\boldsymbol{R}_m+\alpha\boldsymbol{R}_{m+1}\right]$$

对非线性方程(2-84)可采用简单迭代法和牛顿法相结合的方式进行求解，并用式(2-85)作为收敛判据：

$$\max\left\{\left|\boldsymbol{\varphi}_{m+1}^k-\boldsymbol{\varphi}_{m+1}^{k-1}\right|\right\}\leqslant\varepsilon \tag{2-85}$$

即当 m+1 时刻第 k 次和第 k+1 次迭代电位向量结果之差的最大值小于给定允许差值$\varepsilon\,(\varepsilon=10^{-3})$时视为收敛。

简单迭代法的计算格式如下：

$$\left[\boldsymbol{K}_\varepsilon+\alpha\Delta t\boldsymbol{K}_\gamma(\boldsymbol{\varphi})\right]\boldsymbol{\varphi}_{m+1}^s=\left[\boldsymbol{K}_\varepsilon-(1-\alpha)\Delta t\boldsymbol{K}_\gamma(\boldsymbol{\varphi})\right]\boldsymbol{\varphi}_m^{s_c}+\boldsymbol{R}_m+\boldsymbol{R}_{m+1} \tag{2-86}$$

式中，s、s_c分别为 m+1 时刻的迭代次数和 m 时刻迭代收敛时的迭代次数。

牛顿法计算非线性方程组的计算格式如下：

$$\boldsymbol{J}^{(k)}\Delta\boldsymbol{\varphi}^{(k+1)}=\boldsymbol{Q}(\boldsymbol{\varphi})_m-\boldsymbol{f}(\boldsymbol{\varphi}_m) \tag{2-87}$$

$$\boldsymbol{\varphi}_{m+1}^{(k+1)}=\boldsymbol{\varphi}_{m+1}^{(k)}+\Delta\boldsymbol{\varphi}^{(k+1)} \tag{2-88}$$

当 $\max|\Delta\boldsymbol{\varphi}^{(k+1)}|\leqslant\varepsilon$ 时迭代结束。

牛顿法计算非线性方程组需要计算其雅可比刚度阵 $\boldsymbol{J}$，其计算过程如下，首先定义

$$\boldsymbol{f}(\boldsymbol{\varphi}_{m+1})=\boldsymbol{S}(\boldsymbol{\varphi})\boldsymbol{\varphi}_{m+1} \tag{2-89}$$

然后可以推导得到雅可比单元刚度阵 $\boldsymbol{J}^e$ 的计算格式如下：

$$\begin{aligned}\boldsymbol{J}^e&=\frac{\partial \boldsymbol{f}^e}{\partial \boldsymbol{\varphi}^e}\\&=\Delta^e\boldsymbol{B}^{\mathrm{T}}\varepsilon^e\boldsymbol{B}+\alpha\Delta t\left[\Delta^e\boldsymbol{B}^{\mathrm{T}}\gamma^e\boldsymbol{B}+\frac{\partial\gamma}{\partial E}\frac{\Delta^e}{E}\left(\boldsymbol{B}^{\mathrm{T}}\boldsymbol{B}\boldsymbol{\varphi}^e\right)\left(\boldsymbol{B}^{\mathrm{T}}\boldsymbol{B}\boldsymbol{\varphi}^e\right)^{\mathrm{T}}\right]\end{aligned} \tag{2-90}$$

将雅可比单元刚度阵 $\boldsymbol{J}^e$ 组成总体刚度阵 $\boldsymbol{J}$ 后便可采用牛顿法计算非线性方程的数值解。

实际计算过程表明，简单迭代法收敛速度慢、但对初值要求不高；而牛顿法收敛速度快、对初值要求严格，两者结合求解各时步的非线性方程组时，先采用简单迭代法计算 k (k 的值可以根据问题设定)步，若尚未达到收敛条件则进一步采用牛顿法进行计算，一般可以快速收敛。采用时步法计算非线性极性反转电场的步骤如图 2-3 所示。

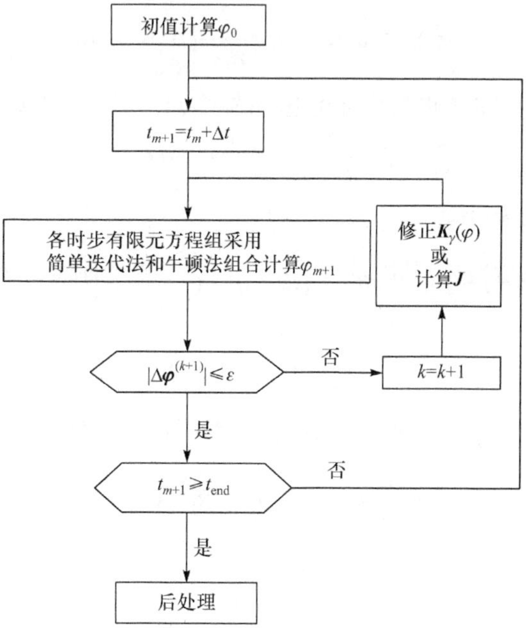

图 2-3　非线性极性反转电场分析计算流程图

2.4.2　各向异性极性反转瞬态电场分析

当同时考虑电导率-电场强度非线性和油浸纸板电导率沿纸板表面和垂直纸板表面的差异，即各向异性时，$\boldsymbol{K}_\gamma$ 的单元刚度阵形式如下：

$$\boldsymbol{K}_{\gamma}^{e}\left(\boldsymbol{\varphi}^{e}\right)=\Delta^{e}\boldsymbol{B}^{\mathrm{T}}\boldsymbol{T}\boldsymbol{\gamma}^{e}\left(\boldsymbol{\varphi}^{e}\right)\boldsymbol{T}^{\mathrm{T}}\boldsymbol{B} \tag{2-91}$$

式中，$\boldsymbol{\gamma}^{e}\left(\boldsymbol{\varphi}^{e}\right)=\begin{bmatrix}\gamma_{h}^{e}\left(\boldsymbol{\varphi}^{e}\right) & 0\\ 0 & \gamma_{t}\left(\boldsymbol{\varphi}^{e}\right)\end{bmatrix}$。

在考虑非线性各向异性问题时，瞬态方程的全离散格式与各向同性非线性形式一样，均为一个非线性方程组，具体形式可以参考式(2-84)。求解非线性方程组时，简单迭代法和牛顿法的计算格式相同，但由于各向异性条件下阻性单元刚度阵的计算格式与各向同性时的式(2-83)有所不同，在用牛顿法计算各时步的非线性方程组时雅可比单元刚度阵的计算格式将不同。分析如下：

$$\boldsymbol{f}\left(\boldsymbol{\varphi}_{m+1}\right)=\boldsymbol{S}(\boldsymbol{\varphi})\boldsymbol{\varphi}_{m+1} \tag{2-92}$$

式中，$\boldsymbol{S}(\boldsymbol{\varphi})$ 的电导率刚度阵 $\boldsymbol{K}_{\gamma}(\boldsymbol{\varphi})$ 的单元刚度阵 $\boldsymbol{K}_{\gamma}^{e}\left(\boldsymbol{\varphi}^{e}\right)$ 用式(2-91)计算。然后可以推导得到雅可比单元刚度阵 $\boldsymbol{J}^{e}$ 的计算格式为

$$\begin{aligned}\boldsymbol{J}^{e}&=\frac{\partial \boldsymbol{f}^{e}}{\partial \boldsymbol{\varphi}^{e}}\\&=\Delta^{e}\boldsymbol{B}^{\mathrm{T}}\varepsilon^{e}\boldsymbol{B}+\alpha\Delta t\frac{\partial}{\partial \boldsymbol{\varphi}^{e}}\left(\Delta^{e}\boldsymbol{B}^{\mathrm{T}}\boldsymbol{\gamma}^{e}\boldsymbol{B}\boldsymbol{\varphi}^{e}\right)\end{aligned} \tag{2-93}$$

式(2-93)对 $\boldsymbol{\varphi}^{e}$ 求偏导项是非线性直流电场的雅可比矩阵计算项，即

$$\boldsymbol{J}^{e}=\Delta^{e}\boldsymbol{B}^{\mathrm{T}}\varepsilon^{e}\boldsymbol{B}+\alpha\Delta t\boldsymbol{J}_{\gamma}^{e} \tag{2-94}$$

$\boldsymbol{J}_{\gamma}^{e}$ 的计算过程如下。

首先定义 $\boldsymbol{f}_{\gamma}^{e}=\boldsymbol{K}_{\gamma}^{e}\boldsymbol{\varphi}^{e}$，其中 $\boldsymbol{\varphi}^{e}=\left\{\varphi_{i},\varphi_{j},\varphi_{k}\right\}^{\mathrm{T}}$，单元刚度阵 $\boldsymbol{K}_{\gamma}^{e}$ 元素的矩阵表示形式为

$$\boldsymbol{K}_{\gamma ij}^{e}=\Delta^{e}\boldsymbol{B}_{i}^{\mathrm{T}}\boldsymbol{T}\boldsymbol{\gamma}\boldsymbol{T}^{\mathrm{T}}\boldsymbol{B}_{j} \tag{2-95}$$

则有雅可比矩阵 $\boldsymbol{J}_{\gamma}^{e}=\boldsymbol{f}_{\gamma}^{e}/\partial\boldsymbol{\varphi}^{e}$，其中 $\boldsymbol{f}_{\gamma}^{e}$ 的第 i 行可以写成如下形式：

$$\begin{aligned}\boldsymbol{f}_{\gamma i}^{e}&=\sum_{j=1}^{3}\boldsymbol{K}_{\gamma ij}^{e}\varphi_{j}^{e}=\sum_{j=1}^{3}\Delta^{e}\boldsymbol{B}_{i}^{\mathrm{T}}\boldsymbol{T}\boldsymbol{\gamma}\boldsymbol{T}^{\mathrm{T}}\boldsymbol{B}_{j}\varphi_{j}^{e}\\&=\Delta^{e}\boldsymbol{B}_{i}^{\mathrm{T}}\boldsymbol{T}\boldsymbol{\gamma}\boldsymbol{T}^{\mathrm{T}}\boldsymbol{B}\boldsymbol{\varphi}^{e}\end{aligned} \tag{2-96}$$

且有

$$\begin{aligned}J_{\gamma ij}^{e}&=\frac{\partial \boldsymbol{f}_{\gamma i}^{e}}{\partial \varphi_{j}}=\frac{\partial}{\partial \varphi_{j}}\left(\Delta^{e}\boldsymbol{B}_{i}^{\mathrm{T}}\boldsymbol{T}\boldsymbol{\gamma}\boldsymbol{T}^{\mathrm{T}}\boldsymbol{B}\boldsymbol{\varphi}^{e}\right)\\&=\Delta^{e}\boldsymbol{B}_{i}^{\mathrm{T}}\boldsymbol{T}\boldsymbol{\gamma}\boldsymbol{T}^{\mathrm{T}}\boldsymbol{B}_{j}+\Delta^{e}\boldsymbol{B}_{i}^{\mathrm{T}}\boldsymbol{T}\frac{\partial \boldsymbol{\gamma}}{\partial \varphi_{j}}\boldsymbol{T}^{\mathrm{T}}\boldsymbol{B}\boldsymbol{\varphi}^{e}\end{aligned} \tag{2-97}$$

式中，$\partial\boldsymbol{\gamma}/\partial\varphi_j$ 的计算如下：

$$\frac{\partial\boldsymbol{\gamma}}{\partial\varphi_j}=\begin{bmatrix}\dfrac{\partial\gamma_h}{\partial\varphi_j} & 0\\ 0 & \dfrac{\partial\gamma_t}{\partial\varphi_j}\end{bmatrix}\tag{2-98}$$

而 $\partial\gamma_p/\partial\varphi_j\left(p=h,t\right)$ 计算格式为

$$\begin{aligned}\frac{\partial\gamma_p}{\partial\varphi_j}&=\frac{\partial\gamma_p}{\partial E_p}\cdot\frac{\partial E_p}{\partial\varphi_j}\\&=\frac{\partial\gamma_p}{\partial E_p}\left(\frac{\partial E_p}{\partial E_x}\cdot\frac{\partial E_x}{\partial\varphi_j}+\frac{\partial E_p}{\partial E_y}\cdot\frac{\partial E_y}{\partial\varphi_j}\right)\end{aligned}\tag{2-99}$$

又因为

$$\begin{bmatrix}E_h\\E_t\end{bmatrix}=\begin{bmatrix}\cos\theta & \sin\theta\\ -\sin\theta & \cos\theta\end{bmatrix}\begin{bmatrix}E_x\\E_y\end{bmatrix}=\boldsymbol{T}^{\mathrm{T}}\begin{bmatrix}E_x\\E_y\end{bmatrix}$$

所以有

$$\begin{bmatrix}\dfrac{\partial E_h}{\partial\varphi_j}\\ \dfrac{\partial E_t}{\partial\varphi_j}\end{bmatrix}=\boldsymbol{T}^{\mathrm{T}}\begin{bmatrix}\dfrac{\partial E_x}{\partial\varphi_j}\\ \dfrac{\partial E_y}{\partial\varphi_j}\end{bmatrix}=\boldsymbol{T}^{\mathrm{T}}\boldsymbol{B}_j=\begin{bmatrix}\boldsymbol{T}_1^{\mathrm{T}}\boldsymbol{B}_j\\ \boldsymbol{T}_2^{\mathrm{T}}\boldsymbol{B}_j\end{bmatrix}\tag{2-100}$$

式中，$\boldsymbol{T}_i^{\mathrm{T}}(i=1,2)$ 表示 $\boldsymbol{T}^{\mathrm{T}}$ 的第 i 行。将式(2-100)中的 $\partial E_p/\partial\varphi_j(p=h,t)$ 代入式(2-99)，并将 $\partial\gamma_p/\partial\varphi_j(p=h,t)$ 代入式(2-98)可得

$$\begin{aligned}\frac{\partial\boldsymbol{\gamma}}{\partial\varphi_j}&=\begin{bmatrix}\dfrac{\partial\gamma_h}{\partial E_h}\cdot\dfrac{\partial E_h}{\partial\varphi_j} & 0\\ 0 & \dfrac{\partial\gamma_t}{\partial E_t}\cdot\dfrac{\partial E_t}{\partial\varphi_j}\end{bmatrix}=\begin{bmatrix}\dfrac{\partial\gamma_h}{\partial E_h} & 0\\ 0 & \dfrac{\partial\gamma_t}{\partial E_t}\end{bmatrix}\begin{bmatrix}\dfrac{\partial E_h}{\partial\varphi_j} & 0\\ 0 & \dfrac{\partial E_t}{\partial\varphi_j}\end{bmatrix}\\&=\begin{bmatrix}\dfrac{\partial\gamma_h}{\partial E_h} & 0\\ 0 & \dfrac{\partial\gamma_t}{\partial E_t}\end{bmatrix}\begin{bmatrix}\boldsymbol{T}_1^{\mathrm{T}}\boldsymbol{B}_j & 0\\ 0 & \boldsymbol{T}_2^{\mathrm{T}}\boldsymbol{B}_j\end{bmatrix}\end{aligned}\tag{2-101}$$

将 $\partial\boldsymbol{\gamma}/\partial\varphi_j$ 代入式(2-97)得到

$$J_{\gamma ij}^{e}=\Delta^{e}\boldsymbol{B}_{i}^{\mathrm{T}}\boldsymbol{T}\boldsymbol{\gamma}\boldsymbol{T}^{\mathrm{T}}\boldsymbol{B}_{j}+\Delta^{e}\boldsymbol{B}_{i}^{\mathrm{T}}\boldsymbol{T}\frac{\partial\boldsymbol{\gamma}}{\partial\varphi_{j}}\boldsymbol{T}^{\mathrm{T}}\boldsymbol{B}\boldsymbol{\varphi}^{e}$$

$$=\Delta^{e}\boldsymbol{B}_{i}^{\mathrm{T}}\boldsymbol{T}\boldsymbol{\gamma}\boldsymbol{T}^{\mathrm{T}}\boldsymbol{B}_{j}+\Delta^{e}\boldsymbol{B}_{i}^{\mathrm{T}}\boldsymbol{T}\begin{bmatrix}\dfrac{\partial\gamma_{h}}{\partial E_{h}} & 0\\ 0 & \dfrac{\partial\gamma_{t}}{\partial E_{t}}\end{bmatrix}\cdot\begin{bmatrix}\boldsymbol{T}_{1}^{\mathrm{T}}\boldsymbol{B}_{j} & 0\\ 0 & \boldsymbol{T}_{2}^{\mathrm{T}}\boldsymbol{B}_{j}\end{bmatrix}\boldsymbol{T}^{\mathrm{T}}\boldsymbol{B}\boldsymbol{\varphi}^{e} \quad (2\text{-}102)$$

由式(2-102)可以得到雅可比矩阵第 j ($j=1,2,3$)列元素的计算公式如下：

$$\boldsymbol{J}_{\gamma j}^{e}=\Delta^{e}\boldsymbol{B}^{\mathrm{T}}\boldsymbol{T}\boldsymbol{\gamma}\boldsymbol{T}^{\mathrm{T}}\boldsymbol{B}_{j}+\Delta^{e}\boldsymbol{B}^{\mathrm{T}}\boldsymbol{T}\begin{bmatrix}\dfrac{\partial\gamma_{h}}{\partial E_{h}} & 0\\ 0 & \dfrac{\partial\gamma_{t}}{\partial E_{t}}\end{bmatrix}\cdot\begin{bmatrix}\boldsymbol{T}_{1}^{\mathrm{T}}\boldsymbol{B}_{j} & 0\\ 0 & \boldsymbol{T}_{2}^{\mathrm{T}}\boldsymbol{B}_{j}\end{bmatrix}\boldsymbol{T}^{\mathrm{T}}\boldsymbol{B}\boldsymbol{\varphi}^{e},\ j=1,2,3 \quad (2\text{-}103)$$

采用式(2-102)计算雅可比矩阵时，很容易用 MATLAB 的矩阵运算得到单元刚度阵元素 $J_{\gamma ij}^{e}$。

通过式(2-104)可求得非线性各向异性瞬态过程各时步的非线性方程组的雅可比单元刚度阵元素的计算格式如下：

$$\boldsymbol{J}_{ij}^{e}=\frac{\partial\boldsymbol{f}_{i}^{e}}{\partial\varphi_{j}}$$

$$=\Delta^{e}\boldsymbol{B}_{i}^{\mathrm{T}}\boldsymbol{T}\varepsilon^{e}\boldsymbol{T}^{\mathrm{T}}\boldsymbol{B}_{j}+\alpha\Delta t\boldsymbol{J}_{\gamma ij}^{e} \quad (2\text{-}104)$$

求得所有的单元刚度阵后，合成得到总的雅可比单元刚度阵，就可以采用牛顿法求解非线性方程组。

2.5 换流变压器极性反转电场分析

2.5.1 典型油纸绝缘结构极性反转计算分析

对于图 2-4 所示的油纸绝缘系统典型结构，令下极板接地，上极板接 −1000 V 电源，系统处于稳定状态。0～τ 的时间内，上极板的电位均匀连续地由−1000 V 变化到 +1000 V，其变化过程是一个斜坡函数。取油的介电常数为 2.2×10^{-11} F/m，油的电阻率为 1×10^{12} Ω·m；纸的介电常数为 4.4×10^{-11} F/m，纸的电阻率为 1×10^{14} Ω · m[20, 21]。

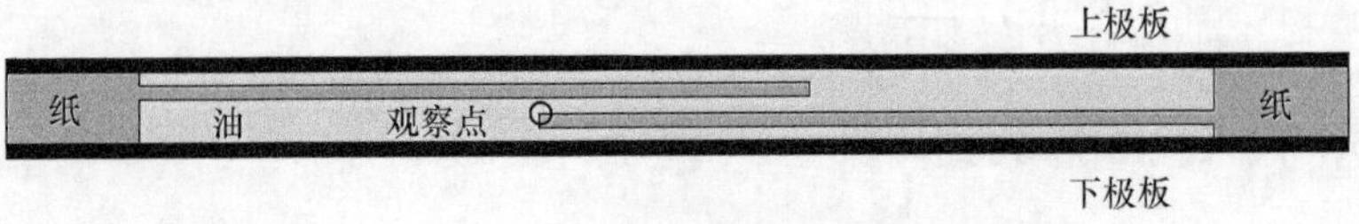

图 2-4 油纸绝缘系统典型结构

图 2-5～图 2-9 为阶跃上升时间$\tau = 200$ s 时，计算得到的在 0～τ时间内不同时刻($t = 0$, 50s, 100s, 150s, 200s)的等电位线图。为清晰地表现图像，图在纵向尺寸上有拉伸，具体可与图 2-4 对比。

初始时刻，系统处于稳态，其电位分布服从稳态阻性分布(图 2-5)，介质的电阻率决定电场的分布。其下极板接地为 0V，上极板为 −1000V。

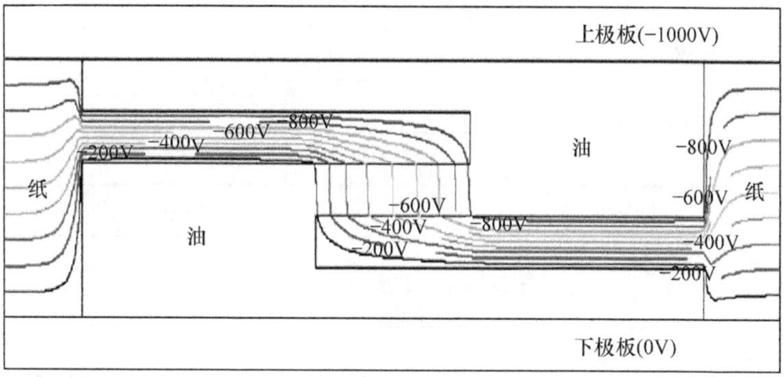

图 2-5　初始时刻等电位线

极性反转开始后，在油和纸的分界面上开始出现闭合的等位线(图 2-6)，这表明在介质分界面上开始出现电荷积累。图 2-6 中，上极板的电位为−500V。

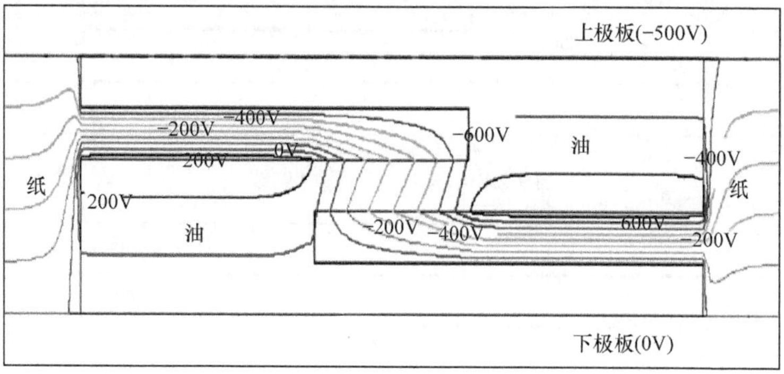

图 2-6　$t = 50$s 时等电位线

图 2-7 和图 2-8 中上极板的电位分别为 0V 和 500V。同时，随着时间的推移，介质分界面附近的闭合等位线越来越密集，表明电荷在逐渐积累。

t=200s 时(图 2-9)，极板电位反转完成，达到稳态的 1000 V，而绝缘结构内部的过渡过程并没有完成。根据式(2-56)，t>200 s 时由于极板上的电位不再变化，系统外部将不再对系统提供能量，系统内的电位分布将逐渐趋近直流稳态分布，当内部电场分布达到稳态时，其等位线分布是与图 2-5 反向对称的直流稳态电场分布。

为了分析上升时间τ对电位分布的影响，分别取上升时间$\tau=0$, 200s, 1000s时，得到的观察点(下层纸板左侧端部的上角)的电位曲线如图 2-10 所示。

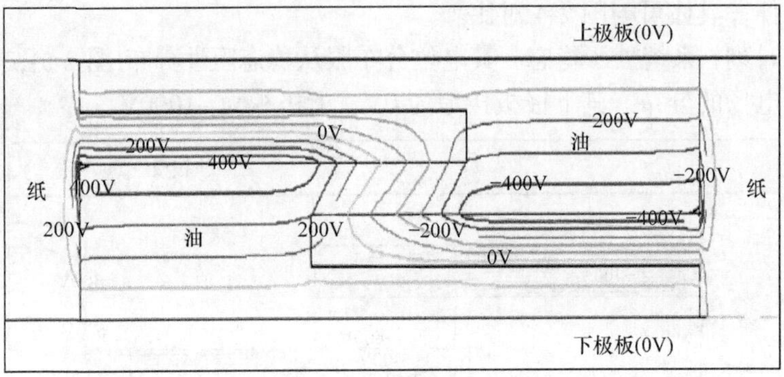

图 2-7　$t=100$s 时等电位线

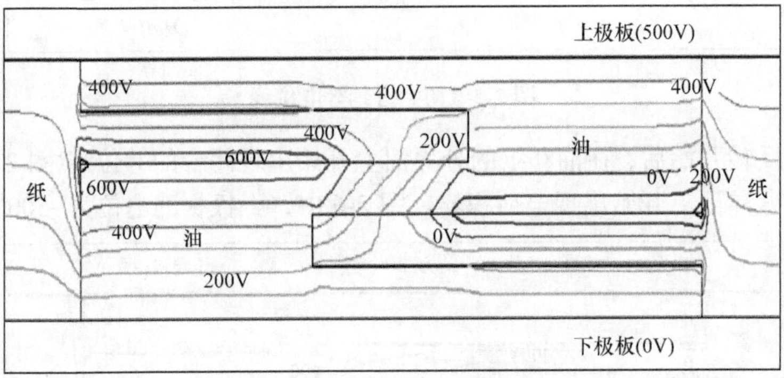

图 2-8　$t=150$s 时等电位线

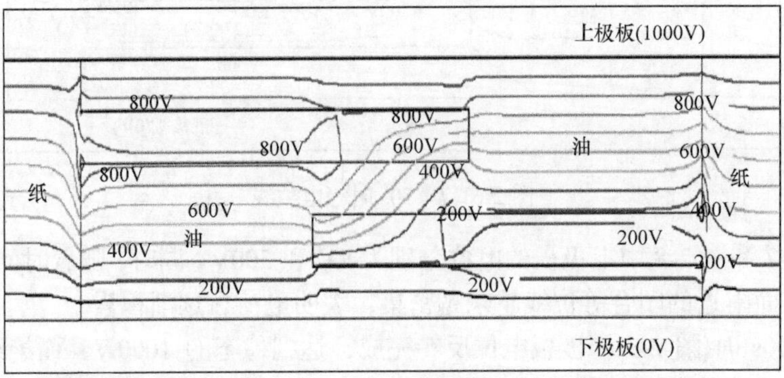

图 2-9　$t=200$s 时等电位线

图 2-10 中的曲线都是从 −79.61V 开始(当$\tau=0$s 时，曲线在 $t=0$s 处也存在 1 个阶跃，从 −79.61V 瞬间变化到 729.76V)，最后都收敛到 79.61V。曲线的转折点

随着输入函数的上升τ的不同而有所不同，最大值也会有变化。在观察点上，最大值随τ的增大而减小；在某些点上，只是最大值出现的时间不同，值的大小没有很明显的变化。唯一可以确定的是，随着τ的增大，曲线的转折点会推后，曲线的 1 阶导数在转折点上有不连续性，即左侧导数与右侧导数的差别会越来越小。

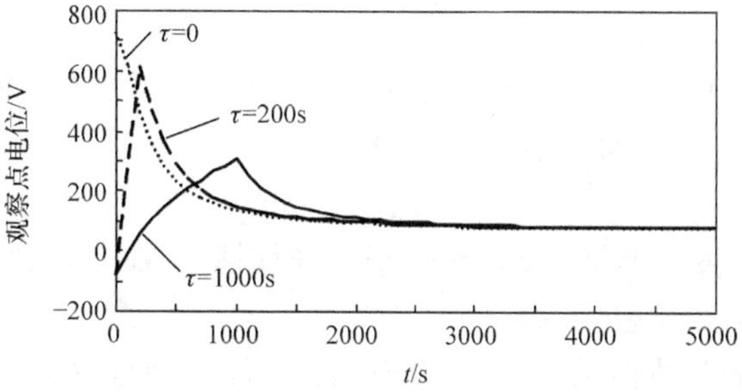

图 2-10　观察点的电位变化曲线

2.5.2　换流变压器极性反转试验

为了考核换流变压器的绝缘耐受强度，换流变压器除了要做一般电力变压器所做的交流工频、雷电冲击和操作冲击等绝缘试验[22]，阀侧绕组还要做直流部分的绝缘试验，包括长时间直流试验和直流极性反转试验。

极性反转试验的试验电压如图 2-11 所示，整个过程中要进行两次极性反转，每次反转前的稳态电压保持时间为 90min[23]。极性反转完成时间一般为 1～2min，为了简化计算过程，下面在计算中假设极性反转是在瞬时完成的。

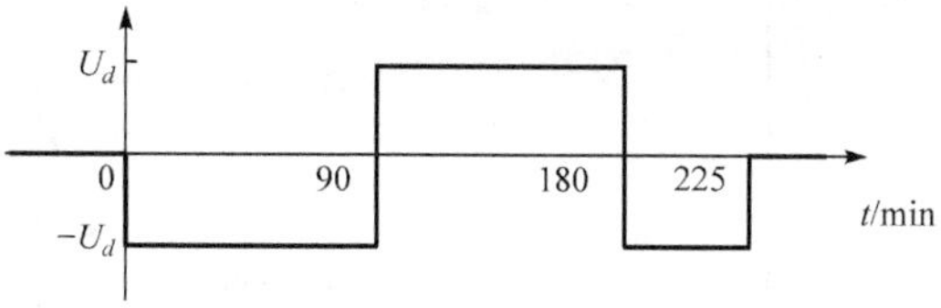

图 2-11　换流变压器极性反转试验电压

试验顺序如下。

(1) 施加负极性的直流试验电压 90min。

(2) 将电压极性反转并维持正极性电压 90min。

(3) 反转电压极性并维持负极性电压 45min。

(4) 将施加电压降为 0。

2.5.3　介质参数的选取

本书根据文献[11]、文献[20]和文献[24]选取材料参数。变压器油、油浸纸板和绕组外包绝缘纸的相对介电常数分别为 2.2、4.5 和 3.5；变压器油的电导率为 3.0×10^{-14}S/m；纸板和纸的沿纸面方向的电导率为 1.0×10^{-15}S/m；垂直纸面方向的电导率为 4.0×10^{-16}S/m。

在进行各向同性分析时，纸的电导率取其垂直纸面方向的电导率。进行非线性分析时，令材料电导率随电场强度变化为

$$\gamma=\gamma_0\exp(\beta E) \tag{2-105}$$

式中，E 为电场强度，单位为 kV/mm；β 为非线性系数；γ_0 为室温条件下，$E=0$ 时的电导率估算值，单位为 S/m。

取变压器油的非线性系数为 $\beta=0.7$；油浸纸的沿纸面方向为 $\beta=0.3$；垂直纸面方向为 $\beta=0.017$。变压器油、油浸纸、纸板的电导率与电场强度的关系如图 2-12 所示。

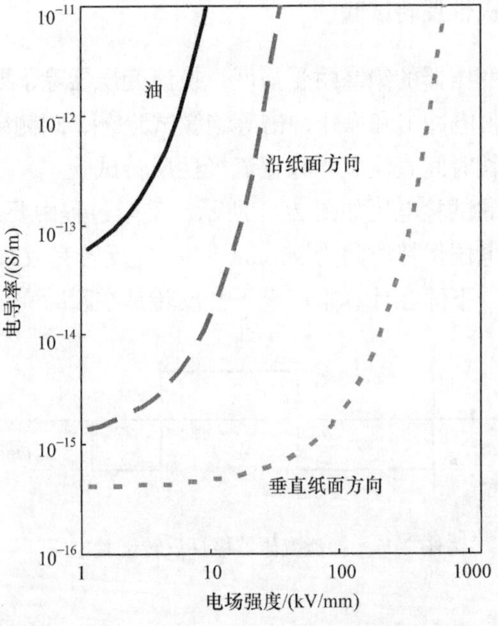

图 2-12　变压器油、油浸纸的电导率与电场强度的关系

各向异性介质有限元分析的前处理过程除了要获得模型结构剖分后的节点、单元信息和单元材料属性，还需要知道材料的水平倾角，即单元中的局部坐标系与整体坐标系之间的夹角。而这个倾角是可以利用计算机程序从节点和单元信息中获得的。可利用递归算法，根据绝缘纸板和绝缘纸的结构走势获得单元中材料的水平倾角。

2.5.4　极性反转试验的数值模拟

计算模型是一个实际的换流变压器模型(图 2-13)，设极性反转试验电压为±579kV。利用 ANSYS 软件对变压器的 CAD 模型进行有限元剖分，获得单元与节点信息后，再利用递归算法得到单元中材料的水平倾角。

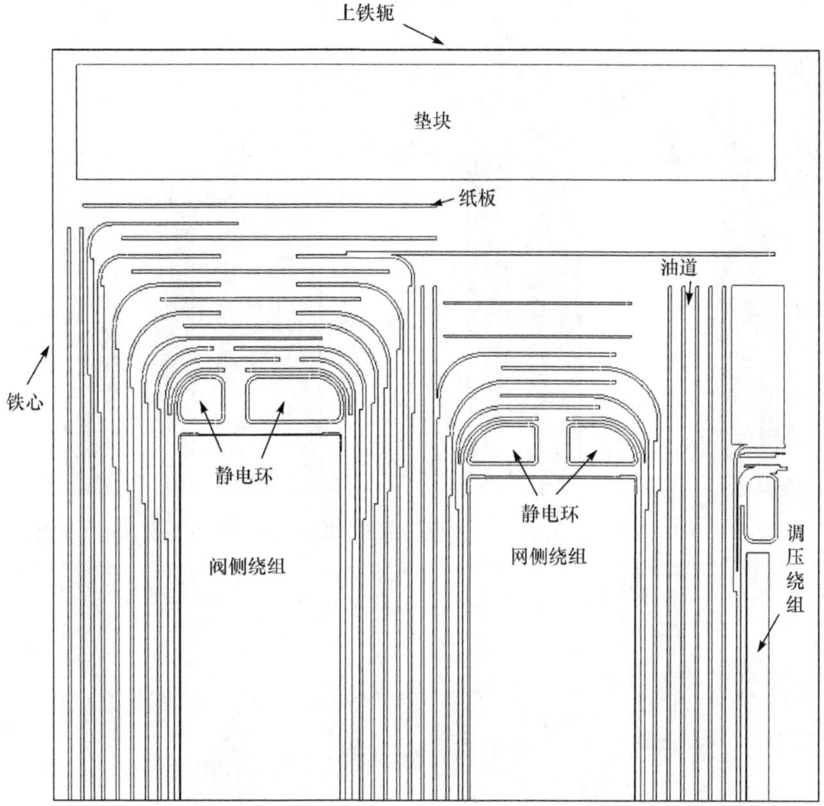

图 2-13　换流变压器内部电场计算模型

因为变压器油在容性电位分布中承受较强的电场强度，所以在极性反转结束后的瞬间会承受较大的电场强度。而由于图 2-12 所示变压器油有很强的非线性，变压器油中的电场强度下降得很快，这时电场的变化比较剧烈，若选用较大步长，则会导致计算结果不收敛，因而在计算过程中需要选择小步长($\Delta t < 0.01$s)。而在这之后的一段时间里，由于内部电场的变化比较平稳，出于计算效率的考虑，可以选择较大步长来加快计算速度。

图 2-14～图 2-21 所示为计算得到的假定介质为各向同性线性/非线性介质、各向异性线性/非线性介质四种情况下第一次反转前后变压器内部电位分布。其中，图 2-14～图 2-21 中的电位云图利用 OpenGL 语言生成。

图 2-14　各向同性线性介质第一次反转前时刻的电位分布(单位：V)(见彩图)

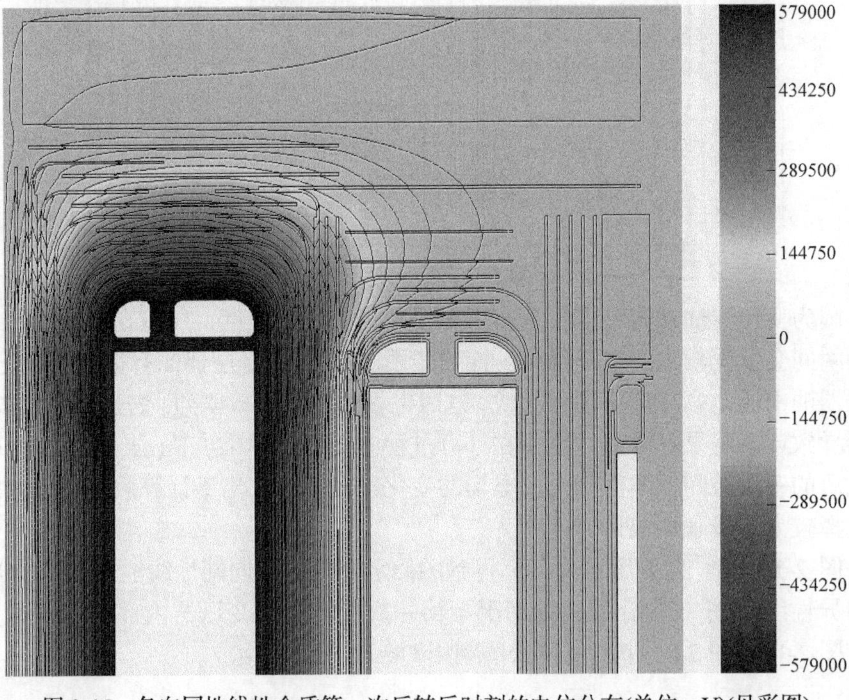

图 2-15　各向同性线性介质第一次反转后时刻的电位分布(单位：V)(见彩图)

图 2-16　各向同性非线性介质第一次反转前时刻的电位分布(单位：V)(见彩图)

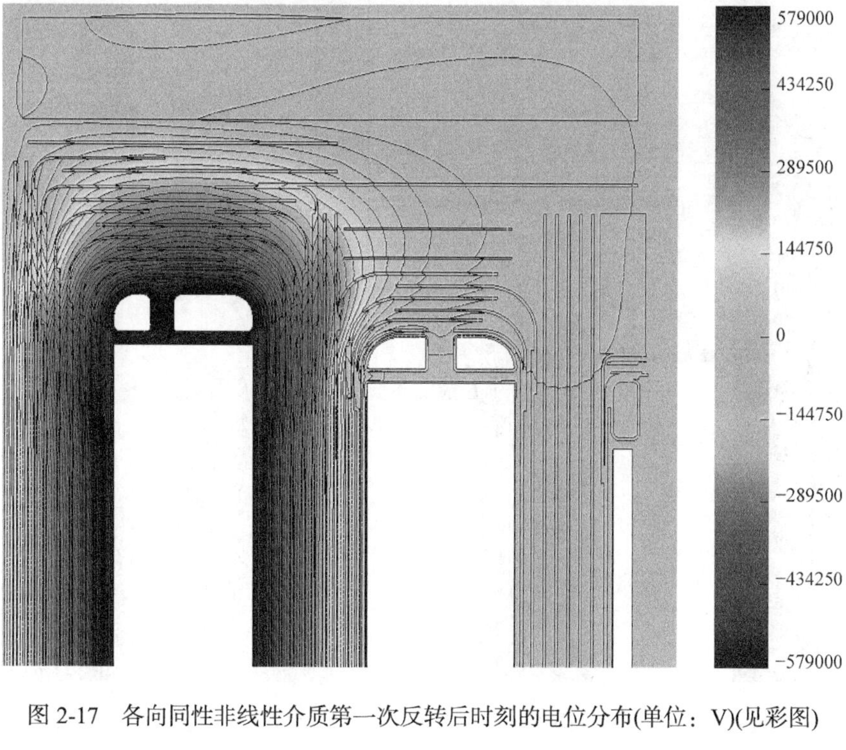

图 2-17　各向同性非线性介质第一次反转后时刻的电位分布(单位：V)(见彩图)

图 2-18　各向异性线性介质第一次反转前时刻的电位分布(单位：V)(见彩图)

图 2-19　各向异性线性介质第一次反转后时刻的电位分布(单位：V)(见彩图)

图 2-20　各向异性非线性介质第一次反转前时刻的电位分布(单位：V)(见彩图)

图 2-21　各向异性非线性介质第一次反转后时刻的电位分布(单位：V)(见彩图)

通过计算，得到了在两次极性反转前后时刻几种不同绝缘介质中的最大电场强度，如表 2-1～表 2-4 所示。其中在各向异性非线性分析中得到了数值最高的最大电场强度。

表 2-1　极性反转前后介质中最大电场强度(各向同性线性，单位：kV/mm)

时刻/min	90–	90+	180–	180+
油中	5.60	16.57	7.74	15.31
纸板中	16.94	11.94	15.19	7.12
绝缘纸中	25.54	13.00	23.76	11.14

表 2-2　极性反转前后介质中最大电场强度(各向同性非线性，单位：kV/mm)

时刻/min	90–	90+	180–	180+
油中	2.72	16.98	2.82	16.96
纸板中	17.10	19.77	17.34	19.76
绝缘纸中	16.99	10.86	17.37	11.20

表 2-3　极性反转前后介质中最大电场强度(各向异性线性，单位：kV/mm)

时刻/min	90–	90+	180–	180+
油中	5.60	16.57	7.72	15.31
纸板中	16.93	11.76	15.18	7.10
绝缘纸中	25.51	12.96	23.74	11.11

表 2-4　极性反转前后介质中最大电场强度(各向异性非线性，单位：kV/mm)

时刻/min	90–	90+	180–	180+
油中	2.67	18.03	2.86	18.10
纸板中	23.65	19.93	22.12	18.41
绝缘纸中	27.12	20.80	26.69	19.92

在阀侧绕组的静电环附近的不同介质中选择三个观察点，分别画出它们的电场强度随时间变化的曲线，如图 2-22～图 2-25 所示。

在第一次反转后，纸板和纸中观察点的电场强度先下降再升高。这是因为在图 2-22～图 2-25 中纵坐标表示的是电场强度的绝对值，而实际的电场强度由于极性反转后的瞬间与直流稳定状态下的电场强度的方向不同，发生的是从正方向到负方向转向的过渡过程。这与文献[20]中图 4 与图 6 所示的 5400～10800s 的曲线变化趋势是一致的。

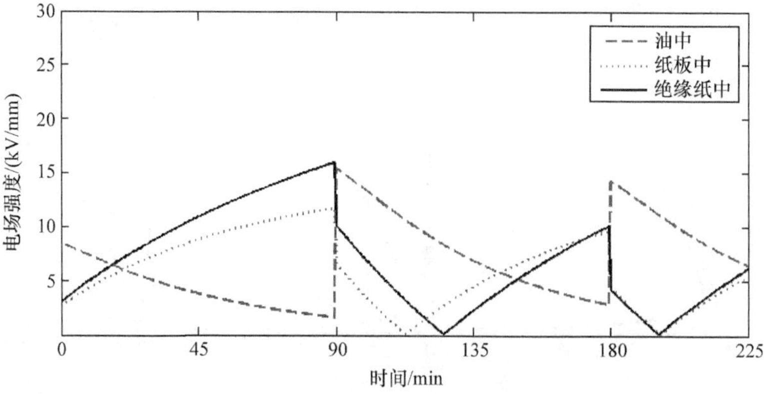

图 2-22　各向同性线性介质中观察点电场强度变化

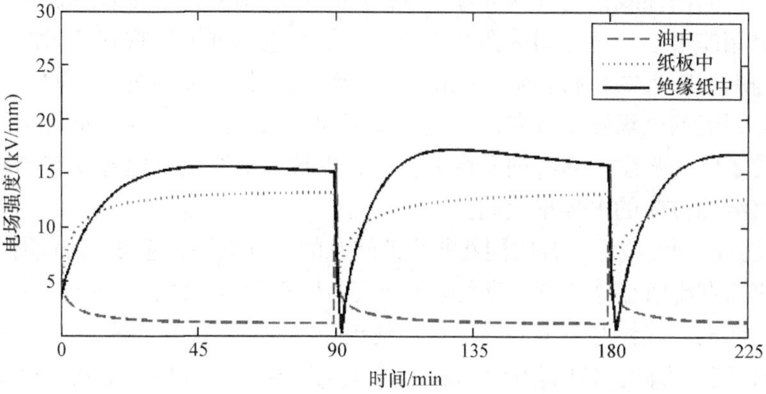

图 2-23　各向同性非线性介质中观察点电场强度变化

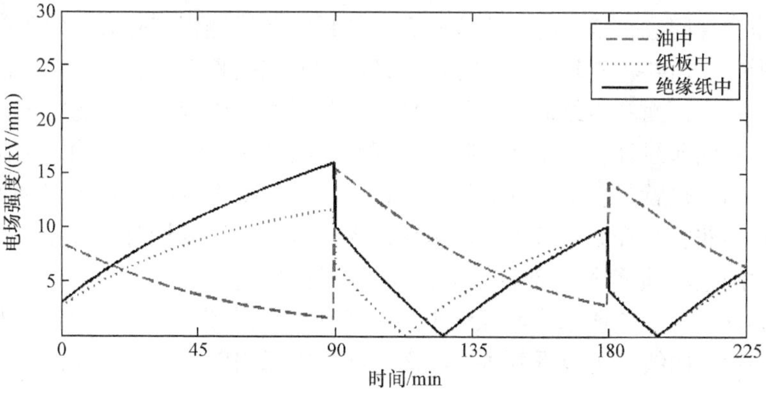

图 2-24　各向异性线性介质中观察点电场强度变化

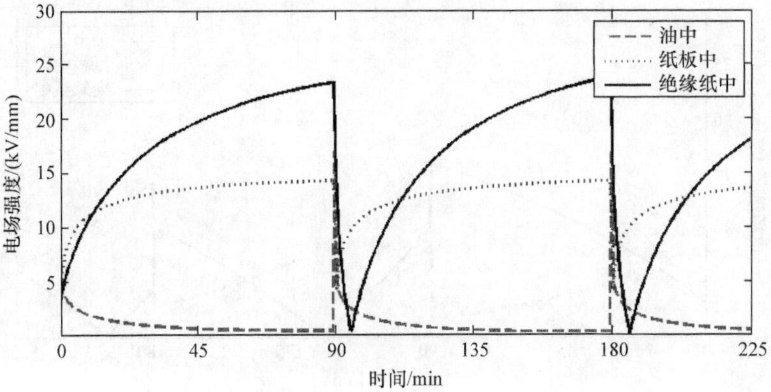

图 2-25　各向异性非线性介质中观察点电场强度变化

对比各向同性线性与各向异性线性问题的计算结果，可以发现这两种问题的计算结果相差很小。这是因为在变压器中，最大电场强度出现在绕组的静电环附近，而静电环附近的纸板和绝缘纸都是沿着静电环的表面平行分布的。这就决定了静电环附近的电场强度方向是垂直于纸板和绝缘纸的，也就是垂直于纸面的方向上承受了电场强度。而各向同性分析中，纸板和绝缘纸的电导率与各向异性分析中垂直纸面方向的电导率相同。

对比各向同性线性与各向同性非线性问题的计算结果，考虑非线性时，在第一次反转前的直流稳态电场中的最大电场强度会比不考虑非线性时的计算结果低[8]。

各向同性非线性与各向异性非线性的电位分布(图 2-16、图 2-17 与图 2-20、图 2-21)有较大不同。各向异性非线性分析时(图 2-25)，油中的电场强度比各向同性非线性分析时(图 2-23)有所降低，而绝缘纸和纸板中的电场强度有所上升，并且在各向异性非线性分析中最大的电场强度出现在绝缘纸中。

对非线性问题来说，电场强度越大，材料的非线性程度越大。但各向异性非线性分析中，需要将电场强度拆分成沿纸面方向和垂直纸面方向，在局部直角坐标系中，垂直纸面和沿纸面方向的电场强度分量均小于等于实际的电场强度，这就使得材料的非线性程度也随之降低，因而非线性对电场强度的均匀化作用在这里将被减弱。也就是各向异性非线性分析时，垂直纸面方向的电阻率总体上要大于各向同性非线性介质中纸板的电阻率，因而各向异性分析时纸板和绝缘纸中将承受更大的电场强度(绝大部分是垂直纸面方向的)。

图 2-26、图 2-27 所示为绝缘纸中某个局部坐标系倾角为–45°的单元电场强度随时间的变化曲线。可以看到垂直纸面方向的电场强度在做各向异性非线性分析时明显变大。

综上所述，对于复杂的变压器模型，需要做各向异性非线性分析，才能得到较为准确的计算结果。

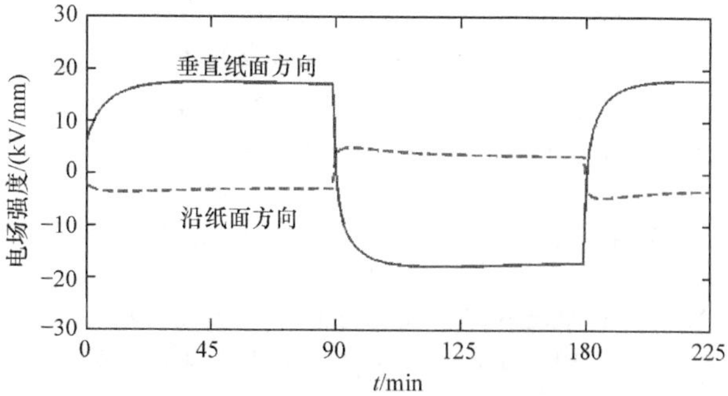

图 2-26　各向同性非线性绝缘纸中电场强度变化

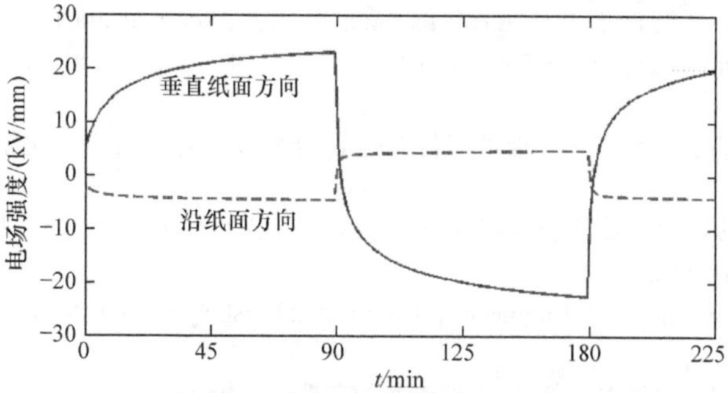

图 2-27　各向异性非线性绝缘纸中电场强度变化

2.6 本 章 小 结

本章基于标量电位满足的时域电准静态场方程，利用罚函数法整合边界条件，分析了几种求解换流变压器油纸绝缘结构瞬态电场的方法。进一步推导了各向异性、非线性二维和轴对称三维时域电准静态电场的数值离散格式。并对一台实际±500kV 换流变压器主绝缘结构模型的极性反转试验进行了数值模型，并用所提方法对比分析了各向同性非线性与各向异性非线性问题的计算结果。计算结果表明，为了准确地进行换流变压器绝缘结构设计，需要进行各向异性非线性瞬态电场的计算分析。

参 考 文 献

[1] 库克 罗伯特 D, 马尔库斯 戴维 S, 普利沙 迈克尔 E, 等. 有限元分析的概念与应用[M]. 4 版. 关正西, 强洪夫, 译. 西安: 西安交通大学出版社, 2007: 397-403.
[2] Chandrupatle T R, Belegundu A D. Introduction to Finite Elements in Engineering[M]. Beijing: China Machine Press, 2008: 69-78.
[3] Griebel M, Keyes D E, Nieminen R M, et al. Numerical Methods in Computational Electrodynamics[M]. New York: Springer, 2005: 48-56.
[4] Marsden J E, Sirovich L, Antman S S. Computational Electromagnetics[M]. New York: Springer,

2005: 92-103.
[5] 金建铭. 电磁场有限元方法[M]. 西安: 西安电子科技大学出版社, 1998: 73-74.
[6] 豪斯 H A, 梅尔彻 J R. 电磁场与电磁能[M]. 北京: 高等教育出版社, 1992: 9-26.
[7] Inan U S, Inan A S. Engineering Electromagnetics[M]. Menlo Park: Addison Wesley, Inc., 1999: 389-430.
[8] 吕晓德, 陈世坤, 孙定华, 等. 各向异性非线性直流电场数值算法研究[J]. 电工技术学报, 1998, 13(4): 60-64.
[9] Li J B, Xie D X, Wang X Y. Adaptive FE analysis of nonlinear and anisotropic DC electric field of converter transformer in HVDC transmission systems[C]//2008 World Automation Congress, Hawaii, 2008: 1-4.
[10] 李锦彪. 变压器电磁场问题的自适应有限元分析方法研究[D]. 沈阳: 沈阳工业大学, 2009.
[11] Wen K C, Zhou Y B, Fu J, et al. A calculation method and some features of transient field under polarity reversal voltage in HVDC insulation[J]. IEEE Transactions on Power Delivery, 1993, 8(1): 223-230.
[12] 张艳丽, 谢德馨. 换流变压器内部暂态电场分析[J]. 沈阳工业大学学报, 2001, 23(6): 467-470.
[13] 蔡少棠, 林本铭. 电子线路的计算机辅助分析: 算法和计算技术(下册)[Z]. 上海: 上海机械学院, 1984: 319-353.
[14] Hayt W H, Kemmerly J E. Engineering Circuit Analysis[M]. 5th ed. New York: McGraw-Hill, 1993: 503-532.
[15] 谢德馨, 姚缨英, 白保东, 等. 三维涡流场的有限元分析[M]. 北京: 机械工业出版社, 2001: 81-98.
[16] Mohammed O A, Uler F G. A state space technique for the solution of nonlinear 3-D transient eddy current problems[J]. IEEE Transactions on Magnetics, 1991, 27(6): 5520-5522.
[17] Mohammed O A, Uler F G. A state space approach and formulation for the solution of nonlinear 3-D transient eddy current problems[J]. IEEE Transactions on Magnetics, 1992, 28(2): 1111-1114.
[18] Hairer E, Norsett S P, Wanner G. Solving Ordinary Differential Equations I: Nonstiff Problems[M]. Berlin: Springer, 1993.
[19] Butcher J C. Numerical Methods for Ordinary Differential Equations[M]. Chichester: John Wiley & Sons, 2003.
[20] 王冰, 王清璞, 孙优良. 换流变压器阀侧绕组端部极性反转瞬态电场的计算与分析[J]. 变压器, 2007, 44(6): 11-15.
[21] 李季, 罗隆福, 许加柱, 等. 换流变压器阀侧绝缘电场特性研究[J]. 高电压技术, 2006, 32(9): 121-124.
[22] 胡启凡. 变压器试验技术[M]. 北京: 中国电力出版社, 2009.
[23] IEEE Std C57.129TM-2007. IEEE Standard for General Requirements and Test Code for Oil-immersed HVDC Converter Transformers[S]. New York: The Institute of Electrical and Electronics Engineering, Inc., 2008.
[24] Takahashi E, Shirasaka Y, Okuyama K. Analysis of anisotropic nonlinear electric field with a discussion of dielectric tests for converter transformers and smoothing reactors[J]. IEEE Transactions on Power Delivery, 1994, 9(3): 1480-1486.

第 3 章　极性反转电场的节点电荷电位有限元法

3.1　引　　言

到目前为止，国内外期刊上出现了许多分析换流变压器绝缘结构极性反转电场的文献。例如，文献[1]用直流电场减去两倍容性电场得到极性反转时的电场，文献[2]和文献[3]分别用梯形公式和状态空间法分析了线性各向同性介质下的极性反转电场，文献[4]用商业软件计算了非线性各向同性极性反转电场。但是这些研究都集中于电场强度计算，并且大都只是以空间电荷的存在解释极性反转瞬间的电场突变，且在极性反转结果分析中只给出电位及电场强度的分布情况[2,3]，而对于电荷变化规律则很少分析，只是认为在极性反转瞬间空间电荷保持不变。由于变压器油和绝缘纸板具有一定的电导率，在直流电场的作用下会使电荷沿电场方向移动，并逐渐在油纸界面出现面电荷 ρ_s 的积累。当发生电压极性反转时，油纸界面上的面电荷和空间电荷(如果介质不均匀)会发生移动，从一种状态向另一种状态过渡。采用基于标量电位有限元法分析换流变压器绝缘结构极性反转过程时，计算得到的是节点电位，油纸界面上的面电荷和空间电荷需要通过对电位微分运算得到，且会使计算精度降低一个数量级。

下面推导极性反转电场计算的节点电位有限元方程，假设分析区域由两种介质组成，如图 3-1 所示。

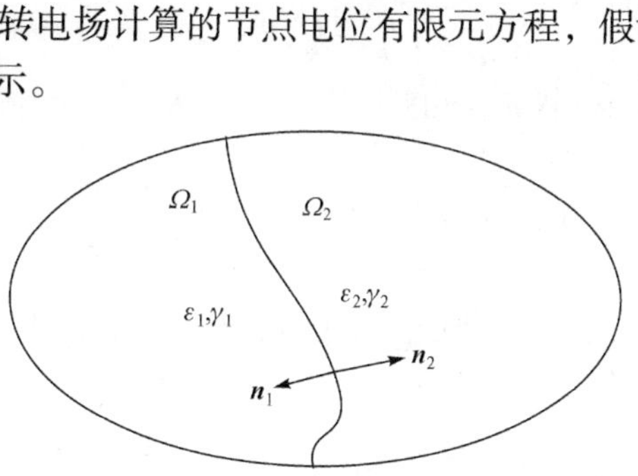

图 3-1　复合介质示意图

在电准静态场条件下，标量电位满足如下方程：

$$-\nabla\cdot\left(\varepsilon\frac{\partial}{\partial t}+\gamma\right)\nabla\varphi=0 \tag{3-1}$$

将计算区域进行有限元剖分，将近似值$\tilde{\varphi}$代入式(3-1)中，式(3-1)的数值解会有一定的误差，假设产生余量：

$$\mathrm{Re} = -\nabla\cdot\left(\varepsilon\frac{\partial}{\partial t}+\gamma\right)\nabla\tilde{\varphi} \tag{3-2}$$

令式(3-2)在整个计算区域的加权积分为零，并设权函数为W_i，则有

$$-\int_{\Omega} W_i\left[\nabla\cdot\left(\varepsilon\frac{\partial}{\partial t}+\gamma\right)\nabla\tilde{\varphi}\right]\mathrm{d}\Omega = 0 \tag{3-3}$$

将式(3-3)用格林公式展开，有

$$\begin{aligned}
&-\int_{\Omega} W_i\left[\nabla\cdot\left(\varepsilon\frac{\partial}{\partial t}+\gamma\right)\nabla\tilde{\varphi}\right]\mathrm{d}\Omega \\
&= -\int_{\Omega}\left[\nabla\cdot W_i\left(\varepsilon\frac{\partial}{\partial t}+\gamma\right)\nabla\tilde{\varphi} - \nabla W_i\cdot\nabla\left(\varepsilon\frac{\partial}{\partial t}+\gamma\right)\nabla\tilde{\varphi}\right]\mathrm{d}\Omega \\
&= -\int_{\Omega}\nabla\cdot W_i\left(\varepsilon\frac{\partial}{\partial t}+\gamma\right)\nabla\tilde{\varphi}\mathrm{d}\Omega + \int_{\Omega}\nabla W_i\cdot\nabla\left(\varepsilon\frac{\partial}{\partial t}+\gamma\right)\nabla\tilde{\varphi}\mathrm{d}\Omega \\
&= \oint_{\Omega}\left[W_i\left(\varepsilon\frac{\partial}{\partial t}+\gamma\right)\nabla\tilde{\varphi}\right]\cdot\boldsymbol{n}\mathrm{d}S + \left(\int_{\Omega}\nabla W_i\cdot\gamma\nabla\tilde{\varphi}\mathrm{d}\Omega + \frac{\partial}{\partial t}\int_{\Omega}\nabla W_i\cdot\varepsilon\nabla\tilde{\varphi}\mathrm{d}\Omega\right)
\end{aligned} \tag{3-4}$$

假设$W_i = N_i (i=1,2,\cdots,N)$，$N_i$为插值函数，就得到伽辽金有限元方程组。

现在考察第一项积分，由于在各介质内部各单元公共边的法向方向单位矢量相反，所以其沿该边积分为零，但是在不同介质交界面两侧材料属性不同，需要单独考虑，有

$$\begin{aligned}
&\oint_{\Omega}\left[W_i\left(\varepsilon\frac{\partial}{\partial t}+\gamma\right)\nabla\tilde{\varphi}\right]\cdot\boldsymbol{n}\mathrm{d}S \\
&= \int_{\Gamma_{12}}\left[W_i\left(\varepsilon_1\frac{\partial}{\partial t}+\gamma_1\right)\nabla\tilde{\varphi}_1\right]\cdot\boldsymbol{n}_1\mathrm{d}S + \int_{\Gamma_{21}}\left[W_i\left(\varepsilon_2\frac{\partial}{\partial t}+\gamma_2\right)\nabla\tilde{\varphi}_2\right]\cdot\boldsymbol{n}_2\mathrm{d}S \\
&= \int_{\Gamma_{12}}\left[W_i\left(\varepsilon_1\frac{\partial}{\partial t}+\gamma_1\right)\frac{\partial\tilde{\varphi}_1}{\partial n}\right]\mathrm{d}S - \int_{\Gamma_{12}}\left[W_i\left(\varepsilon_2\frac{\partial}{\partial t}+\gamma_2\right)\frac{\partial\tilde{\varphi}_2}{\partial n}\right]\mathrm{d}S \\
&= \int_{\Gamma_{12}} W_i\left[\left(\varepsilon_1\frac{\partial}{\partial t}+\gamma_1\right)\frac{\partial\tilde{\varphi}_1}{\partial n} - W_i\left(\varepsilon_2\frac{\partial}{\partial t}+\gamma_2\right)\frac{\partial\tilde{\varphi}_2}{\partial n}\right]\mathrm{d}S \\
&= \int_{\Gamma_{12}} W_i\left[\left(\gamma_1\frac{\partial\tilde{\varphi}_1}{\partial n} - \gamma_2\frac{\partial\tilde{\varphi}_2}{\partial n}\right) + \frac{\partial}{\partial t}\left(\varepsilon_1\frac{\partial\tilde{\varphi}_1}{\partial n} - \varepsilon_2\frac{\partial\tilde{\varphi}_2}{\partial n}\right)\right]\mathrm{d}S
\end{aligned} \tag{3-5}$$

由于$J_{in} = \gamma_i E_{in} = -\gamma_i\dfrac{\partial\tilde{\varphi}_i}{\partial n}(i=1,2)$，$D_{in} = \varepsilon_i E_{in} = -\varepsilon\dfrac{\partial\tilde{\varphi}_i}{\partial n}(i=1,2)$，且$D_{2n} - D_{1n} = -\rho_s$，$\sigma_s$表示交界面线电荷密度，则式(3-5)可以变为

$$
\begin{aligned}
&\oint_{\Omega}\left[W_i\left(\varepsilon\frac{\partial}{\partial t}+\gamma\right)\nabla\tilde{\varphi}\right]\cdot\boldsymbol{n}\mathrm{d}S\\
&=\int_{\Gamma_{12}}W_i\left[\left(-J_{1n}+J_{2n}\right)+\frac{\partial}{\partial t}\left(-D_{1n}+D_{2n}\right)\right]\mathrm{d}S\\
&=\int_{\Gamma_{12}}W_i\left[\left(-J_{1n}+J_{2n}\right)+\frac{\partial\rho_s}{\partial t}\right]\mathrm{d}S
\end{aligned}\tag{3-6}
$$

根据电荷守恒定律$\oint_S \boldsymbol{J}\cdot\mathrm{d}S=-\partial q/\partial t$，可得到分界面上衔接条件的微分形式为

$$J_{2n}-J_{1n}=-\frac{\partial\rho_s}{\partial t}$$

即

$$-J_{1n}+J_{2n}+\frac{\partial\rho_s}{\partial t}\equiv 0\tag{3-7}$$

所以

$$\int_{\Gamma_{12}}W_i\left[\left(-J_{1n}+J_{2n}+\frac{\partial\rho_s}{\partial t}\right)\right]\mathrm{d}S\equiv 0$$

可见，虽然不同介质分界面存在面电荷ρ_s，但在基于标量电位的有限元方程中并不显式表示出来。

文献[5]以节点电荷电位为变量研究了电准静态场的瞬态过程，并给出了电位、电荷在瞬态过程中的变化规律。在换流变压器极性反转的分析、测试中，空间电荷对电场分布和介质绝缘的影响是人们关注的焦点问题之一。但具体分析中需要关心的是电荷密度[6,7]，而不是节点电荷。下面从电磁场基本理论出发，导出基于节点电荷(密度)电位的有限元方程组，此方法以节点电荷(密度)和节点电位为变量，能够求解出整个瞬态过程中的电场和电荷分布特征。

3.2　基于节点电荷电位的有限元方程

在电准静态场条件下，由$\boldsymbol{E}=-\nabla\varphi$、电荷守恒定律和高斯定理[8]得

$$\frac{\partial\rho}{\partial t}+\nabla\cdot\boldsymbol{J}=0\tag{3-8}$$

$$\rho-\nabla\cdot\boldsymbol{D}=0\tag{3-9}$$

及不同介质分界面上的衔接条件：

$$\frac{\partial\rho_s}{\partial t}+\left(\gamma_1\frac{\partial\varphi_1}{\partial n}-\gamma_2\frac{\partial\varphi_2}{\partial n}\right)=0\tag{3-10}$$

$$\rho_s-\left(\varepsilon_1\frac{\partial\varphi_1}{\partial n}-\varepsilon_2\frac{\partial\varphi_1}{\partial n}\right)=0\tag{3-11}$$

采用有限元分析时，假设节点电位φ、体电荷密度ρ_v和边界电荷密度ρ_s都采用线性插值，即

$$t_h = \sum_{i \in \mathbb{N}} N_i t_i \tag{3-12}$$

式中，N_i为形函数；t_i为节点电位或电荷密度ρ_v、ρ_s。应用伽辽金加权余量法于式(3-8)、式(3-9)，并考虑到不同介质分界面上的衔接条件，可得

$$\int_{\Omega} N_i \frac{\partial \rho_h}{\partial t} \mathrm{d}\Omega + \int_{\Gamma_{\text{int}}} N_i \frac{\partial \rho_{s,h}}{\partial t} \mathrm{d}\Gamma + \int_{\Omega} \nabla N_i \cdot \gamma \nabla \varphi_h \mathrm{d}\Omega = 0 \tag{3-13}$$

$$\int_{\Omega} N_i \rho_h \mathrm{d}\Omega + \int_{\Gamma_{\text{int}}} N_i \rho_{s,h} \mathrm{d}\Gamma + \int_{\Omega} \nabla N_i \cdot \varepsilon \nabla \varphi_h \mathrm{d}\Omega = 0 \tag{3-14}$$

式中，Γ_{int}为不同介质的交界面，上述积分中包含体积分与面积分。文献[5]对以上两式进行了简化，将前两项用节点电荷来表示，即

$$\frac{\partial (\boldsymbol{IQ})}{\partial t} + \boldsymbol{K}_{\gamma} \boldsymbol{\varphi} = 0 \tag{3-15}$$

$$\boldsymbol{IQ} - \boldsymbol{K}_{\varepsilon} \boldsymbol{\varphi} = 0 \tag{3-16}$$

式中，$\boldsymbol{K}_\varepsilon$、$\boldsymbol{K}_\gamma$分别为对应于介质介电常数$\varepsilon$与电导率$\gamma$的有限元刚度阵；$\boldsymbol{I}$为和$\boldsymbol{K}$同阶数的单位对角矩阵；$\boldsymbol{Q}$、$\boldsymbol{\varphi}$分别为待求的节点电荷向量和节点电位向量。将式(3-16)组合成矩阵形式为

$$\begin{bmatrix} \boldsymbol{I} & 0 \\ 0 & 0 \end{bmatrix} \begin{Bmatrix} \dfrac{\partial \boldsymbol{Q}}{\partial t} \\ \dfrac{\partial \boldsymbol{\Phi}}{\partial t} \end{Bmatrix} + \begin{bmatrix} 0 & \boldsymbol{K}_{\gamma} \\ \boldsymbol{I} & -\boldsymbol{K}_{\varepsilon} \end{bmatrix} \begin{Bmatrix} \boldsymbol{Q} \\ \boldsymbol{\varphi} \end{Bmatrix} = \boldsymbol{0} \tag{3-17}$$

$$\boldsymbol{A} \frac{\partial \boldsymbol{u}}{\partial t} + \boldsymbol{S}\boldsymbol{u} = \boldsymbol{0} \tag{3-18}$$

式中，$\{\boldsymbol{u}\}=\{\boldsymbol{Q},\boldsymbol{\Phi}\}^{\mathrm{T}}$。一般情况下我们只是知道电位的初值$\boldsymbol{\Phi}_0$，而无电荷分布信息。但在初始电位$\boldsymbol{\Phi}_0$条件下，可以用式(3-16)计算出节点电荷初值$\boldsymbol{Q}_0$，从而得出初值$\boldsymbol{u}_0$。

式(3-18)的求解方法很多，如后向欧拉法[9]、C-N 法[10]、状态空间法[11]、SDIRK 法[5]等。为简化分析，线性分析时采用工程中常用的定步长 C-N 法，其计算格式如下：

$$(2\boldsymbol{A} + \Delta t \boldsymbol{S}) \boldsymbol{u}^{k+1} = (2\boldsymbol{A} + \Delta t \boldsymbol{S}) \boldsymbol{u}^{k+1} \tag{3-19}$$

这种方法属于单步算法，在时间上具有二阶精度。值得注意的是，在每一时步施加边界条件时，节点电位往往已知，只需按照传统方法直接施加即可。而第一类边界上的节点电荷则需先按照式(3-16)计算，然后将计算值作为各时步的边值条件施加到方程中。

3.3　基于节点电荷密度电位的有限元方程

3.2 节将式(3-13)和式(3-14)前两项的积分项视为节点电荷向量 $\boldsymbol{Q}$，由于在换流变压器极性反转的分析、测试中，空间电荷对电场分布和介质绝缘的影响是人们关注的焦点问题之一，具体分析中需要关心的是电荷密度，下面将节点电荷密度 (ρ_v,ρ_s) 视为待求量，从而得到如下方程：

$$\boldsymbol{P}\frac{\partial \boldsymbol{\rho}}{\partial t}+\boldsymbol{K}_\gamma\boldsymbol{\varphi}=0 \tag{3-20}$$

$$\boldsymbol{P}\boldsymbol{\rho}-\boldsymbol{K}_\varepsilon\boldsymbol{\varphi}=0 \tag{3-21}$$

式中，$\boldsymbol{K}_\gamma$、$\boldsymbol{K}_\varepsilon$ 分别为阻性刚度阵和容性刚度阵；$\boldsymbol{P}$ 在后面内容分析时称为电荷密度刚度阵。由于 $\boldsymbol{K}_\gamma$、$\boldsymbol{K}_\varepsilon$ 在前面分析中已经给出，所以下面给出计算电荷密度刚度阵 $\boldsymbol{P}$ 的计算方法[12]。

3.3.1　电荷密度刚度阵 $\boldsymbol{P}$ 计算

式(3-13)和式(3-14)表明电荷密度刚度阵 $\boldsymbol{P}$ 只包含两种元素，即体电荷密度刚度阵系数 P_v 和边界电荷密度刚度阵系数 P_s。

对于二维平面问题，如果计算域采用三角形剖分，节点电荷密度和节点电位均采用线性插值，则 P_v 和 P_s 单元刚度阵元素可以计算如下：

$$\begin{aligned}P_{vij}^e&=\int_\Omega N_i^e N_j^e\mathrm{d}x\mathrm{d}y\\&=\frac{1+\delta_{ij}}{12}\Delta^e\end{aligned} \tag{3-22}$$

$$\begin{aligned}P_{sij}^e&=\int_{\Gamma^e} N_i^e N_j^e\mathrm{d}\Gamma\\&=\frac{1+\delta_{ij}}{6}l^e\end{aligned} \tag{3-23}$$

式中，Δ^e 为第 e 个三角形的单元面积；l^e 为第 e 条边界线段的长度。

对于轴对称问题，可以推出 P_v 和 P_s 单元刚度阵元素计算格式如下：

$$\begin{aligned}P_{vij}^e&=2\pi\int_\Omega N_i^e N_j^e r\mathrm{d}r\mathrm{d}z\\&=2\pi\left[\frac{1+\delta_{ij}}{20}r_e+\frac{1+\delta_{ij}}{60}(r_i+r_j)\right]\Delta^e\end{aligned} \tag{3-24}$$

$$\begin{aligned}P_{sij}^e&=2\pi\int_{\Gamma^e} N_i^e N_j^e r\mathrm{d}\Gamma\\&=2\pi\frac{(2+\delta_{ij})!\ r_i+2r}{24}l^e\end{aligned} \tag{3-25}$$

式中，$r_e=\left(r_i+r_j+r_k\right)/3$。值得注意的是轴对称情况下，有限元方程中的所有系数均可以去掉公因子 2π，因此式(3-24)和式(3-25)并没有化成最简形式。

式(3-22)～式(3-25)表明 $\boldsymbol{P}$ 和材料属性无关，因此 $\boldsymbol{P}$ 一旦生成，就可以在整个极性反转过程中反复调用。在计算中，我们首先假设所有节点均为体节点，计算每个节点的体电荷密度刚度阵系数 P_{vij}。然后，根据边界节点只存在边界电荷密度，把与边界节点相关的体电荷密度刚度阵元素 P_{vij} 置零。例如，如果节点 i 是边界节点，则把所有的体电荷密度刚度阵元素 P_{vij} (i =1, 2,⋯, N)和 P_{vji} (j =1,2,⋯,N)置零，同时将相应的待求量 ρ_{vi} 替换为 ρ_{si}。最后，计算边界电荷密度刚度阵系数 P_{sij}^e，并将之添加到总刚度阵 $\boldsymbol{P}$ 中。计算 $\boldsymbol{P}$ 的流程图如图 3-2 所示。

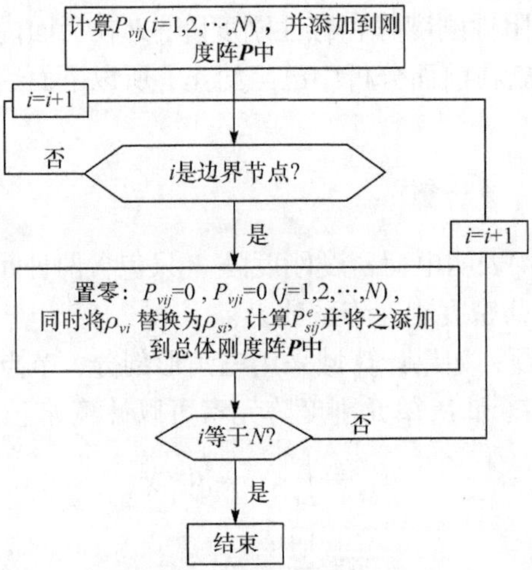

图 3-2 $\boldsymbol{P}$ 的计算流程图

3.3.2 罚函数法施加边界条件

将式(3-20)和式(3-21)写成矩阵形式得

$$\begin{bmatrix}\boldsymbol{P} & 0\\ 0 & 0\end{bmatrix}\begin{Bmatrix}\dfrac{\partial\boldsymbol{\rho}}{\partial t}\\ \dfrac{\partial\boldsymbol{\varphi}}{\partial t}\end{Bmatrix}+\begin{bmatrix}0 & \boldsymbol{K}_\gamma\\ \boldsymbol{P} & -\boldsymbol{K}_\varepsilon\end{bmatrix}\begin{Bmatrix}\boldsymbol{\rho}\\ \boldsymbol{\varphi}\end{Bmatrix}=0 \tag{3-26}$$

或

$$\boldsymbol{A}\frac{\partial\boldsymbol{u}}{\partial t}+\boldsymbol{S}\boldsymbol{u}=\boldsymbol{0} \tag{3-27}$$

式中，$\boldsymbol{u}=\{\boldsymbol{\rho},\boldsymbol{\varphi}\}^{\mathrm{T}}$。式(3-27)是一个初边值问题，可以采用罚函数法施加第一类边界条件。假设 $\boldsymbol{C}$ 是一个对角矩阵，其元素值满足：如果第 i 个节点为边界节点，

则 c_{ii} 等于罚系数，否则 c_{ii} 等于零。采用罚函数法施加边界条件，可得

$$(\boldsymbol{A}+\boldsymbol{C})\frac{\partial \boldsymbol{u}}{\partial t}+\boldsymbol{S}\boldsymbol{u}=\boldsymbol{C}\frac{\partial \boldsymbol{u}_b}{\partial t} \tag{3-28}$$

或

$$\boldsymbol{K}\frac{\partial \boldsymbol{u}}{\partial t}+\boldsymbol{S}\boldsymbol{u}=\boldsymbol{R} \tag{3-29}$$

式中，

$$\boldsymbol{R}=\boldsymbol{C}\frac{\partial \boldsymbol{u}_b}{\partial t}=\boldsymbol{C}\begin{Bmatrix}\partial \boldsymbol{\rho}_b/\partial t\\ \partial \boldsymbol{\varphi}_b/\partial t\end{Bmatrix}=\begin{Bmatrix}\boldsymbol{R}_\rho\\ \boldsymbol{R}_\varphi\end{Bmatrix} \tag{3-30}$$

虽然第一类边界条件上的边界电荷密度 $\boldsymbol{\rho}_b$ 往往不能事先知道，但是我们可以根据式(3-21)得到 $\boldsymbol{R}_\rho$，具体形式如下：

$$\begin{aligned}\boldsymbol{R}_\rho&=\boldsymbol{P}^{-1}\boldsymbol{C}\boldsymbol{K}_\varepsilon\frac{\partial \boldsymbol{\varphi}_b}{\partial t}=\boldsymbol{P}^{-1}\boldsymbol{K}_\varepsilon\boldsymbol{C}\frac{\partial \boldsymbol{\varphi}_b}{\partial t}\\&=\boldsymbol{P}^{-1}\boldsymbol{K}_\varepsilon\boldsymbol{R}_\varphi\end{aligned} \tag{3-31}$$

式(3-31)表明我们只需用罚函数法施加电位边界条件，然后就可以通过式(3-31)得到 $\boldsymbol{R}_\rho$。施加边界条件后，我们可以采用 C-N 法计算式(3-29)：

$$(2\boldsymbol{K}+\Delta t\boldsymbol{S})\boldsymbol{u}^{k+1}=(2\boldsymbol{K}-\Delta t\boldsymbol{S})\boldsymbol{u}^{k}+\Delta t(\boldsymbol{R}^{k}+\boldsymbol{R}^{k+1}) \tag{3-32}$$

式中，$\boldsymbol{u}^k$ 为第 k 个时步的解向量 $\boldsymbol{u}$；Δt 为时间步。

3.3.3 非线性极性反转过程计算格式

在考虑电导率-电场强度非线性和纸板电导率的各向异性时，时步有限元法在各时刻的计算与第 2 章的基于标量电位有限元法计算格式完全相同，各时步的非线性方程组采用简单迭代法和牛顿法相结合的方式进行求解，其中简单迭代法计算格式如下：

$$[2\boldsymbol{K}+\Delta t\boldsymbol{S}]\boldsymbol{u}_s^{k+1}=[2\boldsymbol{K}-\Delta t\boldsymbol{S}]\boldsymbol{u}_{s_c}^{k+1}+\Delta t\left(\boldsymbol{R}^{k}+\boldsymbol{R}^{k+1}\right) \tag{3-33}$$

式中，s、s_c 分别为第 k+1 时刻的迭代次数和第 k 时刻迭代收敛时的迭代次数。当采用牛顿法计算非线性方程组时，需要计算雅可比矩阵 $\boldsymbol{J}$。雅可比矩阵刚度阵元素计算公式如下。

首先定义 $\boldsymbol{f}=(2\boldsymbol{K}+\Delta t\boldsymbol{S})\boldsymbol{u}^{k+1}$，则有

$$\begin{aligned}\boldsymbol{J}(t_{k+1},\boldsymbol{u}_{k+1})&=\frac{\partial \boldsymbol{f}(t_{k+1},\boldsymbol{u}_{k+1})}{\partial \boldsymbol{u}}=\frac{\partial}{\partial \boldsymbol{u}}[2\boldsymbol{K}\boldsymbol{u}+\Delta t\boldsymbol{S}]\big|_{(t_{k+1},\boldsymbol{u}_{k+1})}\\&=2\boldsymbol{K}+\Delta t\frac{\partial \boldsymbol{S}}{\partial \boldsymbol{u}}\bigg|_{(t_{k+1},\boldsymbol{u}_{k+1})}\\&=2\boldsymbol{K}+\Delta t\boldsymbol{J}'(t_{k+1},\boldsymbol{u}_{k+1})\end{aligned} \tag{3-34}$$

式中，

$$
\begin{aligned}
\boldsymbol{J}'(t_{k+1},\boldsymbol{u}_{k+1}) &= \begin{bmatrix} \dfrac{\partial(\boldsymbol{K}_{\gamma}\boldsymbol{\varphi})}{\partial\rho} & \dfrac{\partial(\boldsymbol{K}_{\gamma}\boldsymbol{\varphi})}{\partial\varphi} \\ \dfrac{\partial(\boldsymbol{P}\boldsymbol{\rho}-\boldsymbol{K}_{\varepsilon}\boldsymbol{\varphi})}{\partial\boldsymbol{\rho}} & \dfrac{\partial(\boldsymbol{P}\boldsymbol{\rho}-\boldsymbol{K}_{\varepsilon}\boldsymbol{\varphi})}{\partial\boldsymbol{\varphi}} \end{bmatrix}_{(t_{k+1},\boldsymbol{u}_{k+1})} \\
&= \begin{bmatrix} 0 & \boldsymbol{J}_{\gamma} \\ \boldsymbol{P} & -\boldsymbol{K}_{\varepsilon} \end{bmatrix}_{(t_{k+1},\boldsymbol{u}_{k+1})}
\end{aligned}
\tag{3-35}
$$

式中，$\boldsymbol{J}_{\gamma}$的计算格式与直流稳态电场的雅可比矩阵计算格式相同。非线性各向同性和非线性各向异性时的雅可比单元刚度阵元素列出如下：

$$
J_{\gamma ij}^{e} = \Delta^{e}\boldsymbol{B}_{i}^{\mathrm{T}}\gamma^{e}\boldsymbol{B}_{j} + \frac{\partial\gamma}{\partial E}\frac{\Delta^{e}}{E}\left(\boldsymbol{B}_{i}^{\mathrm{T}}\boldsymbol{B}\boldsymbol{\varphi}^{e}\right)\left(\boldsymbol{B}_{j}^{\mathrm{T}}\boldsymbol{B}\boldsymbol{\varphi}^{e}\right)^{\mathrm{T}}, \quad i,j=1,2,3 \tag{3-36}
$$

$$
J_{\gamma ij}^{e} = \Delta^{e}\boldsymbol{B}_{i}^{\mathrm{T}}\boldsymbol{T}\gamma^{e}\boldsymbol{T}^{\mathrm{T}}\boldsymbol{B}_{j} + \Delta^{e}\boldsymbol{B}_{i}^{\mathrm{T}}\boldsymbol{T}\begin{bmatrix} \dfrac{\partial\gamma_{h}}{\partial E_{h}} & \\ & \dfrac{\partial\gamma_{i}}{\partial E_{i}} \end{bmatrix}\cdot\begin{bmatrix} \boldsymbol{T}_{1}^{\mathrm{T}}\boldsymbol{B}_{j} & \\ & \boldsymbol{T}_{2}^{\mathrm{T}}\boldsymbol{B}_{j} \end{bmatrix}\boldsymbol{T}^{\mathrm{T}}\boldsymbol{B}\boldsymbol{\varphi}^{e}, \ i,j=1,2,3 \tag{3-37}
$$

3.3.4 导体表面法向电场强度计算

计算式(3-34)后，我们就可以用各时步的边界电荷密度计算得到静电环、绕组等导体表面的法向电场强度：

$$
E_{ni}^{k} = \frac{\rho_{si}^{k}}{\varepsilon_{i}} \tag{3-38}
$$

式中，ρ_{si}^{k}为第 k 个时步的边界电荷密度；ε_i为节点 i 法向电场强度侧媒质的介电常数。

3.4 算 例 验 证

图 3-3 所示为具有两层介质的同轴绝缘结构模型，内导体半径为 R_1，外导体半径为 R_3，介质分界面半径为 R_2。介质 1 的相对介电常数为 2，电导率为 10^{-15}S/m；介质 2 的相对介电常数为 1，电导率为 10^{-13}S/m。半径分别为 $R_1 = 1$m，$R_2 = 3$m，$R_3 = 7$m。

由于图 3-3 模型具有对称性，我们用有限元分析 1/4 模型区域。为了研究剖分对计算结果的影响，我们分别进行了粗剖和细剖，剖分结果如下。

粗剖：340 个三角形单元，196 个节点。

细剖：8554 个三角形单元，4401 个节点。

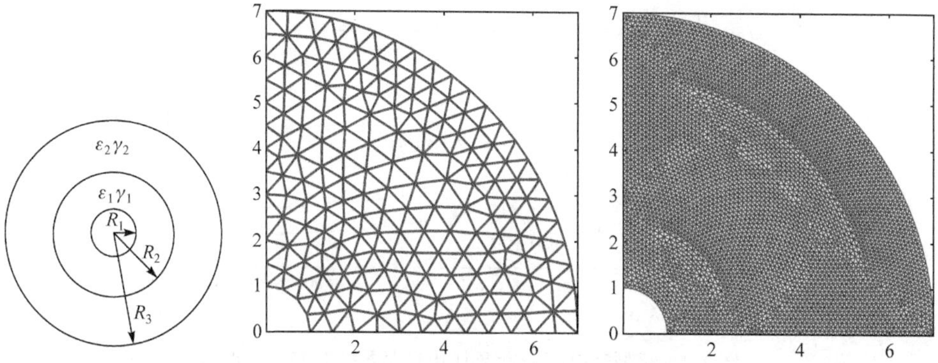

图 3-3　双层有损同轴绝缘结构模型及其剖分网格

输入的电压源信号为斜坡激励时，其波形函数为

$$U_s(t)=\frac{a}{\tau}\cdot t\cdot u(t)-\frac{a}{\tau}\cdot(t-\tau)\cdot u(t-\tau) \tag{3-39}$$

式中，a 为斜坡函数的最大值；τ 为斜坡的时间长度。计算中取 τ =100s，a =1000V。

利用拉普拉斯变换，可以得到斜坡激励下 R_2 上电荷密度为

$$\sigma(t)=\varepsilon_1\frac{b(t)}{R_2}-\varepsilon_2\frac{d(t)}{R_2} \tag{3-40}$$

式中，

$$b(t)=\frac{a}{\tau}\left\{Mt+N\tau_e\left[1-\exp\left(-\frac{t}{\tau_e}\right)\right]\right\}u(t)-\frac{a}{\tau}\left\{M(t-\tau)+N\tau_e\left[1-\exp\left(-\frac{t-\tau}{\tau_e}\right)\right]\right\}u(t-\tau)$$

$$d(t)=\frac{a}{\tau}\left\{Rt+(C-R)\tau_e\left[1-\exp\left(-\frac{t}{\tau_e}\right)\right]\right\}u(t)$$

$$-\frac{a}{\tau}\left\{R(t-\tau)+(C-R)\tau_e\left[1-\exp\left(-\frac{t-\tau}{\tau_e}\right)\right]\right\}u(t-\tau)$$

其中，$R=\gamma_1/(B\gamma_2-A\gamma_1)$；$C=\varepsilon_1/(B\varepsilon_2-A\varepsilon_1)$；$M=(1+AR)/B$；$N=A(C-R)/B$，$A=\ln\dfrac{R_2}{R_3}$，$B=\ln\dfrac{R_2}{R_1}$。

根据式(3-40)编程得到了 R_2 上的电荷密度随时间变化的解析解，如图 3-4 所示。用上述数值算法得到了介质分界面上的电荷密度，算出各时步数值解与解析解的相对误差，并绘于图 3-4 中。

从图 3-4 中各时步 R_2 上电荷密度的最大相对误差曲线可以看出，随着时间的推移，相对误差趋于增大，且在计算完成时刻达到最大值。这是由于两种介质中的电场强度分布差异在趋于稳态时增大，从而可能使表面上的电荷密度值趋于增

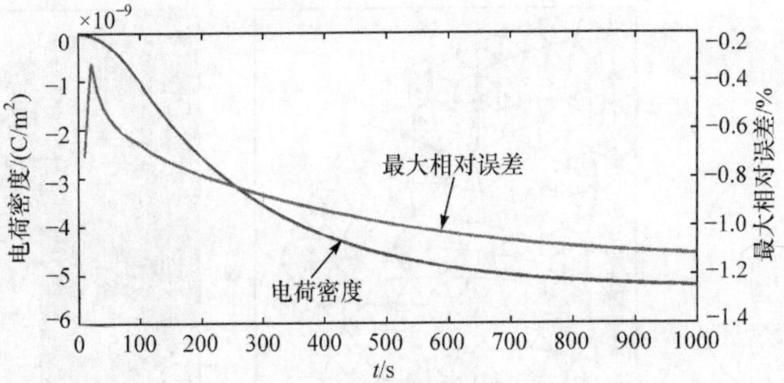

图 3-4　粗剖时电荷密度及其相对误差随时间变化曲线

大。因此我们分别在两种剖分方式下，根据式(3-38)算出内、外导体表面上(R_1 和 R_3)的法向电场强度及介质分界面上(R_2)的电荷密度，并算出相对误差的最大值 $r_{\max}$、最小值 $r_{\min}$，列于表 3-1 方法 I 所在列。我们在表 3-1 中同时给出节点电场强度用单元电场强度数值平均方法计算得到的 $r_{\max}$ 及 $r_{\min}$，结果列于表 3-1 中方法 II 所在列。

表 3-1　解析法与数值法计算结果　　单位：%

剖分方式	相对误差	R_1 上法向电场强度		R_3 上法向电场强度		R_2 上面电荷密度	
		方法 I	方法 II	方法 I	方法 II	方法 I	方法 II
粗剖	$r_{\max}$	4.10	−16.91	0.747	4.50	1.149	10.169
	$r_{\min}$	−0.355	−17.98	−0.145	3.9	−0.707	8.67
细剖	$r_{\max}$	0.804	−4.0	1.435	0.729	−0.240	1.717
	$r_{\min}$	−0.858	−4.87	−0.0863	0.605	0.305	1.431

从表 3-1 可以看出，即使粗剖模型，所提方法得到的法向电场强度的最大相对误差仍小于 5%，而方法 II 的最大相对误差高达 17.98%。在剖分加密后，方法 II 的计算结果有所改善，但是计算精度只和所提方法在粗剖时的计算精度相当。同时可以看出，传统方法在细剖时得到的电荷密度精度甚至比所提方法粗剖时的计算精度还低。可见采用所提方法在粗剖时就能获得比方法 II 更准确的数值解。这对于定量研究反转过程中电极表面电场强度及油纸界面电荷的变化规律具有重要意义。

3.5　典型油纸绝缘结构极性反转瞬态过程中电荷及其电场分析

本章采用第 2 章的典型油纸绝缘结构和极性反转电压波形，为了便于分析，现将模型重新给出如图 3-5 所示，图中尺寸单位为 mm，为了清晰地显示模型及计算结果，图形在纵向尺寸上有拉伸。分析油纸的介电常数、电导率等参数和第 2 章相同，并假定下边界接地，上边界电位幅值为 U_d。在极性反转试验中 U_d 的波形如图 2-11 所示，但此处假设电压极性反转需要 2min 才能完成。

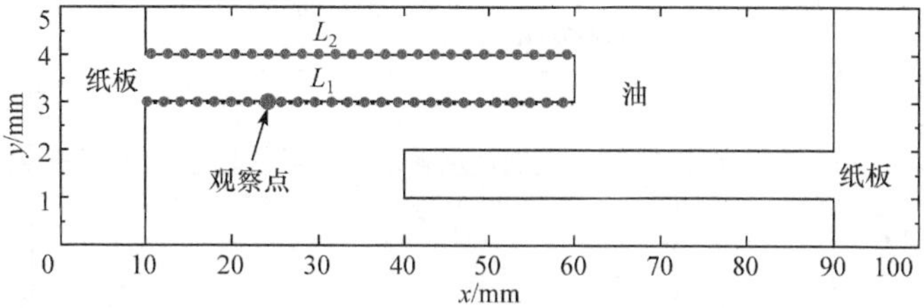

图 3-5　油纸绝缘系统典型模型

采用本章方法分析典型模型在介质电导率为各向同性线性/非线性和各向异性线性/非线性四种条件下的极性反转过程。计算了上述极性反转过程，计算时 U_d 幅值为 40kV。由于第 2 章已经详细讨论了典型模型在极性反转前后的电位分布情况，下面不再给出电位分布信息，而只是分析极性反转过程中的电荷密度分布特征。在图 3-5 中选择纸板的上、下边界 L_2 和 L_1，分别在图 3-6 和图 3-7 中绘出电导率为线性和非线性时的 L_2、L_1 上电荷密度在反转前后的分布情况。

从图 3-6 和图 3-7 中的电荷密度分布情况中可以看出，无论线性还是非线性、反转前还是反转完成时刻，此阀侧模型在 L_1、L_2 相同位置上有极性相反数值近似相等的电荷。并且在考虑电导率-电场强度非线性时，不仅电荷变化量要比线性时大很多，而且线段上部分节点电荷密度在反转前后的极性明显改变。

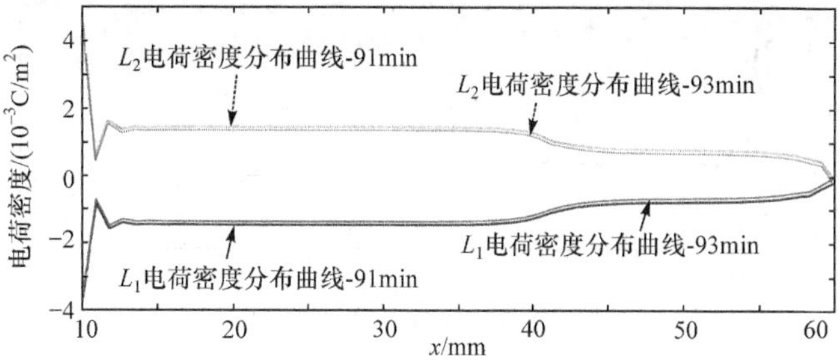

图 3-6　电导率线性时第一次极性反转前后两条线段上的电荷密度分布

由于模型中的电荷密度分布具有极性相反数值近似相等的特点，下面将分析 L_1 上电荷密度在电导率为不同条件下在第一次极性反转前后的分布特征。在图 3-8～图 3-11 的图(a)中绘出了 91min 极性反转开始时刻 L_1 上各节点电荷密度分布。并用反转完成时刻的电荷密度值减去 91min 时刻的相应值，再除以 91min 时刻的值得到电荷密度的相对变化量，绘于图 3-8～图 3-11 的图(b)中。

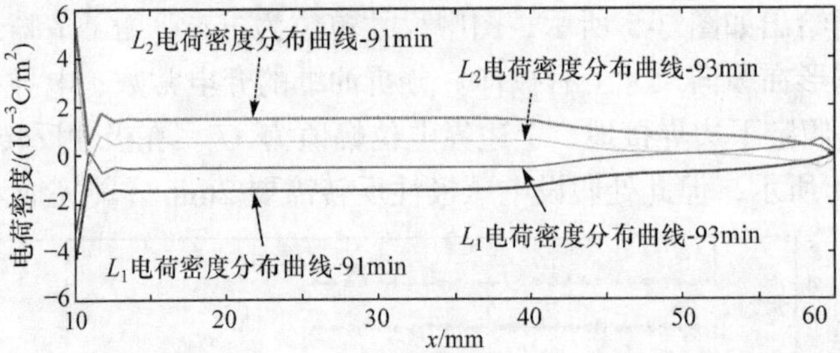

图 3-7 电导率非线性时第一次极性反转前后两条线段上的电荷密度分布

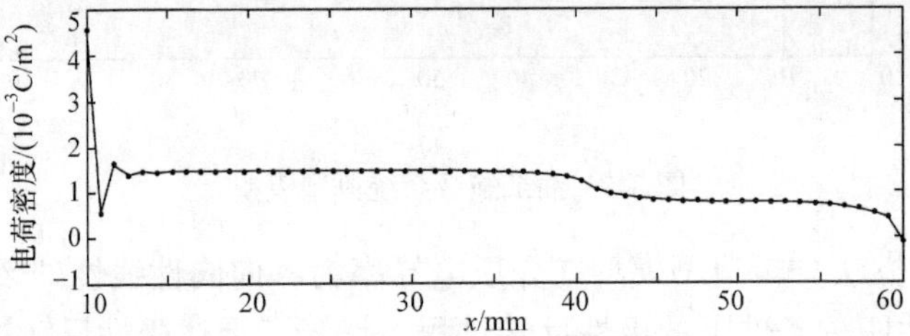

(a) 91minL_1上的节点电荷密度分布

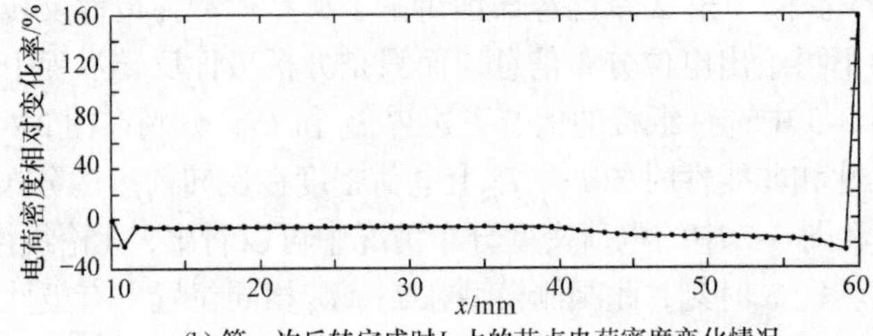

(b) 第一次反转完成时L_1上的节点电荷密度变化情况

图 3-8 各向同性线性时的电荷密度分布及其变化情况

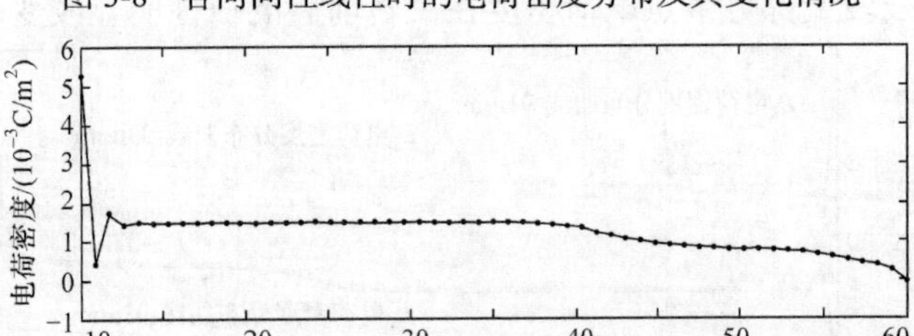

(a) 91minL_1上的节点电荷密度分布

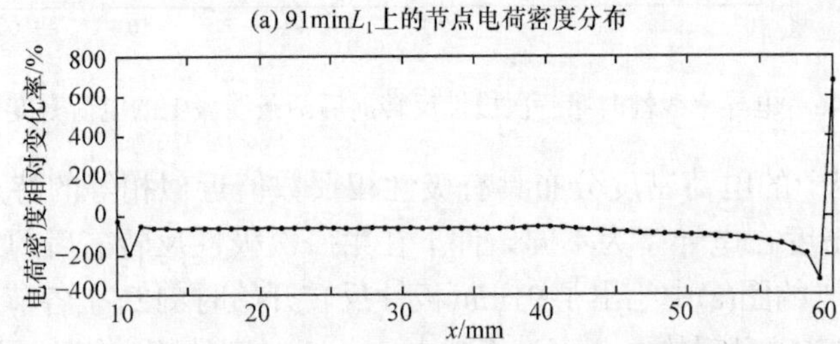

(b) 第一次反转完成时L_1上的节点电荷密度变化情况

图 3-9 各向同性非线性时的电荷密度分布及其变化情况

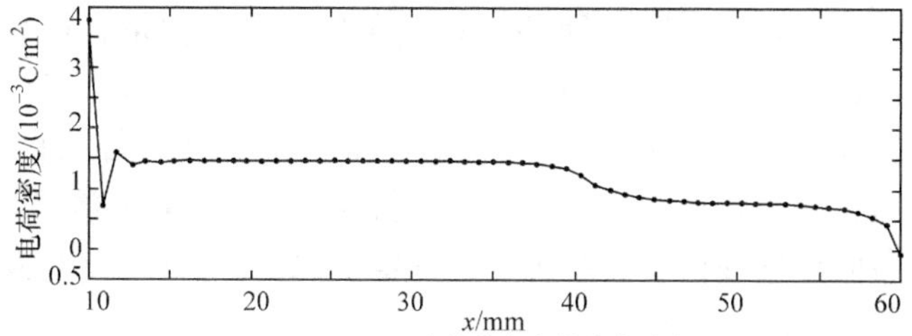

(a) 91minL_1上的节点电荷密度分布

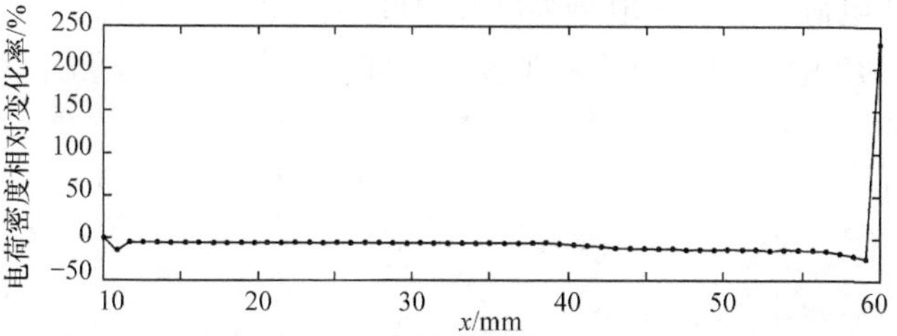

(b) 第一次反转完成时L_1上的节点电荷密度变化情况

图 3-10　各向异性线性时的电荷密度分布及其变化情况

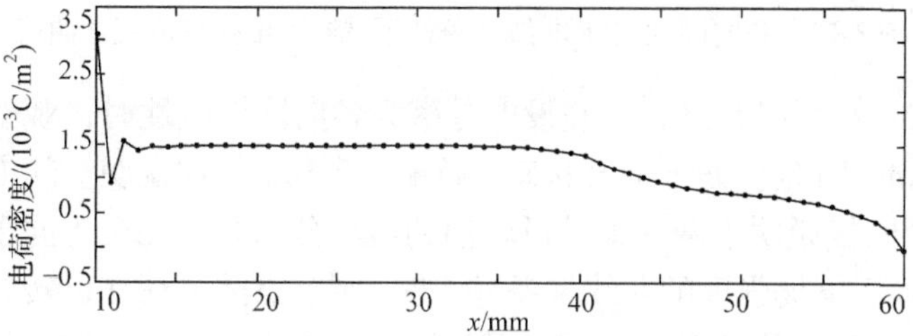

(a) 91minL_1上的节点电荷密度分布

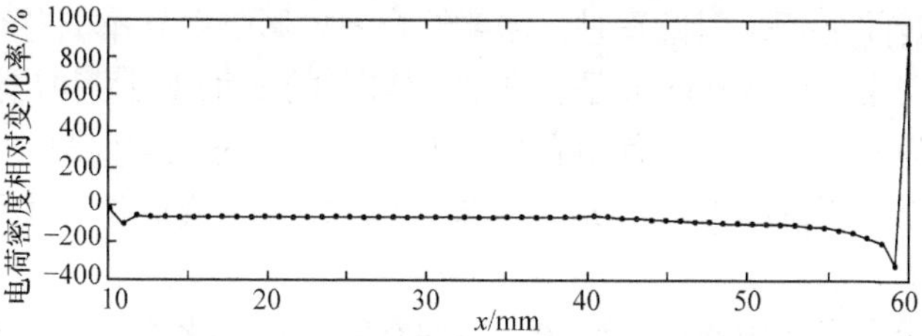

(b) 第一次反转完成时L_1上的节点电荷密度变化情况

图 3-11　各向异性非线性时的电荷密度分布及其变化情况

从图 3-8～图 3-11 可以看出如下内容。

(1) 电荷密度值较小位置节点的电荷密度在极性反转过程中变化较快，而电荷密度值较大的地方，电荷密度变化量较小。

(2) 在考虑电导率-电场强度非线性时，无论各向同性非线性(图 3-9)还是各向异性非线性(图 3-11)，它们在 2min 的极性反转过程中电荷密度变化量要远大于各向同性线性(图 3-8)和各向异性线性(图 3-10)条件下的变化量，这是由于电导率-电场强度条件下，电荷的弛豫时间大大缩短，在相同的时间内变化得更多。

(3) 在考虑纸板电导率各向异性影响时，L_1 在反转开始时刻的最左侧电荷密度值(图 3-10 和图 3-11)均要小于相应各向同性条件下的值(图 3-8 和图 3-9)，这是由于电导率的各向异性使得垂直纸板方向的电场强度值有所减小，从而使 L_1 上的电荷积累减少。

为了表征电荷密度及其电场强度随时间的变化情况，我们在 L_1 上选取一个观察点，在图 3-12 中绘制其线性和非线性条件下的电荷密度随时间变化曲线。

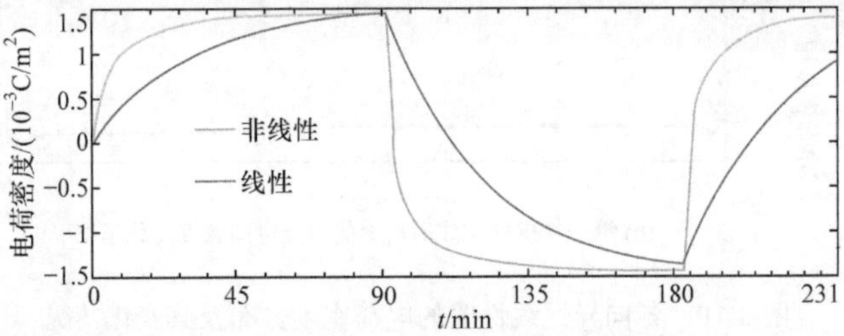

图 3-12　各向同性线性/非线性条件下观察点电荷密度变化曲线

通过图 3-12 可以看出，在假设电导率为各向同性线性时，观察点的电荷在 91min 和 183min 时刻仍处于上升状态，尚未达到稳态，这说明空间电荷仍处于动态变化，从而间接说明了两次极性反转前的电场分布并不完全等同于直流电场。而在假设电导率-电场强度的非线性条件下时，观察点的电荷在反转开始时刻明显地更趋于稳定，反转完成后也比线性假设下变化得更快。因此在分析空间电荷在两次极性反转前是否达到稳态时，需要综合考虑影响电导率的各种因素，同时观察各次反转完成后保持 90min 是否合适。从图 3-12 可以明显得出以下结论：如果只是电导率为线性，则为了使电荷在反转前达到稳态，需要将文献[13]建议的每次反转前直流电压持续 90min 适当延长，如 120min 或更长，才可以使电荷真正到达平衡状态。

对于实际换流变压器极性反转前后的空间电荷变化情况，感兴趣的读者可进一步阅读文献[14]。

3.6　本章小结

本章对极性反转电压下瞬态过程电荷的数值计算方法进行了研究，提出了节点电荷(密度)电位有限元法。基于电准静态场假设，推导了以节点电荷(密度)和电位为未知量的有限元方程，给出了罚函数法施加电荷(密度)边界条件的方法，然后对瞬态过程进行求解就可以得到瞬态过程各时刻的电荷和电场。同时利用求得的导体表面电荷密度，可以准确地计算导体表面的法向电场强度。

本章针对同轴有损模型，计算了斜坡激励下介质分界面上的电荷密度以及内外边界上的法向电场强度，结果表明，所提出的算法计算精度较高。同时，本章对油纸绝缘典型结构模型在极性反转电压下的电荷分布进行了分析。

参 考 文 献

[1] 吕晓德, 陈世坤, 方治强, 等. 换流变压器端部极性反转电场的数值算法及其绝缘设计[J]. 西安交通大学学报, 1997, 31(11): 8-12.

[2] Wen K C, Zhou Y B, et al. A calculation method and some features of transient field under polarity reversal voltage in HVDC insulation [J]. IEEE Transactions on Power Delivery, 1994, 8(1): 223-230.

[3] 李琳, 纪锋, 刘刚. 油–纸绝缘结构瞬态电场计算的状态空间有限元法[J]. 中国电机工程学报, 2010, 30(36): 111-116.

[4] 宓传龙. 超高压换流变压器和平波电抗器绝缘结构简述[J]. 高压电器, 2003, 39(1): 7-15.

[5] Badics Z. Charge density-scalar potential formulation for adaptive time-integration of nonlinear electroquasistatic problems [J]. IEEE Transactions on Magnetic, 2011, 47(5):1138-1141.

[6] Mizutani T. Space charge measurement techniques and space charge in polyethylene[J]. IEEE Transactions on Dielectrics and Electrical Insulation, 1994,1(5): 923-933.

[7] 王云杉, 周远翔, 李光范, 等. 油纸绝缘介质的空间电荷积聚与消散特性[J]. 高电压技术, 2008, 34 (5): 873-877.

[8] 豪斯 H A, 梅尔彻 J R. 电磁场与电磁能[M]. 江家麟, 周佩白, 钱秀英, 译. 北京: 高等教育出版社, 1992: 9-26.

[9] 张艳丽, 刘洋, 谢德馨, 等. 耦合改进矢量磁滞模型的变压器磁场分析及实验研究[J]. 中国电机工程学报, 2010, 30 (21): 108-113.

[10] 李泓志, 崔翔, 卢铁兵, 等. 变压器直流偏磁的电路-磁路模型[J]. 中国电机工程学报, 2009, 29 (27): 119-125.

[11] 谢德馨, 姚缨英, 白保东, 等. 三维涡流场的有限元分析[M]. 北京: 机械工业出版社, 2001: 81-98.

[12] 刘刚. 换流变压器交直流复合电场和极性反转电场算法研究[D]. 北京: 华北电力大学, 2012.

[13] IEEE Std C57. 129TM-2007. IEEE Standard for General Requirements and Test Code for Oil-immersed HVDC Converter Transformers[S]. New York: The Institute of Electrical and Electronics Engineering Inc., 2008.

[14] Liu G , Li L, Li W P, et al. Analysis of transient electric field and charge density of converter transformer under polarity reversal voltage[J]. IEEE Transactions on Magnetics, 2012, 48(2): 275-278.

第 4 章 交直流复合电场的频域有限元法

交直流复合电场属于非正弦周期电磁场问题，此类电磁场问题常见于涡流场的分析中，求解的数值方法有瞬态法(或时步法)[1]、时间周期有限元法[2,3]、谐波平衡有限元法[4-6]和频域有限元法[7-9]等。对于快速衰减的涡流场问题，瞬态法往往能很快得到周期稳态结果。但对于换流变压器交直流复合电场问题，由于油纸绝缘系统的时间常数非常大，往往达到数千秒(甚至更长)，此时若用瞬态法得到稳态结果，总的计算量会非常大。时间周期有限元法不需要像瞬态法那样，从时间初始值出发，计算若干个周期后才能获得稳定的周期解。文献[3]提出的变换方法用于解决线性周期问题时可以节省大量计算，但是对于磁阻率依赖于磁场的非线性问题，这一方法可能给非线性迭代收敛造成困难。谐波平衡有限元法(harmonic balance finite element method, HBFEM)适用于稳态非线性场的分析，文献[6]用 HBFEM 计算了直流偏磁条件下的非线性磁场。对于交直流复合电场问题，也可以采用谐波平衡有限元法进行求解和分析。但是换流变压器交直流混合电压下的非线性电场中存在大量的谐波，计算中需要截取的谐波数量较多，从而导致内存需求及计算时间大大增加，因此谐波平衡有限元法目前并不适用于实际换流变压器的交直流复合电场分析。频域有限元法可以用来分析线性及非线性时变涡流磁场问题，但是文献[9]对于非线性涡流问题提出的迭代格式比较复杂，不便于程序实现。

2000 年 Hantila 等通过引入磁极化矢量将定点技术用于分析非线性静磁场问题，并指出定点迭代技术可以用于非线性电场和含有非线性电阻的电路分析[10]。到目前为止，定点技术已被用于分析周期稳态非线性磁场，在时域和频域都取得了不错的效果[11-15]。

本章将定点迭代技术应用于非正弦周期的非线性/各向异性交、直流复合电场的分析，借助线性化迭代方法，可以用频域有限元法计算油纸绝缘结构非线性/各向异性交、直流复合电场。针对换流变压器阀侧绕组油纸绝缘结构典型模型，计算了油纸绝缘介质线性、非线性及非线性各向异性条件下的交、直流复合周期稳态电场[16]。

4.1 基于标量电位的电准静态场有限元方程

在电准静态场条件下，有损介质的全电流密度为[16]

$$\boldsymbol{J}=\gamma\boldsymbol{E}+\varepsilon\frac{\partial}{\partial t}\boldsymbol{E} \tag{4-1}$$

式中，γ、ε分别为介质的电导率和介电常数。由电流连续性方程及$\boldsymbol{E}=-\nabla\varphi$，可得

$$-\nabla\cdot\left(\gamma\nabla\varphi+\varepsilon\frac{\partial}{\partial t}\nabla\varphi\right)=0 \tag{4-2}$$

计及边界条件和初始条件，可以得到如下初边值问题：

$$\begin{cases}\nabla\cdot\left(\varepsilon\dfrac{\partial}{\partial t}+\gamma\right)\nabla\varphi=0, \quad \varphi\in\Omega \\ \varphi|_{\Gamma_1}=u(t), \\ \dfrac{\partial\varphi}{\partial n}|_{\Gamma_2}=\psi(t), \quad \Gamma_1+\Gamma_2=\partial\Omega \\ \varphi|_{t=0}=\varphi(0)\end{cases} \tag{4-3}$$

式中，Ω为计算区域；Γ_1、Γ_2分别为第一类边界条件和第二类边界条件。为简化分析，我们将计算区域Ω进行有限单元剖分，假设共得到 NE 个剖分单元，在每个单元Ω_e上取余量方程为

$$R(\varphi)=\nabla\cdot\left(\varepsilon\frac{\partial}{\partial t}+\gamma\right)\nabla\varphi=0 \tag{4-4}$$

以单元Ω_e的节点电位为变量，单元内Ω_e任意点的电位φ用单元节点插值表示，近似解$\tilde{\varphi}$为

$$\begin{aligned}\tilde{\varphi}&=\sum_{i=1}^{n_0}N_i^e\varphi_j \\ &=\boldsymbol{N}^e\boldsymbol{\varphi}^e\end{aligned} \tag{4-5}$$

式中，n_0为每个单元的节点数；N_i^e为单元上节点i对应的插值函数；$\boldsymbol{N}^e=\{N_1,N_2,N_3\}$为单元插值函数向量；$\boldsymbol{\varphi}^e=\{\varphi_1,\varphi_2,\cdots,\varphi_{n_0}\}^{\mathrm{T}}$为单元节点电位列向量。

将近似解式(4-5)代入式(4-4)，一般余量方程$R(\tilde{\varphi})\neq 0$，为求出电位函数的近似解，选取权函数W^e，并使以下方程成立：

$$\begin{aligned}&\sum_{e=1}^{\mathrm{NE}}\int_{\Omega_e}W^eR(\tilde{\varphi})\mathrm{d}\Omega \\ &=\sum_{e=1}^{\mathrm{NE}}\int_{\Omega_e}W^e\nabla\cdot\left(\varepsilon\frac{\partial}{\partial t}+\gamma\right)\nabla\tilde{\varphi}=0\end{aligned} \tag{4-6}$$

利用矢量恒等式：

$$\nabla\cdot W^e\left(\varepsilon\frac{\partial}{\partial t}+\gamma\right)\nabla\tilde{\varphi}=\nabla W^e\cdot\left(\varepsilon\frac{\partial}{\partial t}+\gamma\right)\nabla\tilde{\varphi}+W^e\nabla\cdot\left(\varepsilon\frac{\partial}{\partial t}+\gamma\right)\nabla\tilde{\varphi}$$

并利用格林公式得

$$\int_{\Omega_e} \nabla W^e \cdot \left(\varepsilon \frac{\partial}{\partial t} + \gamma\right) \nabla \tilde{\varphi} \mathrm{d}\Omega = \oint_{\partial \Omega_e} W^e \left(\varepsilon \frac{\partial}{\partial t} + \gamma\right) \frac{\partial \varphi}{\partial n} \mathrm{d}S \tag{4-7}$$

对每个单元进行加权余量方程，进行单元合成可得

$$\begin{aligned}
&\sum_{e=1}^{\mathrm{NE}} \int_{\Omega_e} \nabla W^e \cdot \left(\varepsilon \frac{\partial}{\partial t} + \gamma\right) \nabla \tilde{\varphi} \mathrm{d}\Omega \\
&= \sum_{e=1}^{\mathrm{NE}} \oint_{\partial \Omega_e} W^e \left(\varepsilon \frac{\partial}{\partial t} + \gamma\right) \frac{\partial \varphi}{\partial n} \mathrm{d}S \\
&= \int_{\Gamma_1} W^e \left(\varepsilon \frac{\partial}{\partial t} + \gamma\right) \frac{\partial \varphi}{\partial n} \mathrm{d}S + \int_{\Gamma_2} W^e \left(\varepsilon \frac{\partial}{\partial t} + \gamma\right) \psi \mathrm{d}S
\end{aligned} \tag{4-8}$$

因为在有限元分析中，除非有特别标明的第二类边界条件，否则在所有边界上存在$\psi = 0$，并且在第一类边界上$W^e = 0$，所以式(4-8)可以简化为

$$\sum_{e=1}^{\mathrm{NE}} \int_{\Omega_e} \nabla W^e \cdot \left(\varepsilon \frac{\partial}{\partial t} + \gamma\right) \nabla \tilde{\varphi} \mathrm{d}\Omega = 0 \tag{4-9}$$

取$W^e = N_i^e$，并将式(4-5)的$\tilde{\varphi}$代入式(4-9)，如下有限元离散方程：

$$\begin{aligned}
&\sum_{j=1}^{N} \left\{ \sum_{e=1}^{\mathrm{NE}} \int_{\Omega_e} \nabla N_i^e \cdot \left(\varepsilon \frac{\partial}{\partial t} + \gamma\right) \nabla N_j^e \mathrm{d}\Omega \right\} \varphi_j \\
&= \frac{\partial}{\partial t} \sum_{j=1}^{N} \left\{ \sum_{e=1}^{\mathrm{NE}} \int_{\Omega_e} \nabla N_i^e \cdot \varepsilon \nabla N_j^e \mathrm{d}\Omega \right\} \varphi_j + \sum_{j=1}^{N} \left\{ \sum_{e=1}^{\mathrm{NE}} \int_{\Omega_e} \nabla N_i^e \cdot \gamma \nabla N_j^e \mathrm{d}\Omega \right\} \varphi_j \\
&= 0
\end{aligned} \tag{4-10}$$

写成矩阵形式，即

$$\frac{\partial}{\partial t} \left(\sum_{e=1}^{\mathrm{NE}} \boldsymbol{K}_{\varepsilon}^{e} \varphi^e \right) + \sum_{e=1}^{\mathrm{NE}} \boldsymbol{K}_{\gamma}^{e} \varphi^e = 0 \tag{4-11}$$

式中，$\boldsymbol{K}_{\varepsilon}^{e}$和$\boldsymbol{K}_{\gamma}^{e}$分别为与介电常数和电导率相关的单元刚度阵，其计算具体格式同剖分形式以及电位插值形式有关。如果计算区域采用三角形剖分，电位采用线性插值，则节点i对应的插值函数N_i^e定义为

$$N_i^e = \frac{a_i + b_i x + c_i y}{2\Delta^e}, \quad i = 1,2,3 \tag{4-12}$$

式中，Δ^e为三角形单元面积；a_i、b_i、c_i可由三角形单元坐标计算：

$$\begin{cases}
a_i = x_j y_k - x_k y_j \\
b_i = y_j - y_k \qquad\qquad i,j,k = 1,2,3 \\
c_i = x_k - x_j
\end{cases} \tag{4-13}$$

在每个剖分单元中，标量电位 $\tilde{\varphi}$ 和电场强度 $\boldsymbol{E}$ 可以分别表达成如下形式：

$$\tilde{\varphi} = \boldsymbol{N}^e \boldsymbol{\varphi}^e = \sum_{i=1}^{3} N_i^e \varphi_j = \sum_{i=1}^{3} \frac{a_i + b_i x + c_i y}{2\Delta^e} \varphi_j \tag{4-14}$$

$$\boldsymbol{E} = -\begin{bmatrix} \dfrac{\partial \tilde{\varphi}}{\partial x} & \dfrac{\partial \tilde{\varphi}}{\partial y} \end{bmatrix}^{\mathrm{T}} = -\boldsymbol{B}\boldsymbol{\varphi}^e \tag{4-15}$$

式中，

$$\boldsymbol{B} = \begin{bmatrix} \dfrac{\partial N_1}{\partial x} & \dfrac{\partial N_2}{\partial x} & \dfrac{\partial N_3}{\partial x} \\ \dfrac{\partial N_1}{\partial y} & \dfrac{\partial N_2}{\partial y} & \dfrac{\partial N_3}{\partial y} \end{bmatrix} = \frac{1}{2\Delta^e} \begin{bmatrix} b_1 & b_2 & b_3 \\ c_1 & c_2 & c_3 \end{bmatrix}$$

则可以推导得到单元刚度阵 $\boldsymbol{K}_\varepsilon^e$、$\boldsymbol{K}_\gamma^e$ 矩阵计算格式如下：

$$\boldsymbol{K}_\varepsilon^e = \Delta^e \boldsymbol{B}^{\mathrm{T}} \varepsilon^e \boldsymbol{B} \tag{4-16}$$

$$\boldsymbol{K}_\gamma^e = \Delta^e \boldsymbol{B}^{\mathrm{T}} \gamma^e \boldsymbol{B} \tag{4-17}$$

将所有单元合成，得到系统矩阵方程：

$$\boldsymbol{K}_\varepsilon \frac{\partial \boldsymbol{\varphi}}{\partial t} + \boldsymbol{K}_\gamma \boldsymbol{\varphi} = \boldsymbol{0} \tag{4-18}$$

式中，$\boldsymbol{K}_\varepsilon$、$\boldsymbol{K}_\gamma$ 为与介质介电常数 ε 及电导率 γ 对应的有限元系数矩阵；$\boldsymbol{\varphi}$ 为所有节点电位列向量。

一般来说，变压器套管和绕组绝缘结构都是轴对称几何结构(即旋转体)。在对这类问题进行分析时，需要利用轴对称有限元模型。在推导轴对称有限元方程刚度阵时，只需将式(4-14)中的 x 用 ρ 替代，y 用 z 替代，式(4-14)便成 ρ-z 轴对称面上的形状函数，则节点 i 对应的插值函数 N_i^e 为

$$N_i^e = \frac{a_i + b_i \rho + c_i z}{2\Delta^e}, \quad i = 1,2,3 \tag{4-19}$$

此时刚度阵 $\boldsymbol{K}_\varepsilon^e$ 和 $\boldsymbol{K}_\gamma^e$ 计算格式将变为

$$\boldsymbol{K}_\varepsilon^e = \frac{2\pi(\rho_1 + \rho_2 + \rho_3)}{3} \Delta^e \boldsymbol{B}^{\mathrm{T}} \varepsilon^e \boldsymbol{B} \tag{4-20}$$

$$\boldsymbol{K}_\gamma^e = \frac{2\pi(\rho_1 + \rho_2 + \rho_3)}{3} \Delta^e \boldsymbol{B}^{\mathrm{T}} \gamma^e \boldsymbol{B} \tag{4-21}$$

关于轴对称坐标系下有限元方程推导过程可以参考文献[17]，在此不再赘述。

4.2 线性交直流复合电场的频域有限元法

当不考虑电场强度、温度等因素对电导率的影响时，各种介质的电导率γ是常量，由式(4-17)和式(4-21)可知刚度矩阵$\boldsymbol{K}_\gamma$是常量，此时应用频域有限元法可以很方便地得到非正弦周期稳态电场分布[7,8]。下面概述采用频域有限元法分析非线性介质下非正弦周期交、直流复合电场的步骤，对非周期瞬态问题进行分析时涉及截断误差处理，可参考文献[9]相关内容。

采用频域有限元法分析非正弦周期稳态电场时，需要用傅里叶变换将时域电压激励换为频域激励，然后在频域求解，最后进行傅里叶逆变换得到原时域非正弦周期响应。根据奈奎斯特-香农采样定理，对于周期时间段为$[0,T]$的电压激励，假设其频谱有截止频率 f_c，则在时间离散点间隔Δt 应满足 $\Delta t \leqslant 1/\left(2f_c\right)$。假设在$[0,T]$上均匀取 N 个时刻的电压激励样值，各采样值之间的距离为Δt，则某一取样点的时间为 $t = n\Delta t(n = 0,1,\cdots, N-1)$。其对应频域上的 N 个离散频率点为 $f = k\Delta f\,(k = 0,1,\cdots, N-1)$，其中，$\Delta f = 1/(N\Delta t)$。利用快速傅里叶变换[7-9]，可以将式(4-18)变为如下形式：

$$\mathrm{j}2\pi k\Delta f\boldsymbol{K}_\varepsilon\left[\frac{1}{N}\sum_{k=0}^{N-1}\boldsymbol{\Phi}_f(k\Delta f)\mathrm{e}^{\mathrm{j}\frac{2\pi}{N}k}\right]+\boldsymbol{K}_\gamma\left[\frac{1}{N}\sum_{k=0}^{N-1}\boldsymbol{\Phi}_f(k\Delta f)\mathrm{e}^{\mathrm{j}\frac{2\pi}{N}k}\right]=0 \tag{4-22}$$

方程两边同时乘以 N，展开后，方程两边的指数项系数应分别相等，整理可得

$$\left(\boldsymbol{K}_\gamma+\mathrm{j}2\pi k\Delta f\boldsymbol{K}_\varepsilon\right)\boldsymbol{\Phi}_f(k\Delta f)=0 \tag{4-23}$$

值得注意的是，由于$\boldsymbol{\varphi}(n)$是实数，根据傅里叶变换性质，式(4-23)中 k 只需要取 0～$N/2$ 的值，然后根据$\boldsymbol{\varphi}(n\Delta t)$均为实数和周期函数的性质，即可得到$\boldsymbol{\varphi}(n\Delta t)$ $(n = 0,1,\cdots, N)$的值[7-9]。

在进行频域有限元法分析时，需要同时将第一类边界条件也进行傅里叶变换，然后对应各个频率点 $k(k = 0,1,\cdots, N/2)$对式(4-23)施加边界条件。求解后再进行傅里叶逆变换就可以得到原时域非正弦周期稳态结果。

需要指出的是，由于周期信号频谱是离散的频谱，任何周期信号都可以由直流分量、基波分量和各次谐波分量表示。由于下面算例分析的交直流复合电场的周期是工频周期，此时$\Delta f = 1/(N\Delta t) = 50\text{Hz}$，则式(4-23)计算的将是直流分量($k = 0$)、基频交流分量($k = 1$)和高次谐波分量($k = 2,3,\cdots, N/2$)激励下的响应，此时计算格式与谐波平衡有限元法分析非线性磁场问题的格式相同[11,12]。此处写成式(4-23)的形式是为了将非正弦周期稳态电场计算格式同任意类型的瞬态电场(Δf未必为 50Hz)计算格式统一起来。

4.3　非线性交直流复合电场的定点频域有限元法

由式(4-17)和式(4-21)可知，绝缘材料电导率刚度阵 $\boldsymbol{K}_\gamma$ 与 γ 线性相关，而考虑电导率-电场强度非线性影响时，即 $\gamma=\gamma(\boldsymbol{E})$ 受电场强度 $\boldsymbol{E}$ 影响，与解向量 $\boldsymbol{\varphi}$ 有关，简记为 $\gamma=\gamma(\boldsymbol{\varphi})$，则 $\boldsymbol{K}_\gamma$ 与解向量 $\boldsymbol{\varphi}$ 相关。不能直接对 $\boldsymbol{K}_\gamma\boldsymbol{\varphi}$ 进行傅里叶变换，为了采用频域有限元方法计算非线性问题。下面将定点技术引入到非线性交直流复合电场分析中，并采用线性化方法，具体分析如下。

首先令 $\gamma=\gamma_{\mathrm{FP}}+(\gamma-\gamma_{\mathrm{FP}})$，将 γ 代入式(4-1)中，则式(4-2)变为如下形式：

$$-\nabla\cdot\left(\gamma_{\mathrm{FP}}\nabla\varphi+\varepsilon\frac{\partial}{\partial t}\nabla\varphi\right)+\nabla\cdot\left(\gamma_{\mathrm{FP}}-\gamma(\boldsymbol{\varphi})\right)\nabla\varphi=0 \tag{4-24}$$

式中，γ_{FP} 为介质的定电导率。采用伽辽金有限元法，推导得到如下有限元方程：

$$\boldsymbol{K}_\gamma\left(\gamma_{\mathrm{FP}}\right)\boldsymbol{\varphi}+\boldsymbol{K}_\varepsilon\frac{\mathrm{d}\boldsymbol{\varphi}}{\mathrm{d}t}=\boldsymbol{K}_\gamma\left(\gamma_{\mathrm{FP}}-\gamma(\boldsymbol{\varphi})\right)\boldsymbol{\varphi} \tag{4-25}$$

对式(4-25)采用线性化迭代方法可得

$$\boldsymbol{K}_\gamma\left(\gamma_{\mathrm{FP}}^l\right)\boldsymbol{\varphi}^{l+1}+\boldsymbol{K}_\varepsilon\frac{\mathrm{d}\boldsymbol{\varphi}^{l+1}}{\mathrm{d}t}=\boldsymbol{K}_\gamma\left(\gamma_{\mathrm{FP}}^l-\gamma\left(\boldsymbol{\varphi}^l\right)\right)\boldsymbol{\varphi}^l \tag{4-26}$$

或

$$\boldsymbol{K}_\gamma\left(\gamma_{\mathrm{FP}}^l\right)\boldsymbol{\varphi}^{l+1}+\boldsymbol{K}_\varepsilon\frac{\mathrm{d}\boldsymbol{\varphi}^{l+1}}{\mathrm{d}t}=\boldsymbol{f}\left(\boldsymbol{\varphi}^l\right) \tag{4-27}$$

式中，$\boldsymbol{\varphi}^l$ 和 $\boldsymbol{\varphi}^{l+1}$ 分别为第 l 次和第 l+1 次迭代得到的周期电位结果，此时 $\gamma(\boldsymbol{\varphi}^l)$ 和 γ_{FP}^l 均可以用第 l 次周期电位 $\boldsymbol{\varphi}^l$ 计算得到，在第 l+1 次迭代运算时，左端的电导性刚度阵 $\boldsymbol{K}_\gamma\left(\gamma_{\mathrm{FP}}^l\right)$ 直接与 γ_{FP}^l 线性相关，而 γ_{FP}^l 根据 l 次周期电位 $\boldsymbol{\varphi}^l$ 计算得到，即第 l+1 次迭代时 $\boldsymbol{K}_\gamma\left(\gamma_{\mathrm{FP}}^l\right)$ 为常量，与本次待求向量 $\boldsymbol{\varphi}^{l+1}$ 不相关，式(4-26)右端可以根据第 l 次计算结果求得，即为已知向量。

经过线性化迭代后，式(4-27)中的 $\boldsymbol{K}_\gamma\left(\gamma_{\mathrm{FP}}^l\right)$、$\boldsymbol{K}_\varepsilon$ 均为刚度阵，$\boldsymbol{f}\left(\boldsymbol{\varphi}^l\right)$ 为已知右端向量。可以对式(4-27)进行傅里叶变换，由于多出了右端项 $\boldsymbol{f}\left(\boldsymbol{\varphi}^l\right)$，式(4-23)变为如下形式：

$$\left[\boldsymbol{K}_\gamma\left(\gamma_{\mathrm{FP}}^l\right)+\mathrm{j}2\pi k\Delta f\boldsymbol{K}_\varepsilon\right]\boldsymbol{\Phi}_f^{l+1}(k)=\boldsymbol{F}_f^l\left(k\Delta f\right) \tag{4-28}$$

式中，$\boldsymbol{F}_f^l\left(k\Delta f\right)$ 为第 l 次迭代时 $\boldsymbol{f}\left(\boldsymbol{\varphi}^l\right)$ 的离散傅里叶变换。

定点法中定电导率 γ_{FP} 的取值关系到解的收敛与否和收敛速度。在磁场问题的时域有限元法中，Hantila 推荐定磁阻率采用磁化曲线微分磁阻率的最大值和最小值之和的平均值[10]，而 Biro 等在涡流问题的分析中选择了较大的定点磁阻率进行迭代计算[12]。典型油纸绝缘结构的交直流复合电场计算过程发现，如果油、纸的定电导率 γ_{oilFP} 和 γ_{paperFP} 在整个线性化迭代过程中只取一个恒定值，那么收敛速度非常慢，且当 γ_{oilFP} 和 γ_{paperFP} 取值不合适时甚至出现不收敛的情况。为了改善收敛效果，此处参考非线性磁场问题的处理方式，在每次迭代时都更新 γ_{FP}，各种介质在第 l+1 次迭代时的定电导率 γ_{FP}^{l} 按式(4-29)进行选取：

$$\gamma_{m\text{FP}}^{l}=\max_{t\in[0,T]}\left[\gamma_{m}^{el}(t)\right] \tag{4-29}$$

即定电导率 $\gamma_{m\text{FP}}^{l}$ 为第 m 种介质在第 l 次迭代结果下周期内单元 e 的最大电导率值。

在迭代计算中，收敛判断量既可以选择节点电位 $\boldsymbol{\varphi}$，也可以选择单元电场强度 E 或单元电导率 γ^{e}。为了简化分析，下面在计算中采用节点电位作为收敛判断量，当前后两次节点电位差值满足如下判据时：

$$\max\left|\boldsymbol{\varphi}^{(l+1)}-\boldsymbol{\varphi}^{(l)}\right|\leqslant\varepsilon \tag{4-30}$$

结束迭代计算。ε 是给定的误差上限，下面分析中 ε 值取 10^{-3}。

4.4 非线性各向异性交直流复合电场的定点频域有限元法

4.4.1 油浸层压纸板电导率的各向异性非线性

由于油浸纸板采用层压结构，其电导率在垂直纸板表面和沿纸板表面存在差异，即各向异性。下面讨论油浸纸电导率各向异性非线性时的有限元单元刚度阵计算格式及在定点频域有限元法中定电导率 γ_{FP} 的更新策略。

在局部坐标系的电导率表达式为

$$\boldsymbol{\gamma}=\begin{bmatrix}\gamma_h & 0\\ 0 & \gamma_t\end{bmatrix} \tag{4-31}$$

式中，γ_h 为沿纸面方向的电导率，单位为 S/m；γ_t 为垂直纸面方向的电导率，单位为 S/m。

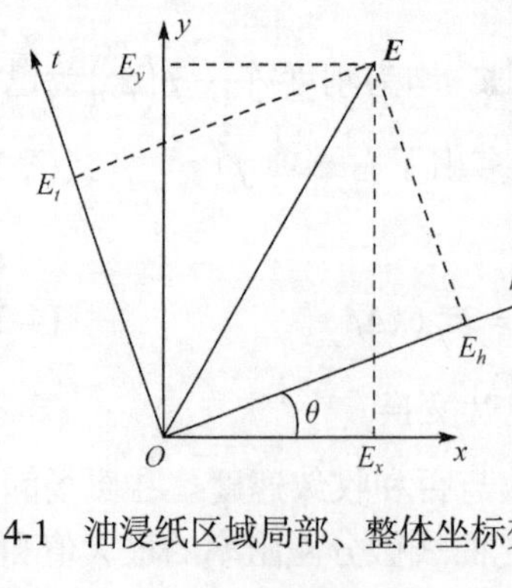

图 4-1 油浸纸区域局部、整体坐标变换图

图 4-1 所示的局部坐标系与整体坐标系之间的电场强度有如下关系式：

$$\begin{bmatrix}E_x\\ E_y\end{bmatrix}=\boldsymbol{T}\begin{bmatrix}E_h\\ E_t\end{bmatrix},\ \boldsymbol{T}=\begin{bmatrix}\cos\theta & -\sin\theta\\ \sin\theta & \cos\theta\end{bmatrix} \tag{4-32}$$

式中，θ 为沿纸面方向与水平方向的倾角，一般$-\frac{\pi}{2}<\theta\leqslant\frac{\pi}{2}$。

由局部坐标系下电流密度分量 J_h、J_t 和总体坐标系下电场强度分量 E_h、E_t 之间的关系：

$$\begin{bmatrix} J_h \\ J_t \end{bmatrix}=\begin{bmatrix} \gamma_h & 0 \\ 0 & \gamma_t \end{bmatrix}\begin{bmatrix} E_h \\ E_t \end{bmatrix}=\begin{bmatrix} \gamma_h & 0 \\ 0 & \gamma_t \end{bmatrix}\boldsymbol{T}^{\mathrm{T}}\begin{bmatrix} E_x \\ E_y \end{bmatrix} \tag{4-33}$$

以及局部坐标系与整体坐标系之间的电流密度分量关系：

$$\begin{bmatrix} J_x \\ J_y \end{bmatrix}=\boldsymbol{T}\begin{bmatrix} J_h \\ J_t \end{bmatrix}=\boldsymbol{T}\begin{bmatrix} \gamma_h & 0 \\ 0 & \gamma_t \end{bmatrix}\boldsymbol{T}^{\mathrm{T}}\begin{bmatrix} E_x \\ E_y \end{bmatrix} \tag{4-34}$$

由此得等效电导率：

$$\boldsymbol{\gamma}_{\mathrm{eq}}=\begin{bmatrix} \gamma_{xx} & \gamma_{xy} \\ \gamma_{yx} & \gamma_{yy} \end{bmatrix}=\boldsymbol{T}\begin{bmatrix} \gamma_h & 0 \\ 0 & \gamma_t \end{bmatrix}\boldsymbol{T}^{\mathrm{T}}=\boldsymbol{T\gamma T}^{\mathrm{T}} \tag{4-35}$$

即

$$\begin{cases} \gamma_{xx}=\gamma_h\cos^2\theta+\gamma_t\sin^2\theta \\ \gamma_{xy}=\gamma_h\cos\theta\sin\theta-\gamma_t\cos\theta\sin\theta \\ \gamma_{yx}=\gamma_{xy} \\ \gamma_{yy}=\gamma_t\cos^2\theta+\gamma_h\sin^2\theta \end{cases} \tag{4-36}$$

则式(4-17)计算单元刚度阵需改成如下形式：

$$\boldsymbol{K}_{\gamma}^{e}=A^{e}\boldsymbol{B}^{\mathrm{T}}\boldsymbol{T}\boldsymbol{\gamma}^{e}\boldsymbol{T}^{\mathrm{T}}\boldsymbol{B} \tag{4-37}$$

式中，$\boldsymbol{\gamma}^{e}$ 为式(4-31)在局部坐标系下的电导率对角矩阵。

当电导率与电场强度呈非线性关系时，即$\gamma=\gamma(\boldsymbol{E})$。假设沿纸板表面和垂直纸板表面的电导率同相应电场强度分量的函数关系定义如下：

$$\begin{cases} \gamma_h=\gamma_{h0}\exp\left(\beta_h E_h\right) \\ \gamma_t=\gamma_{t0}\exp\left(\beta_t E_t\right) \end{cases} \tag{4-38}$$

式中，γ_{h0}、γ_{t0} 分别为沿纸板表面和垂直纸板表面电场强度为零时的相应电导率值；β_h、β_t 分别为沿纸板表面和垂直纸板表面的非线性系数。由程序计算结果一般只能得到整体坐标系下的电场强度，即

$$\begin{bmatrix} E_x \\ E_y \end{bmatrix}=-\boldsymbol{B\varphi}^{e} \tag{4-39}$$

为了利用式(4-38)非线性条件下沿纸板表面和垂直纸板表面的电导率，必须将总体坐标系下的电场强度(E_x, E_y)转换成局部坐标系下的电场强度(E_h, E_t)，

由式(4-32)可得

$$\begin{bmatrix} E_h \\ E_t \end{bmatrix} = \boldsymbol{T}^{\mathrm{T}} \begin{bmatrix} E_x \\ E_y \end{bmatrix} \tag{4-40}$$

得到 E_h、E_t 后，先用式(4-38)计算 γ_h、γ_t，然后用式(4-37)计算单元刚度阵。

4.4.2 非线性各向异性交直流复合电场的定点频域有限元法分析

同定点频域有限元法分析非线性交直流复合电场一样，在非线性各向异性交直流复合电场的非线性迭代过程中，沿纸板表面的定电导率 $\gamma_{\mathrm{FP}h}$ 和垂直纸板表面电导率 $\gamma_{\mathrm{FP}t}$ 在迭代时的更新方式如下：

$$\gamma_{m\mathrm{FP}i}^{l} = \max_{t\in[0,T]}\left[\gamma_{mi}^{el}(t)\right], \quad i = h,t \tag{4-41}$$

即 m 种介质单元 i(i 为 h 或 t)方向的定电导率 $\gamma_{m\mathrm{FP}i}^{l}$ 为第 l 次迭代结果下周期内最大单元电导率值。

求得定电导率 $\gamma_{\mathrm{FP}h}^{l}$ 和 $\gamma_{\mathrm{FP}t}^{l}$ 后，可得

$$\boldsymbol{\gamma}_{\mathrm{FP}}^{l} = \begin{bmatrix} \gamma_{\mathrm{FP}h}^{l} & 0 \\ 0 & \gamma_{\mathrm{FP}t}^{l} \end{bmatrix} \tag{4-42}$$

利用 $\boldsymbol{\gamma}_{\mathrm{FP}}^{l}$ 就可以用式(4-37)计算出 $\boldsymbol{K}_{\gamma}^{e}\left(\boldsymbol{\gamma}_{\mathrm{FP}}^{l}\right)$ 和 $\boldsymbol{K}_{\gamma}^{e}\left(\boldsymbol{\gamma}_{\mathrm{FP}}^{l}-\boldsymbol{\gamma}^{l}\right)$，分别列出如下：

$$\boldsymbol{K}_{\gamma}^{e}(\boldsymbol{\gamma}_{\mathrm{FP}}^{l}) = A^{e}\boldsymbol{B}^{\mathrm{T}}\boldsymbol{T}\boldsymbol{\gamma}_{\mathrm{FP}}^{l}\boldsymbol{T}^{\mathrm{T}}\boldsymbol{B} \tag{4-43}$$

和

$$\boldsymbol{K}_{\gamma}^{e}(\boldsymbol{\gamma}_{\mathrm{FP}}^{l}-\boldsymbol{\gamma}^{l}) = A^{e}\boldsymbol{B}^{\mathrm{T}}\boldsymbol{T}\begin{bmatrix} \gamma_{\mathrm{FP}h}^{l}-\gamma_{h}^{l} & 0 \\ 0 & \gamma_{\mathrm{FP}t}^{l}-\gamma_{t}^{l} \end{bmatrix}\boldsymbol{T}^{\mathrm{T}}\boldsymbol{B} \tag{4-44}$$

将所有单元刚度阵 $\boldsymbol{K}_{\gamma}^{e}\left(\boldsymbol{\gamma}_{\mathrm{FP}}^{l}\right)$ 和 $\boldsymbol{K}_{\gamma}^{e}\left(\boldsymbol{\gamma}_{\mathrm{FP}}^{l}-\boldsymbol{\gamma}^{l}\right)$ 叠加就得到总的单元刚度阵，然后采用和各向同性非线性条件下一样的求解过程计算出各向异性非线性条件下的非正弦周期稳态场。

4.5 典型油纸绝缘结构在交直流复合电压下的电场分析

4.5.1 换流变压器阀侧绕组激励电压

我们用电力系统暂态过程分析软件 PSCAD(power system computer aided design)直流输电标准测试系统的直流系统模型仿真，获取了接近换流变压器阀侧绕组实际工况下的电压波形，此系统额定电压为 500kV，额定容量为 1000MW，

换流器为 12 脉动，直流系统单极。该测试系统模型可参考文献[18]。仿真得到整流侧 Y-△和 Y-Y 换流变压器阀侧在额定功率工况下的相对地电位波形，如图 4-2 所示。对图 4-2 电压波形进行离散傅里叶变换，得到图 4-3 所示的离散频谱。

从图 4-3 的离散频谱可以看出，阀侧绕组端侧电压不仅包括直流电压和基频交流电压，还包含大量的高次谐波，并且高次谐波幅值也较大，如 3 次谐波分量均达到 60kV。如果在分析交直流复合电场时，只用直流和基频交流叠加的电场作为交直流复合电场，计算结果将与实际相差很大，不利于确定绝缘裕度。限于篇幅，下面以 Y-△换流变压器阀侧相对地电压的波形为例，分析换流变压器阀侧绕组典型结构在线性及非线性条件下的交直流复合电场分布情况[19]。

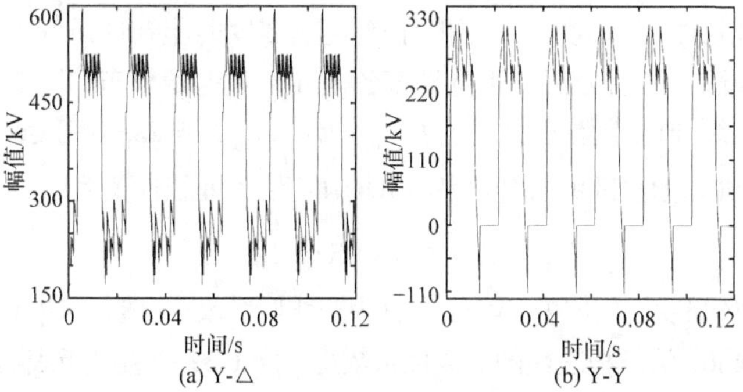

图 4-2 Y-△和 Y-Y 换流变压器阀侧相对地电压波形

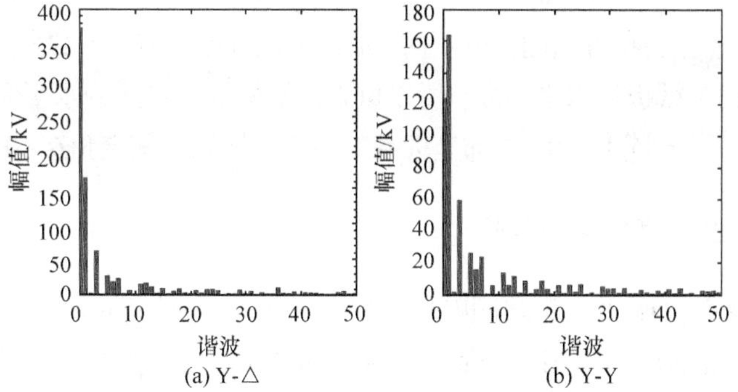

图 4-3 Y-△和 Y-Y 换流变压器阀侧相对地电压离散频谱

4.5.2 典型油纸绝缘结构模型

图 4-4 所示为换流变压器阀侧绕组油纸绝缘结构模型。整个区域由变压器绝缘油和油浸纸板组成。模型共被剖分为 1142 个三角形单元，699 个节点，节点电位采用线性插值。计算时假设模型左、右边界为第二类齐次边界，下边界接地，上边界施加 Y-△换流变压器阀侧相对地电压波形。

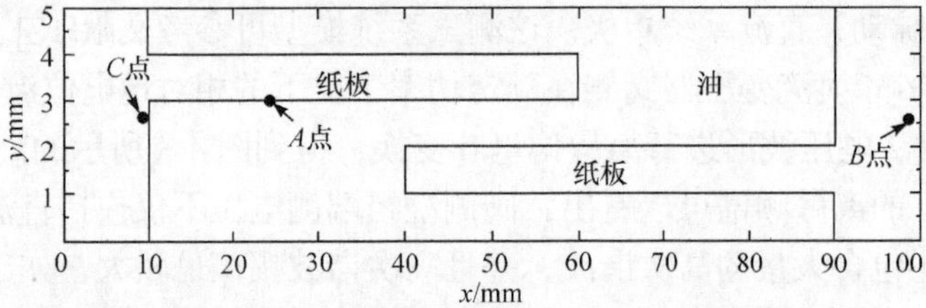

图 4-4 换流变压器阀侧绕组油纸绝缘结构模型

下面非正弦周期稳态电场分析分为三部分，首先计算线性条件下的交直流复合电场，通过与时步法和简单迭代法对比验证频域有限元法求解非正弦周期稳态电场的合理有效性。然后在只考虑电导率-电场强度的非线性条件下验证定点频域有限元的有效性，最后分析纸板电导率各向异性对电场分布的影响。

计算时油纸介电常数分别假设为 $\varepsilon_{\text{oil}}=\varepsilon_0$ ，$\varepsilon_{\text{paper}}=2\varepsilon_0$ 。考虑电导率-电场强度非线性时，油和油浸纸板的电导率与电场强度之间非线性关系用如下关系式描述：

$$\gamma=\gamma_0\exp(\beta E) \tag{4-45}$$

式中，E 为电场强度，单位为 kV/mm；β 为非线性系数；根据文献[20]取油的非线性系数 $\beta_{\text{oil}}=0.2466$；沿纸板表面的非线性系数 $\beta_{\text{paper}h}=0.3$；垂直纸板表面的非线性系数 $\beta_{\text{paper}t}=0.017$；$\gamma_0$ 为室温条件下，$E=0$ 时电导率估算值，单位为 S/m；$\gamma_{0\text{oil}}=10^{-13}$S/m；$\gamma_{0\text{paper}h}=1.55\times10^{-14}$ S/m；$\gamma_{0\text{paper}t}=4.0\times10^{-16}$ S/m。在线性计算时，假设油、纸电导率分别为 $\gamma_{0\text{oil}}$、$\gamma_{0\text{paper}}$。在各向同性分析时，油浸纸电导率取其垂直纸板方向的电导率。在图 4-4 中，由于纸板沿水平叠放，所以可以视纸板剖分单元的水平倾角为零，即各向异性分析时所有剖分单元的局部坐标系与整体坐标系之间夹角 $\theta=0$。

4.5.3 线性交直流复合电场分析

在分析 Y-Δ换流变压器阀侧电压激励下的非正弦周期复合稳态电场时，由于阀侧电压波形很不规则，每一个周期采集 200 个点，其时域间隔 $\Delta t=10^{-4}$s ，然后采用频域有限元法计算了交、直流复合电场。由前面分析可知，虽然谐波数取到 200 次，但根据傅里叶变换性质，在每次迭代时只需分析直流分量和前 100 次的谐波分量下的响应，即每次只需求解 101 次复数方程组，然后利用傅里叶逆变换求出非正弦周期稳态电场。

为了对算法进行比较，算例用瞬态法(或时步法)进行了计算，由于油纸绝缘系统的时间常数比较大，达到稳态所需的时间往往达到数千秒(甚至更长)。由于一个周期只有 0.02s，我们提取了第 5 万个周期(瞬态过程持续 1000s)和第 10 万个周期(瞬态过程持续 2000s)的数值结果，并在图 4-5 中给出 A 点(图 4-4 中 A 点)在一个周期中的电位变化曲线。

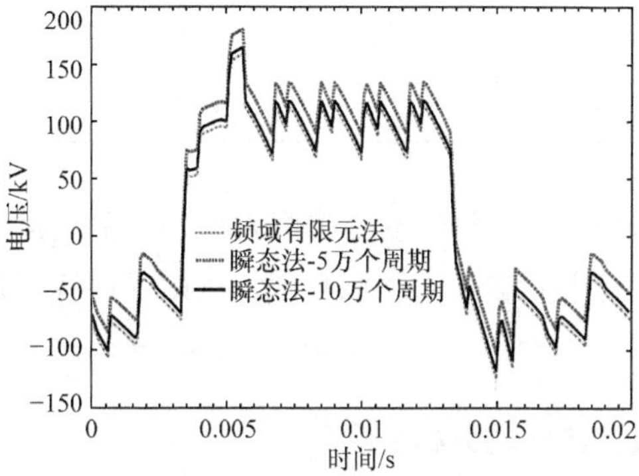

图 4-5 A 点电位变化曲线 1

由图 4-5 可以看出，瞬态法运行 10 万个周期时的结果比 5 万个周期更接近频域法的计算结果，当瞬态法运行更多的周期时，其结果将更加接近稳态值。我们在图 4-6 中给出了瞬态法运行 20 万个周期(瞬态过程持续 4000s)时 A 点电位变化曲线。为了说明简单迭代法(直流电场叠加基频交流电场)可能带来的问题，我们在图 4-6 中还给出 A 点用频域有限元法和简单迭代法得到的周期电位变化曲线。

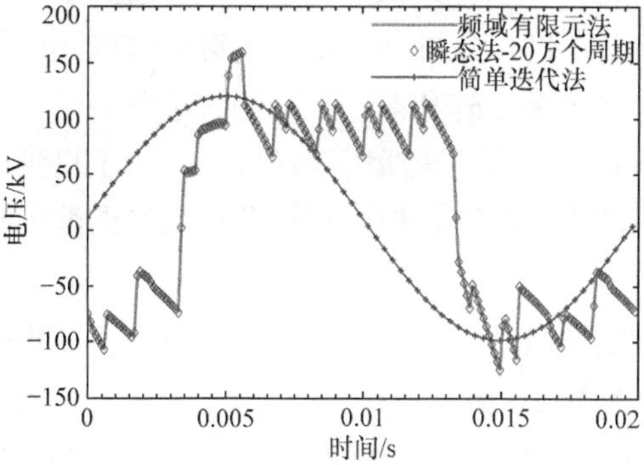

图 4-6 A 点电位变化曲线 2

从图 4-6 可以看出，在程序运行 20 万个周期后，瞬态法和频域法吻合得非常好，但值得注意的是，对于油纸绝缘系统，瞬态法计算交直流稳态电场的代价远远超过频域有限元法。表 4-1 列出了频域有限元法和瞬态法在 20 万个周期时求解方程组的次数和计算时间。同时对比简单迭代法和稳态的电位变化曲线可以明显看出，简单迭代法的结果同实际稳态结果相差很大。如果以简单迭代法结果指导绝缘设计，必须留有过大的裕度，否则可能出现绝缘问题。

表 4-1　线性瞬态法与频域有限元法对比

名称	求解方程组次数	计算时间/s
频域有限元法	101	4.7
瞬态法-20 万个周期	4×10^7	173376

由表 4-1 可以看出，为了得到交直流混合电压下的周期稳态电场，瞬态法的计算量远远大于频域有限元法。而频域有限元法则可以快速地得到非正弦周期稳态电场的解。

4.5.4　非线性交直流复合电场分析

由 4.5.3 节分析可知，瞬态法分析油纸系统线性条件下的交、直流复合电场的计算量已经非常大，而分析非线性条件下的瞬态复合电场时，由于每个时步都要进行一次非线性方程组迭代运算，总计算代价将更大。因此瞬态法不适宜分析油纸绝缘系统在交、直流混合电压下的非线性非正弦周期稳态电场。

作为非正弦周期稳态场，当周期交、直流混合电压施加到绝缘材料上时，其电导率是电场的非线性函数，并与时间相关，由此可知在交、直流复合电压条件下电导率将随时间变化，可以将其视为具有周期性的变量，因此周期稳态非线性电场也可以采用 HBFEM 进行分析[6]。HBFEM 对有限单元内每个节点电位的各次谐波同时进行求解，电导率矩阵和谐波矩阵的大小取决于计算中截断的谐波数。由图 4-3 所示的交、直流混合电压激励频谱可知，为了得到准确的节点电位，需要在计算中对高次谐波进行截断。但由后面分析可知谐波项数取得越多，内存需求和计算量也越大。

为了考查谐波截断数量对计算结果的影响，我们首先根据图 4-3 所示的电压频谱确定 HBFEM 分别取 20 次谐波和 40 次谐波。然后采用 HBFEM 计算了换流变压器阀侧 Y-△相对地电压波形下的非线性周期稳态电场。由于计算模型(图 4-4)的尺寸只有毫米数量级，为了避免过高电压施加在小尺寸结构上导致不合理的强非线性现象，计算中将外施电压幅值缩小 20 倍。然后分别用定点频域有限元法(fixed point frequency finite element method, FPFEM)和 HBFEM 计算非线性条件下的交直流复合电场的电位变化情况，计算中油纸电导率-电场强度非线性关系用式(4-44)表示。图 4-7 和图 4-8 给出了两种方法下的计算结果。

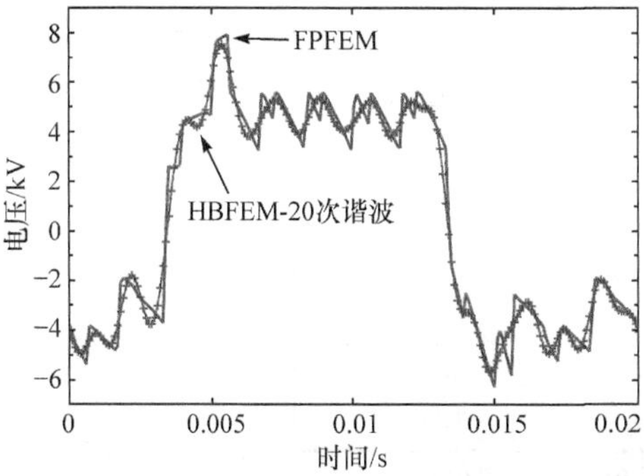

图 4-7　FPFEM 与 HBFEM($N = 20$)的电位变化曲线

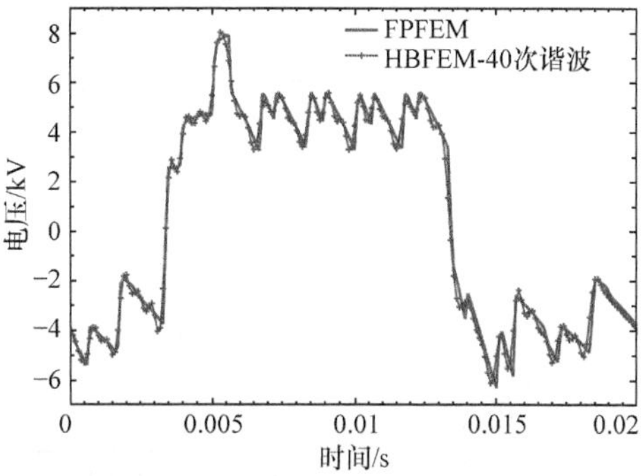

图 4-8　FPFEM 与 HBFEM($N = 40$)的电位变化曲线

对比图 4-7 和图 4-8 中的电位随时间变化曲线可以发现，当截断谐波数增加时，HBFEM 的计算结果与所提方法吻合得更好。但 HBFEM 的谐波数量不能取得太多，否则计算代价将大大增加。表 4-2 给出了两种方法收敛时所需要的迭代次数、求解方程组次数、内存和总计算时间。

表 4-2　FPFEM 与 HBFEM 计算代价比较

	迭代次数	求解方程组次数	内存/MB	总计算时间/s
FPFEM	11	1111	8.6	89
HBFEM-20	8	8	108	686
HBFEM-30	8	8	239	1291
HBFEM-40	8	8	421	2660

从表 4-2 中可以看出，虽然定点频域有限元法在求解方程组次数及达到收敛需要的迭代次数都较 HBFEM 要多，但是所需内存及总计算时间均远小于 HBFEM。同时可以看出，当谐波截断数增加时，HBFEM 的计算时间和内存需求均呈迅速增加趋势，因此 HBFEM 目前不适宜用来分析大规模的非线性非正弦交直流复合稳态电场问题。

为考察非线性对交直流复合电场分布带来的影响，我们将线性条件下的结果除以 20，在图 4-9 中给出 B 点(图 4-4 中 B 点)在线性和非线性条件下的周期稳态电位变化曲线。

由图 4-9 可知，当考虑电导率-电场强度非线性影响时，处于纸板中的 B 点在周期内各时刻电位值均偏大，这是由于计算中的纸板非线性系数β_{paper}较小，纸板电导率升高的速度没有绝缘油的快，因此纸和油的电阻率之比将加大，纸板将承担更多的直流电压作用，从而总场强也较大。因此在实际换流变压器交、直流复合电场分析时，如果忽略油、纸的电导率-电场强度非线性，数值模拟结果可能与实际相差很大，因此必须予以考虑。

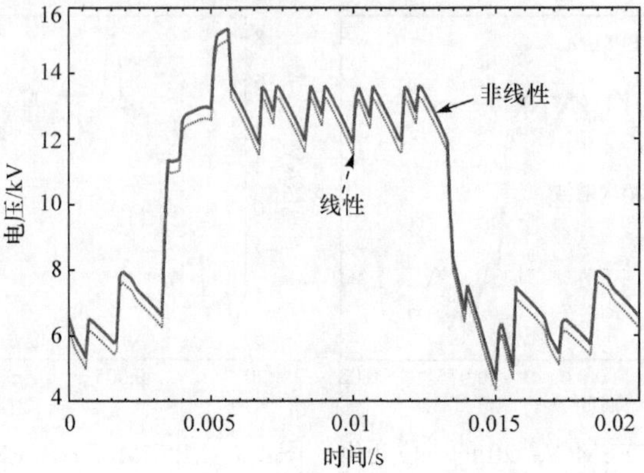

图 4-9　线性和非线性条件下的 B 点电位变化曲线

4.5.5　非线性各向异性交直流复合电场分析

本节在前面分析的基础上，继续考察油浸纸板电导率各向异性可能带来的影响，采用非线性各向异性交直流复合电场的定点频域有限元法计算得到了非正弦周期稳态电场。图 4-10 给出了各向同性和各向异性两种条件下的前后两次迭代绝对误差和迭代次数曲线。

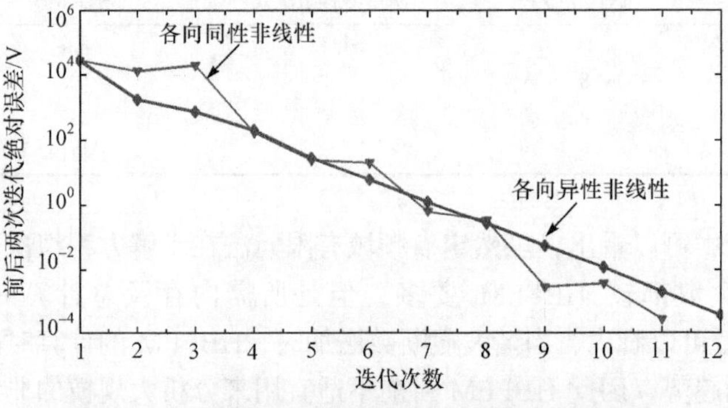

图 4-10　前后两次迭代绝对误差和迭代次数的曲线

从图 4-10 中可以看出，各向异性非线性条件下前后两次迭代绝对误差均匀地减小，而各向同性非线性条件下前后两次迭代绝对误差变化与此略有不同，且达到收敛要求的迭代次数少一次。在图 4-11 中绘制 C 点(图 4-4 中 C 点)在各向同性非线性和各向异性非线性条件下周期内的非正弦稳态电位变化曲线。从图 4-11 可以明显地看出，C 点在各向异性非线性条件下的周期电位变化曲线同线性条件下的分布有很大不同，尤其是在 t_1 时刻，其峰值为 7.21kV，而各向同性非线性条件下的峰值达到 10.73kV。两种条件下的电位分布差异如此悬殊是由纸板电导率的各向异性所致。图 4-12～图 4-15 中分别给出 t_1 时刻和 t_2 时刻在各向同性非线性、各向异性非线性条件下计算模型的电位分布，并标出了最大电场强度所在位置，油中最大电场强度用方块■表示，而绝缘纸板中的最大电场强度用三角形▲表示。

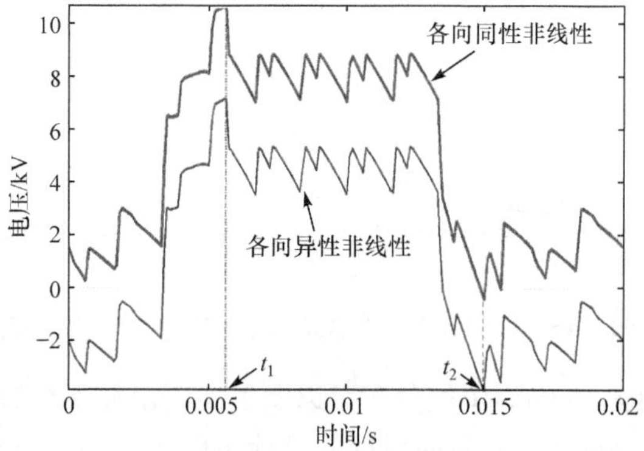

图 4-11　各向同性/异性非线性条件下 C 点电位变化曲线

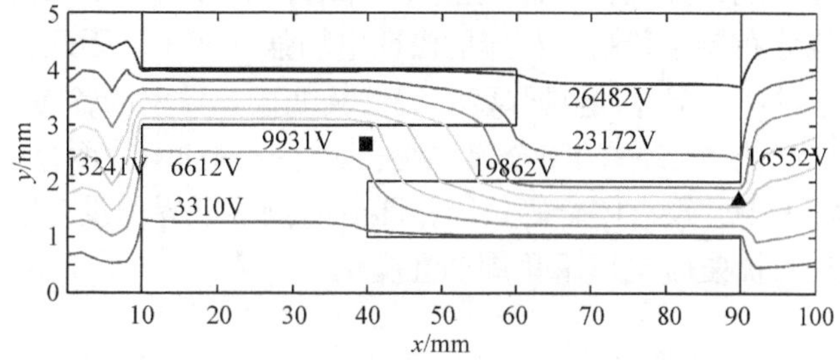

图 4-12　各向同性非线性条件下 t_1 时刻的电位分布

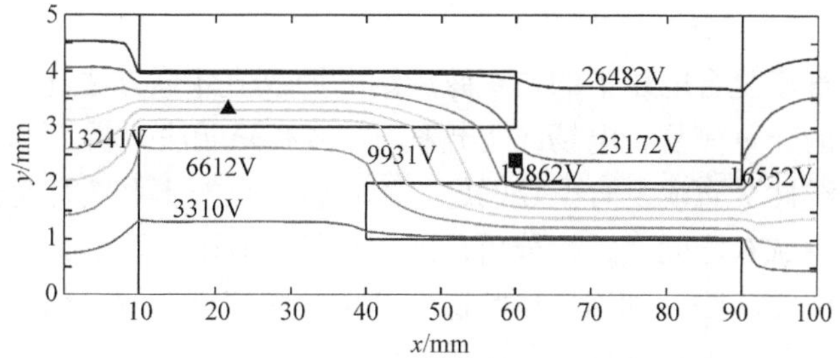

图 4-13　各向异性非线性条件下 t_1 时刻的电位分布

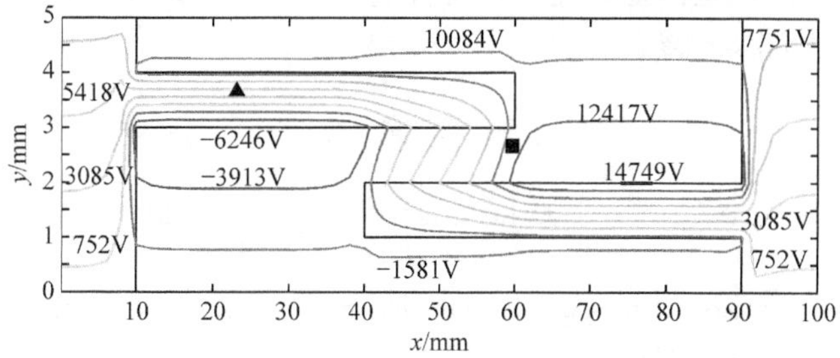

图 4-14　各向同性非线性条件下 t_2 时刻的电位分布

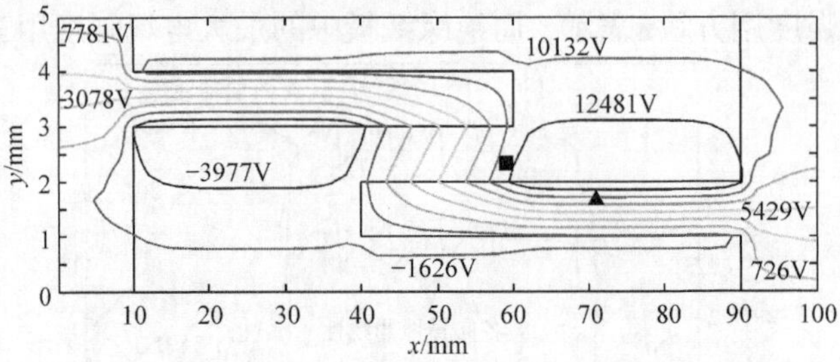

图 4-15　各向异性非线性条件下 t_2 时刻的电位分布

从图 4-12～图 4-15 的等位线分布可以明显地看出如下内容。

(1) 在各向同性非线性和各向异性非线性条件下的同一时刻各介质中最大电场强度位置明显不同，并且在考虑纸板电导率各向异性时，油纸交界面，尤其是拐角处，等位线分布趋于稀疏，相应的沿面电场强度变小。因此在油纸复合电场分析中应该考虑油纸电导率-电场强度非线性及纸板电导率的各向异性。

(2) 图 4-14 和图 4-15 中的闭合等位线表明 t_2 时刻油纸界面存在空间电荷，而图 4-12 和图 4-13 中并没有闭合等位线，即 t_1 时刻油纸界面没有电荷，因此油纸界面上电荷在交直流复合电压下呈周期性变化。

4.6　本章小结

本章对交直流复合电压下的非正弦周期电场数值计算方法进行了研究，对于电导率为线性的交直流复合电场，提出采用频域有限元法分析。针对考虑电导率-电场强度的非线性交直流复合电场问题，本章将定点技术和线性化迭代方法相结合，然后采用频域有限元法进行分析，即定点频域有限元法。该方法在频域计算直流和各次谐波的激励，利用傅里叶逆变换得到周期稳态解，然后在时域进行油纸定电导率的更新。本章分别采用频域有限元法、瞬态法和谐波平衡有限元法分析了油纸绝缘结构典型模型的交直流复合电场，计算结果对比表明频域有限元法具有高效、节省内存的特点。

参考文献

[1] 谢德馨, 姚缨英, 白保东, 等. 三维涡流场的有限元分析[M]. 北京: 机械工业出版社, 2001: 81-98.

[2] Hara T, Natio T, Umoto J. Time-periodic finite element method for nonlinear diffusion equations [J]. IEEE Transactions on Magnetics, 1985, 21(6): 2261-2264.

[3] Biro O, Preis K. An efficient time domain method for nonlinear periodic eddy current problems[J]. IEEE Transactions on Magnetics, 2006, 42(4): 695-698.

[4] Yamada S, Bessho K. Harmonic field calculation by the combination of finite element analysis and harmonic balance method[J]. IEEE Transactions on Magnetics, 1988, 24(6): 2588-2590.
[5] Bachinger F, Langer U, Schöberl J. Efficient solvers for non-linear time-periodic eddy current problems[J]. Computing & Visualization in Science, 2004, 9(4): 197-207.
[6] 赵小军, 李琳, 程志光, 等. 应用谐波平衡有限元法的变压器直流偏磁现象分析[J]. 中国电机工程学报, 2010, 30(21): 103-108.
[7] 苑津莎, 张金堂. 用有限元-快速傅里叶变换的方法计算线性磁场的过渡过程[J]. 华北电力学院学报, 1990, (3): 73-78.
[8] 苑津莎. 计算线性时变涡流场的有限元-快速傅里叶变换法[J]. 华北电力大学学报, 1991, (2): 43-50.
[9] 苑津莎, 张金堂. 计算非线性时变涡流场的有限元方程频域算法[J]. 中国电机工程学报, 1994, 14(3): 7-13.
[10] Hantila F I, Preda G , Vasiliu M. Polarization method for static field[J]. IEEE Transactions on Magnetics, 2000, 36(4): 672-675.
[11] Ausserhofer S, Biro O, Preis K. An efficient harmonic balance method for nonlinear eddy-current problems[J]. IEEE Transactions on Magnetics, 2007, 43(4): 1229-1232.
[12] Ausserhofer S, Biro O, Preis K. Frequency and time domain analysis of nonlinear periodic electromagnetic problems[J]. IEEE Transactions on Magnetics, 2008, 44(6): 1282-1285.
[13] Dlala E, Arkkio A. Analysis of the convergence of the fixed-point method used for solving nonlinear rotational magnetic field problems[J]. IEEE Transactions on Magnetics, 2008, 44(6): 473-478.
[14] Koczka G , Ausserhofer S, Biro O, et al. Optimal convergence of the fixed-point method for nonlinear eddy current problems[J]. IEEE Transactions on Magnetics, 2009, 44(6): 948-951.
[15] Koczka G , Ausserhofer S, Biro O, et al. Optimal fixed-point method for solving 3D nonlinear periodic eddy current problems[J]. The International Journal for Computation and Mathematics in Electrical and Electronic Engineering, 2009, 28(4): 1059-1067.
[16] 豪斯 H A, 梅尔彻 J R. 电磁场与电磁能[M]. 江家麟, 周佩白, 钱秀英, 等, 译. 北京: 高等教育出版社, 1992: 9-26.
[17] 盛剑霓. 工程电磁场数值分析[M]. 西安: 西安交通大学, 1991: 56-126.
[18] 杨汾艳, 徐正. 直流输电系统典型暂态响应特性分析[J]. 电工技术学报, 2005, 20(3): 45-52.
[19] 刘刚. 换流变压器交直流复合电场和极性反转电场算法研究[D]. 北京: 华北电力大学, 2012.
[20] 吕晓德. 换流变压器高压直流套管电场分析与绝缘问题研究[D]. 西安：西安交通大学, 1997.

第5章 瞬态电场的降阶计算有限元法

5.1 引 言

随着现代电子计算机技术的蓬勃发展，计算机的计算能力得到了极大提升，存储代价也越来越低，对于计算电磁学的发展大有助益。然而，在应用有限元等数值计算方法计算诸如电力变压器等设备的电磁场时，由于设备电磁尺寸与物理尺寸间相差比较大而导致网格剖分数量十分巨大，计算瞬态电磁场时将极大地耗费计算机的计算资源。因此，如何提升设备瞬态电磁场的计算效率及减少计算的存储空间，对于设备瞬态电磁场的实时预测及辅助绝缘结构设计等具有十分重要的工程意义。

本章主要以电磁设备电准静态条件下瞬态电场问题为研究对象，系统阐释瞬态电场问题的描述方程、传统有限元计算方法，以及降阶计算模型的构建。

5.2 瞬态电场问题的有限元计算方法

5.2.1 瞬态电场的控制方程

在电准静态情况下，感应电场远小于库仑电场，磁感应强度随时间的变化 $\partial \boldsymbol{B}/\partial t$ 可以忽略，此时麦克斯韦方程组退化为如下形式[1]：

$$
\begin{cases}
\nabla \times \boldsymbol{E} \approx 0 & \text{(5-1a)} \\
\nabla \times \boldsymbol{H} = \boldsymbol{J} + \dfrac{\partial \boldsymbol{D}}{\partial t} & \text{(5-1b)} \\
\nabla \cdot \boldsymbol{B} = 0 & \text{(5-1c)} \\
\nabla \cdot \boldsymbol{D} = \rho & \text{(5-1d)}
\end{cases}
$$

考虑式(5-1a)中表明电场近似为无旋场，此时电场强度可表示为 $\boldsymbol{E}=-\nabla\varphi$。对式(5-1b)求梯度，可得到电流连续性方程。同时，考虑电位移矢量及电流密度的物性方程 $\boldsymbol{D}=\varepsilon\boldsymbol{E}$ 与 $\boldsymbol{J}=\gamma\boldsymbol{E}$，可以得到求解电准静态下电场分布的方程式为

$$
\begin{cases}
\boldsymbol{E}=-\nabla\varphi & \text{(5-2a)}\\
\nabla\cdot\boldsymbol{J}+\dfrac{\partial\nabla\cdot\boldsymbol{D}}{\partial t}=0 & \text{(5-2b)}\\
\boldsymbol{D}=\varepsilon\boldsymbol{E} & \text{(5-2c)}\\
\boldsymbol{J}=\gamma\boldsymbol{E} & \text{(5-2d)}
\end{cases}
$$

将式(5-2a)、(5-2c)、(5-2d)代入式(5-2b)，可以得到求解瞬态电场问题关于标量电位φ的控制方程为[2]

$$
-\nabla\cdot\gamma\nabla\varphi-\frac{\partial}{\partial t}(\nabla\cdot\varepsilon\nabla\varphi)=0 \tag{5-3}
$$

为求解瞬态电场场域的电位分布，同时需要明确场域的边界条件和整体场域的初始条件。此时，可以得到求解瞬态电场问题的控制方程及初边界条件为

$$
\begin{cases}
-\dfrac{\partial}{\partial t}(\nabla\cdot\varepsilon\nabla\varphi)-\nabla\cdot\gamma\nabla\varphi=0 & \text{(5-4a)}\\
\varphi\big|_{\Gamma_1}=u(t) & \text{(5-4b)}\\
\dfrac{\partial\varphi}{\partial n}\bigg|_{\Gamma_2}=q(t) & \text{(5-4c)}\\
\varphi\big|_{t=0}=\varphi_0 & \text{(5-4d)}
\end{cases}
$$

式(5-4a)、式(5-4b)、式(5-4c)和式(5-4d)即为描述瞬态电场的控制方程及初边界条件。若介质电导率γ为常数，则式(5-4)为线性瞬态电场问题的求解方程组。若介质电导率$\gamma=\gamma(\varphi)$为电位的函数，则式(5-4)为非线性瞬态电场问题的求解方程组。其中，式(5-4a)为有损介质基于标量电位φ的基本控制方程，式(5-4b)和式(5-4c)分别为场域的第一类和第二类边界条件，式(5-4d)为方程的初值条件。

5.2.2　瞬态电场的有限元计算格式

应用伽辽金有限元法对式(5-4a)进行求解。首先，对计算场域Ω进行有限元离散，选取合适的插值函数，构造电位φ的近似函数为

$$
\varphi=\sum_{j=1}^{n_d}N_j\varphi_j \tag{5-5}
$$

式中，φ_j为待求的场域节点电位；N_j为对应的插值基函数；n_d为划分场域的节点数。将式(5-5)代入式(5-4)的控制方程，同时根据伽辽金有限元法的基本原理，选取与插值函数空间相同的基函数作为试函数，并用试函数与控制函数(5-4a)做内积，可以得到

$$-\int_{\Omega} N_i \frac{\partial}{\partial t}(\nabla \cdot \varepsilon \nabla \varphi)\mathrm{d}\Omega - \int_{\Omega} N_i \nabla \cdot \gamma \nabla \varphi \mathrm{d}\Omega = 0 \tag{5-6}$$

式中，$i = 1,2,\cdots, n_d$。应用格林定理，可将式(5-6)转换成如下形式：

$$\int_{\Omega} \frac{\partial}{\partial t}(\varepsilon \nabla N_i \cdot \nabla \varphi)\mathrm{d}\Omega + \int_{\Omega} \gamma \nabla N_i \cdot \nabla \varphi \mathrm{d}\Omega$$
$$-\oint_{\Gamma} \frac{\partial}{\partial t}\left(\varepsilon N_i \frac{\partial \varphi}{\partial n}\right)\mathrm{d}\Gamma - \oint_{\Gamma} \gamma N_i \frac{\partial \varphi}{\partial n}\mathrm{d}\Gamma = 0 \tag{5-7}$$

将式(5-5)代入式(5-7)，同时利用 Crank-Nicholson 法对时间偏微分项进行离散，考虑式(5-4c)所示的第二类边界条件，可以得到求解瞬态电场问题的偏微分方程式(5-4)的有限元离散方程式，其具体形式为

$$\begin{cases} \left(\boldsymbol{K}_{\varepsilon} + \dfrac{\Delta t}{2}\boldsymbol{K}_{\gamma}\right)\boldsymbol{\psi}^{k+1} = \left(\boldsymbol{K}_{\varepsilon} - \dfrac{\Delta t}{2}\boldsymbol{K}_{\gamma}\right)\boldsymbol{\psi}^{k} + \boldsymbol{R} \\ \boldsymbol{R} = \boldsymbol{R}_{\varepsilon}^{k+1} - \boldsymbol{R}_{\varepsilon}^{k} + \dfrac{\Delta t}{2}\left(\boldsymbol{R}_{\gamma}^{k+1} + \boldsymbol{R}_{\gamma}^{k}\right) \end{cases} \tag{5-8}$$

式中，Δt 为离散时间步长；$\boldsymbol{\psi}^k=[\varphi_1^k,\varphi_2^k,\cdots,\varphi_n^k]^{\mathrm{T}}$ 为第 $k\Delta t$ 时刻节点电位的列向量；$\boldsymbol{K}_\varepsilon$ 和 $\boldsymbol{K}_\gamma$ 分别为关于介电常数及电导率的刚度矩阵；$\boldsymbol{R}_\varepsilon$ 和 $\boldsymbol{R}_\gamma$ 为第二类边界条件对应的离散列向量。刚度矩阵及列向量 $\boldsymbol{R}$ 中元素在每个离散单元中的具体形式为

$$\begin{cases} k_{ij,\varepsilon} = \int_{\Omega} \varepsilon \nabla N_i \nabla N_j \mathrm{d}\Omega \\ k_{ij,\gamma} = \int_{\Omega} \gamma \nabla N_i \nabla N_j \mathrm{d}\Omega \\ r_{i,\varepsilon}^{k} = \int_{\Gamma_2} \varepsilon q(t_k) N_i \mathrm{d}\Gamma \\ r_{i,\gamma}^{k} = \int_{\Gamma_2} \gamma q(t_k) N_i \mathrm{d}\Gamma \end{cases} \tag{5-9}$$

式中，$t_k = k\Delta t$。若介质电导率γ为常数，则所求解问题为线性瞬态电场问题，考虑第一类强制边界条件以及初始边界条件，通过式(5-8)可以求得场域内部各个离散节点各个时刻的电位值，通过节点插值即可得到任意时刻任意位置处的电位值。

若介质电导率γ是电位的函数$\gamma(\varphi)$，则所求解问题为非线性瞬态电场问题。参考式(5-8)，其非线性形式下的方程可写成如下形式：

$$\boldsymbol{A}(\boldsymbol{\psi}_{k+1})\boldsymbol{\psi}_{k+1} = \boldsymbol{b} \tag{5-10}$$

式中，

$$\begin{cases} \boldsymbol{A}(\boldsymbol{\psi}_{k+1}) = \boldsymbol{K}_{\varepsilon} + \dfrac{\Delta t}{2}\boldsymbol{K}_{\gamma}(\boldsymbol{\psi}_{k+1}) \\ \boldsymbol{b} = \boldsymbol{K}_{\varepsilon}\boldsymbol{\psi}_{k} - \dfrac{\Delta t}{2}\boldsymbol{N}(\boldsymbol{\psi}_{k}) + \boldsymbol{R} \\ \boldsymbol{N}(\boldsymbol{\psi}_{k}) = \boldsymbol{K}_{\gamma}(\boldsymbol{\psi}_{k})\boldsymbol{\psi}_{k} \end{cases} \tag{5-11}$$

应用简单迭代法对非线性方程式(5-10)进行求解，则每个时刻的场域电位需要进行若干次简单迭代计算，对于每次简单迭代，需要求解如下矩阵方程：

$$\boldsymbol{A}(\boldsymbol{\psi}_{k+1,l})\boldsymbol{\psi}_{k+1,l+1}=\boldsymbol{b} \tag{5-12}$$

式中，l 为迭代步数；$\boldsymbol{\psi}_{k+1,l}$ 为前一迭代步所求解的 k+1 时刻场域各处的电位值。简单迭代法应用前一次的计算结果计算矩阵 $\boldsymbol{A}$，求取第 l 次的电位计算结果，直到达到迭代收敛条件。

5.3 基于本征正交分解的线性瞬态电场降阶计算方法

5.3.1 瞬态电场方程的降阶计算方法

对于瞬态电场方程，采用 Crank-Nicholson 法对时间偏微分项进行离散，求解 k+1 时刻场域电位的有限元离散方程可写成如下通用形式：

$$\boldsymbol{A}\boldsymbol{\psi}_{k+1}=\boldsymbol{b} \tag{5-13}$$

若离散场域的节点数为 n_d，则刚度矩阵 $\boldsymbol{A}\in\mathbb{R}^{n_d\times n_d}$，式(5-13)为一个 n_d 阶矩阵方程。然而，工程实践中离散节点数往往较大，求解瞬态电场问题所需的计算资源也往往较多。因此，如何降低求解瞬态电场方程的计算规模以减小计算时间及降低计算存储要求，是本章试图解决的一个问题，而解决方式之一为模型降阶方法。

模型降阶的主要思路是通过构造方程解空间的有限维降阶子空间，使得方程的解可以通过有限维降阶子空间的基线性组合近似得到。然后将式(5-13)投影到降阶子空间中进行求解，将大大减少式(5-13)的方程阶数，达到模型降阶的目的。

方程解 $\boldsymbol{\psi}$ 的近似表示 $\boldsymbol{\psi}_r$ 具体形式为

$$\boldsymbol{\psi}_r=\sum_{j=1}^{d}(\boldsymbol{\psi},\boldsymbol{\xi}_j)\boldsymbol{\xi}_j=\sum_{j=1}^{d}\alpha_j\boldsymbol{\xi}_j=\boldsymbol{P\alpha} \tag{5-14}$$

式中，$\boldsymbol{\xi}_j$ 为降阶子空间的正交基；$\boldsymbol{P}$ 为 d 维降阶子空间的基组成的矩阵。

将式(5-14)代入式(5-13)，将方程两边同时乘以矩阵 $\boldsymbol{P}^{\mathrm{T}}$，即可得到式(5-13)的降阶计算方程式为

$$\boldsymbol{P}^{\mathrm{T}}\boldsymbol{AP}\boldsymbol{\alpha}_{k+1}=\boldsymbol{P}^{\mathrm{T}}\boldsymbol{b} \tag{5-15}$$

通过式(5-15)求得降阶子空间中的解 $\boldsymbol{\alpha}_{k+1}$，然后通过式(5-14)即可获得源空间的近似解 $\boldsymbol{\psi}$。通过式(5-15)，方程的阶数由 n_d 阶降成了 $d(d\ll n_d)$ 阶，极大地减少了瞬态电场方程的计算资源，提高了计算效率。

5.3.2 本征正交分解方法

通过前面介绍可知，构造瞬态电场方程的降阶计算模型关键在于获取解空间的一组降阶基。本节主要讨论应用本征正交分解方法(proper orthogonal decomposition，POD)构造解空间的降阶基。

POD 方法能在最小二乘意义上提取一组反映已知数据主要特征的最优正交基。而基于 POD 方法的降阶计算方法则是将原瞬态系统投影到由有限个最优正交基所组成的子空间中，从而构建求解瞬态系统的降阶计算模型以节省计算时间及降低存储空间[3-5]。

应用全阶计算方程式(5-8)计算部分时刻场域的节点电位，选取 s 个时间点的电位数据作为样本数据，其组成的样本集合为 $\{\boldsymbol{\psi}_1,\boldsymbol{\psi}_2,\cdots,\boldsymbol{\psi}_s\}$，该样本数据集合张成空间的维度为 $s(s\ll n)$。POD 方法本质上是寻找一个维数为 $d(d<s)$的降阶子空间，使得样本空间中的元素在该子空间中的投影与样本空间中的元素在最小二乘意义上近似。假设该子空间的一组标准正交基为 $\{\boldsymbol{\xi}_i\}_{i=1}^d$，则样本数据应用降阶子空间的标准正交基线性表示为

$$\boldsymbol{\psi}_{r,i}=\sum_{j=1}^{d}(\boldsymbol{\psi}_i,\boldsymbol{\xi}_j)\boldsymbol{\xi}_j \tag{5-16}$$

式中，$\boldsymbol{\psi}_{r,i}$ 为样本数据 $\boldsymbol{\psi}_i$ 在降阶子空间的投影，同时也是对原样本数据 $\boldsymbol{\psi}_i$ 的近似。此时，该子空间的标准正交基 $\{\boldsymbol{\xi}_i\}_{i=1}^d$ 满足如下关系式[6]：

$$\begin{cases}\min\limits_{\{\xi_j\}_1^d}\sum\limits_{i=1}^{s}\left\|\boldsymbol{\psi}_i-\sum\limits_{j=1}^{d}(\boldsymbol{\psi}_i,\boldsymbol{\xi}_j)\boldsymbol{\xi}_j\right\|_2^2\\ \text{s.t.}(\boldsymbol{\xi}_j,\boldsymbol{\xi}_j)=\delta_{ij}=\begin{cases}1, & i=j\\ 0, & i\neq j\end{cases}\end{cases} \tag{5-17}$$

结合拉格朗日乘子法，式(5-17)的极值问题可以转化成如下特征值问题：

$$\boldsymbol{Y}\boldsymbol{Y}^{\mathrm{T}}\boldsymbol{\xi}_i=\lambda_i\boldsymbol{\xi}_i,\quad i=1,2,\cdots,n_d \tag{5-18}$$

式中，矩阵 $\boldsymbol{Y}\boldsymbol{Y}^{\mathrm{T}}\in\mathbf{R}^{n_d\times n_d}$，矩阵 $\boldsymbol{Y}=[\boldsymbol{\psi}_1,\boldsymbol{\psi}_2,\cdots,\boldsymbol{\psi}_s]\in\mathbb{R}^{n_d\times s}$ 为样本数据合成的矩阵；$\boldsymbol{\xi}_i$ 为矩阵 $\boldsymbol{Y}\boldsymbol{Y}^{\mathrm{T}}$ 的特征向量；$\lambda_i(\lambda_1\geqslant\lambda_2\geqslant\cdots\geqslant\lambda_{n_d}\geqslant 0)$ 为对应的特征值。

在实际工程计算中，有限元网格节点数 n_d 往往较大，特征值问题式(5-18)的计算规模也相应较大。而实际所需提取的 POD 正交基的个数 d 远小于式(5-18)所计算得到的特征向量个数 n_d。为了减小计算规模，可以首先计算矩阵 $\boldsymbol{Y}^{\mathrm{T}}\boldsymbol{Y}\in\mathbf{R}^{s\times s}$ $(s\ll n_d)$的特征值及特征向量。根据矩阵的基本性质，矩阵 $\boldsymbol{Y}\boldsymbol{Y}^{\mathrm{T}}$ 与 $\boldsymbol{Y}^{\mathrm{T}}\boldsymbol{Y}$ 前 s 个非零特征值是相等的。此时，矩阵 $\boldsymbol{Y}^{\mathrm{T}}\boldsymbol{Y}$ 的特征向量 $\boldsymbol{\eta}_i$ 及对应的特征值$\lambda_i(\lambda_1\geqslant\lambda_2\geqslant\cdots\geqslant\lambda_s)$满足如下关系式：

$$YY^{\mathrm{T}}\eta_i = \lambda_i \eta_i,\quad i = 1,2,\cdots,s \tag{5-19}$$

比较式(5-18)和式(5-19)可知，式(5-19)的阶数为 s 远小于式(5-18)的阶数 n_d，计算特征值问题的规模大大减小，所耗用的计算资源也大为降低。根据矩阵的奇异值分解理论，矩阵 YY^{T} 的前 s 个非零特征值所对应的特征向量为

$$\xi_i = Y\eta_i / \sqrt{\lambda_i},\quad i = 1,2,\cdots,s \tag{5-20}$$

通过式(5-18)～式(5-20)可求得满足式(5-17)的 s 个标准特征向量，截取前 $d(d < s)$ 个特征值 $\lambda_i(\lambda_1 \geqslant \lambda_2 \geqslant \cdots \geqslant \lambda_d)$ 对应的特征向量作为子空间的正交基，即 POD 正交基。此时，样本数据使用 POD 正交基线性表示与原样本数据之间的误差，即样本空间中的元素投影到 POD 正交基张成的降阶子空间中的误差为

$$\sum_{i=1}^{s}\left\| \psi_i - \sum_{j=1}^{d}(\psi_i, \xi_j)\xi_j \right\|_2^2 = \sum_{i=d+1}^{s}\lambda_i \tag{5-21}$$

从式(5-21)可以看出，将样本数据投影到由 POD 正交基张成的子空间时，其误差与 POD 正交基对应的特征值密切相关。实质上，特征值 $\lambda_i = (Y^{\mathrm{T}}\xi_i, Y^{\mathrm{T}}\xi_i)$ 表征样本数据投影到特征值所对应的 POD 正交基 ξ_i 上的信息量大小。特征值较大的特征向量表征系统的主要物理特征，特征值较小的特征向量表征系统的细微物理特征。

POD 正交基的数目越多，降阶子空间的维数越高，样本数据投影到降阶子空间中损失的信息越少，然而求解动态系统方程所需耗用的计算资源也越大。因此，对于不同的应用场合，选取的 POD 正交基的个数 d 也不一样。结合式(5-21)，可以根据样本数据使用 POD 正交基线性表示与原样本数据之间的误差大小确定 POD 正交基的个数。定义相对截断误差为

$$\chi = \frac{\sum_{i=d+1}^{N_d}\lambda_i}{\sum_{i=1}^{N_d}\lambda_i} \tag{5-22}$$

结合式(5-21)和式(5-22)，POD 正交基的数目 d 越大，截断误差 χ 越小，原系统投影到降阶子空间中的数据信息损失越小，式(5-16)中应用 POD 正交基重构的样本近似数据 ψ_r 与原数据 ψ 相差越小。因此，实际选取 POD 正交基的过程中，可以通过设定截断误差的上限值来确定 POD 正交基的个数及对应的值。

5.3.3　线性瞬态方程的 POD 降阶有限元离散格式

通过 5.2 节所示的经典有限元法求取部分瞬态电场的解，构造初始解空间。接着，通过 5.3.2 节所示的本征正交分解方法求得一组数目为 d 的 POD 正交基，

正交基组成的矩阵为 $\boldsymbol{P}=[\xi_1,\xi_2,\cdots,\xi_d]\in\mathbb{R}^{n_d\times s}$，则使用 POD 正交基重构场域中的节点电位为

$$\boldsymbol{\psi}_r=\sum_{j=1}^{d}(\boldsymbol{\psi},\boldsymbol{\xi}_j)\boldsymbol{\xi}_j=\sum_{j=1}^{d}\alpha_j\boldsymbol{\xi}_j=\boldsymbol{P\alpha} \tag{5-23}$$

式中，$\boldsymbol{\psi}=[\varphi_1,\varphi_2,\cdots,\varphi_n]^{\mathrm{T}}$ 为节点电位组成的列向量；向量 $\boldsymbol{\alpha}=[\alpha_1,\alpha_2,\cdots,\alpha_d]^{\mathrm{T}}$；$\boldsymbol{\psi}_r$ 也可表示成节点电位在 POD 正交基张成的子空间中的投影，则 $\alpha_j=(\boldsymbol{\psi},\boldsymbol{\xi}_j)$ 表示电位 $\boldsymbol{\psi}$ 在投影子空间中的坐标。将式(5-23)代入求解线性瞬态电场问题的有限元离散方程式(5-8)中，方程两边同时乘以 $\boldsymbol{P}^{\mathrm{T}}$，可以得到如下方程：

$$\left(\boldsymbol{P}^{\mathrm{T}}\boldsymbol{K}_{\varepsilon}\boldsymbol{P}+\frac{\Delta t}{2}\boldsymbol{P}^{\mathrm{T}}\boldsymbol{K}_{\gamma}\boldsymbol{P}\right)\boldsymbol{\alpha}^{k+1}=\left(\boldsymbol{P}^{\mathrm{T}}\boldsymbol{K}_{\varepsilon}\boldsymbol{P}-\frac{\Delta t}{2}\boldsymbol{P}^{\mathrm{T}}\boldsymbol{K}_{\gamma}\boldsymbol{P}\right)\boldsymbol{\alpha}^{k}+\boldsymbol{P}^{\mathrm{T}}\boldsymbol{R} \tag{5-24}$$

式(5-24)即为求解极性瞬态电场的全阶有限元方程式(5-8)的 POD 降阶有限元方程，方程的阶数由 n_d 阶降成了 $d(d\ll n_d)$阶。方程的初始条件变为

$$\boldsymbol{\alpha}\big|_{t=0}=\boldsymbol{P}^{\mathrm{T}}\boldsymbol{\psi}_0 \tag{5-25}$$

通过式(5-24)和初始条件式(5-25)可以计算得到各个时间步上向量 $\boldsymbol{\alpha}$ 的计算结果，再根据式(5-23)即可得到场域各处的节点电位，通过适当的后处理同时可得到场域的场强、电位移矢量等物理量。

5.3.4 算例验证

为了验证本节算法的有效性，应用本节所提降阶计算方法对一台±500kV 换流变压器绕组端部结构极性反转情况下瞬态电场的分布进行分析，比较基于不同数目 POD 正交基的降阶方法计算模型电位和电场强度的精度，分析 POD 降阶有限元法与普通有限元法的计算效率情况，讨论所提降阶计算模型的主要特征。

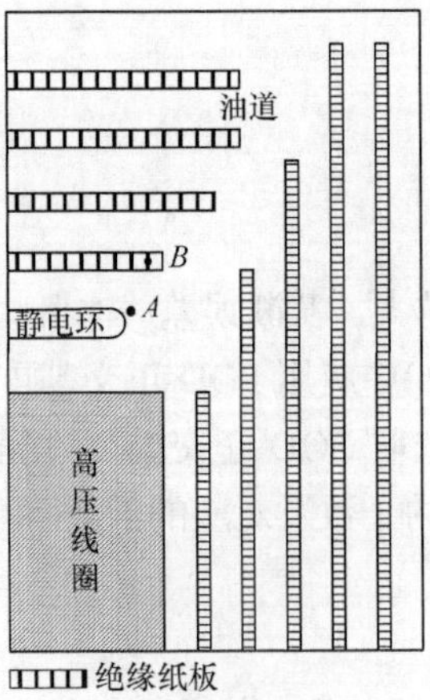

图 5-1 换流变压器绕组端部结构模型

1. 计算模型

本节所计算的±500kV 换流变压器绕组端部结构模型如图 5-1 所示，该模型主要包括高压线圈、静电环、绝缘纸板以及变压器油等部分。

图 5-1 所示模型左侧面和底面为对称轴，

上面和右侧面为油箱外壁，图中 A 点为下面分析的主要采样点。模型中变压器油和绝缘纸板的相对介电常数分别为 2.2、4.5。变压器油的电导率为 10^{-12}S/m，绝缘纸板的电导率为 10^{-14}S/m。对于模型采用有限单元进行网格剖分，剖分单元采用一次三角形、四边形混合单元，单元数为 13202，节点数为 13505。

本节在高压线圈上施加的极性反转电压激励曲线如图 5-2 所示，计算过程中对于图中所示的极性反转激励电压曲线进行离散。

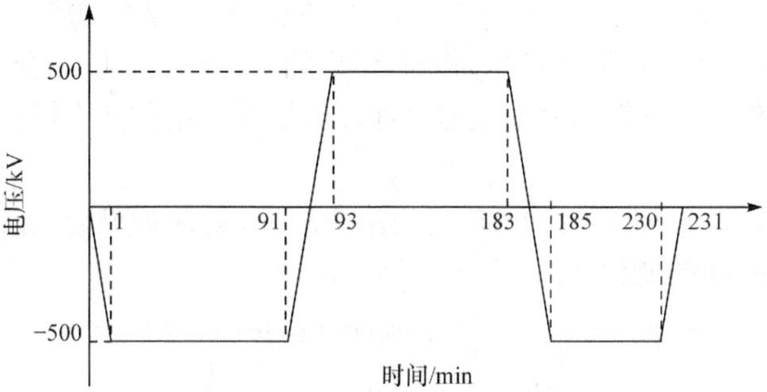

图 5-2　极性反转激励电压曲线

2. 不同数目的 POD 基对计算结果的影响

使用传统有限元离散方程(5-8)计算前 30 个时间节点的场域节点电位作为样本数据，构成样本数据矩阵 $\boldsymbol{Y}$。结合式(5-18)～式(5-20)可以得到样本数据空间的 30 个特征向量及对应的特征值。

图 5-3 给出了特征值的分布情况，特征值的大小呈指数递减排列，其代表各个特征值对应的特征向量捕获样本数据中信息量的情况。

图 5-4 显示了选取不同数目的特征向量作为系统的 POD 正交基时，POD 正交基重构样本数据时的相对截断误差的变化曲线，可以看出相对截断误差随 POD 数目的增多下降速率较快。

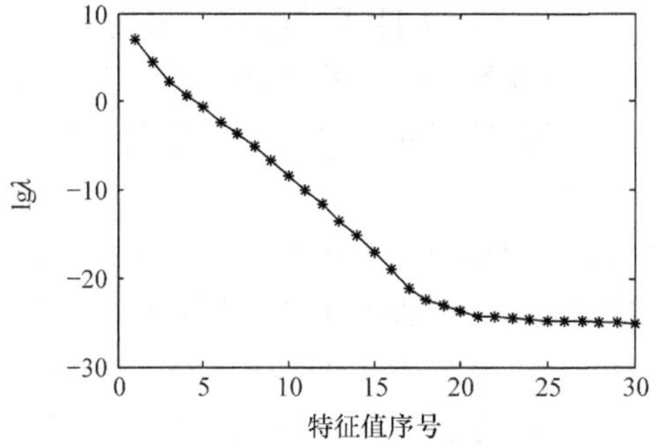

图 5-3　特征值分布情况

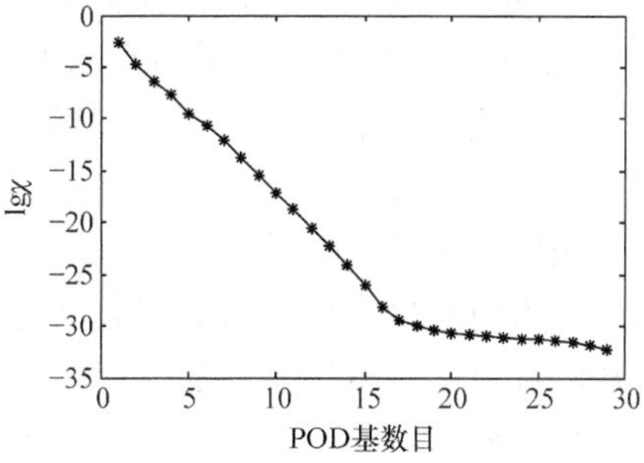

图 5-4　相对截断误差变化曲线

综合图 5-3、图 5-4 的分布曲线可以得出以下结论。

(1) 第一阶特征向量捕获系统广义能量信息的比例最大，其反映了模型电场变化的基本信息。当 POD 正交基仅为第一阶特征向量时，应用式(5-22)计算的相对截断误差仅为 2.2×10^{-3}。

(2) 最大的几个特征值对应的特征向量捕获了系统绝大部分的广义能量信息，其代表了模型电场随时间变化的主要特征。当采用 POD 正交基的数目为 2, 3, 4 时，系统的相对截断误差分别为 1.7×10^{-5}，3.9×10^{-7}，2.1×10^{-8}。

分别采用 1～4 个特征向量作为降阶模型的 POD 正交基，结合式(5-20)计算得到的 POD 降阶模型计算换流变压器极性反转情况下电位及电场强度随时间的变化情况。

图 5-5 显示了在不同数目 POD 正交基情况下，降阶模型与全阶模型计算的节点 A 的电位随时间的变化曲线。

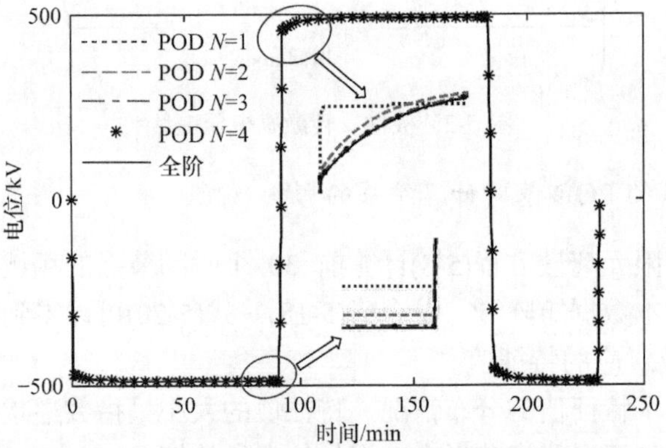

图 5-5　选取不同数目 POD 基时节点 A 的电位变化情况

从图 5-5 可以看出，采用 1～4 阶 POD 基降阶模型计算节点 A 的电位随时间变化曲线与全阶模型的计算结果基本吻合，计算误差较小。进一步从图 5-5 中电位的局部放大图可以看出，换流变压器在发生第一次极性反转前后，采用 1～2 阶 POD 基降阶模型计算的节点 A 的电位与全阶模型相比有微小的计算误差，且计算误差逐渐减小。而采用 3～4 阶 POD 基函数的降阶模型的计算结果曲线与全阶模型基本重合。

按照场强与电位的梯度关系，场域中电场强度的计算精度依赖于电位的计算精度，电位的微小误差可能引起电场强度的较大差异。而在换流变压器极性反转电场的计算中，电场强度的计算值在工程上是一个比较重要的参数。图 5-6 显示了应用不同阶数 POD 正交基构造的降维模型计算的节点 A 的电场强度随时间变化的曲线图，其中，Sec1 和 Sec2 代表图中曲线的两个局部。

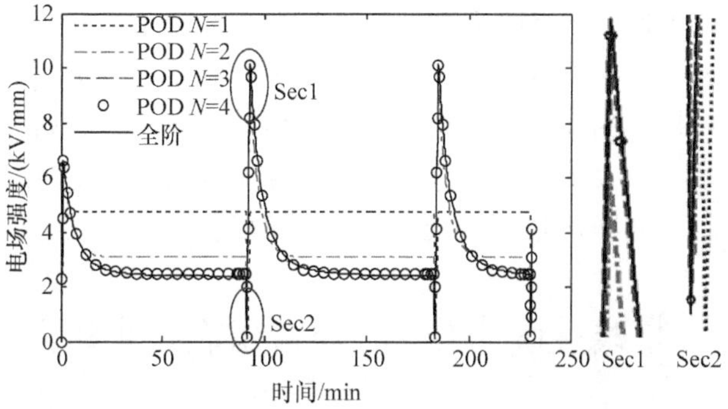

图 5-6　选取不同数目 POD 基时节点 A 的电场强度变化曲线

从图 5-6 中全阶模型计算的节点 A 的电场强度随时间的变化曲线图可以看出，在极性反转情况下，换流变压器油中 A 点的场强先减小后增大再逐渐减小直到达到稳态直流电压时的电场强度。而采用 1 阶 POD 基降阶模型的计算结果与全阶模型相比，场强的计算误差较大。采用 2 阶 POD 基降阶模型计算的电场强度随时间的变化趋势与全阶模型基本一致，仅当电场达到稳态时的电场强度与全阶模型的计算结果存在一定的误差。采用 3～4 阶 POD 基函数时，降阶模型与全阶模型的计算结果曲线基本重合，计算精度较高。

对比图 5-5 和图 5-6 的节点 A 的电位以及电场强度随时间的变化曲线关系，可以得到以下结论。

(1) 在采用相同数目 POD 正交基构造的降阶模型，电位的计算精度要比电场强度的计算精度要高，且电位的微小差异可能引起电场强度的较大变化。

(2) 仅仅采用 3～4 阶 POD 正交基构造的低阶模型就能较好地逼近全阶模型的计算结果。

3. POD 降阶计算方法的计算效率分析

对比全阶有限元与降阶有限元的格式可以看出，采用传统的全阶模型计算一个时间迭代步空间场域的电位需要求解一次 13505 阶代数方程组，而采用降阶模型仅仅需要求解一次 1～4 阶代数方程组。因此，POD 降阶方法比全阶模型的计算效率更高。表 5-1 显示了采用不同 POD 基的降阶模型与全阶模型计算时间对比情况。

表 5-1　降阶模型与全阶模型的计算时间对比

	自由度	计算正交基时间/s	迭代计算时间/s	总时间/s
POD1	1	425.0	15.8	440.8
POD2	2	425.0	16.5	441.5
POD3	3	425.0	18.3	443.3
POD4	4	425.0	19.3	444.3
全阶	13505	0	8327.4	8327.4

从表 5-1 中可以看出，全阶模型的计算时间大约为 139min，而采用 POD 方法的降阶模型的计算时间大约为 16s。以 3 阶 POD 降阶模型为例，全阶模型的迭代计算时间是降阶模型的 455 倍，且这个比值将随着计算模型划分的网格数和计算时间步数的增多而增大。同时，分析 POD 降阶方法计算总时间的分布可以得出，计算 POD 正交基的时间要远大于迭代计算时间。

5.4　非线性瞬态电场方程的降阶计算方法

5.4.1　非线性瞬态电场 POD 降阶格式

在描述瞬态电场问题的方程式(5-4)中，若介质的电导率$\gamma=\gamma(\varphi)$为电位的函数，则式(5-4)为描述非线性瞬态电场问题的方程式。此时，离散非线性瞬态问题的方程式(5-4)的有限元格式如式(5-10)和式(5-11)所示，简单迭代法每一步的有限元离散方程为式(5-12)。应用 5.3 节所述的 POD 方法，通过经典有限元法构造初始解空间，再根据 5.3.2 节所述的 POD 方法提取一组数目为 d 的 POD 正交基，利用 POD 正交基可以得到如式(5-23)所示的解的近似表示。将式(5-23)代入简单迭代的有限元离散方程(5-12)，同时应用伽辽金投影，可得到求解非线性瞬态电场问题的 POD 降阶方程为

$$\boldsymbol{A}_r(\boldsymbol{P}_\varphi\boldsymbol{\alpha}_{k+1,l})\boldsymbol{\alpha}_{k+1,l+1}=\boldsymbol{b}_r \tag{5-26}$$

式中，

$$\begin{cases}\boldsymbol{A}_r(\boldsymbol{P}_\varphi\boldsymbol{\alpha}_{k+1,l})=\boldsymbol{P}_\varphi^{\mathrm{T}}\boldsymbol{K}_\varepsilon\boldsymbol{P}_\varphi+\dfrac{\Delta t}{2}\boldsymbol{P}_\varphi^{\mathrm{T}}\boldsymbol{K}_\gamma(\boldsymbol{P}_\varphi\boldsymbol{\alpha}_{k+1,l})\boldsymbol{P}_\varphi\\ \boldsymbol{b}_r=\boldsymbol{P}_\varphi^{\mathrm{T}}\boldsymbol{K}_\varepsilon\boldsymbol{P}_\varphi\boldsymbol{\alpha}_k-\dfrac{\Delta t}{2}\boldsymbol{P}_\varphi^{\mathrm{T}}\boldsymbol{N}(\boldsymbol{P}_\varphi\boldsymbol{\alpha}_k)+\boldsymbol{P}_\varphi^{\mathrm{T}}\boldsymbol{R}\end{cases} \tag{5-27}$$

式中，$\boldsymbol{A}_r\in\mathbb{R}^{d\times d}$，$\boldsymbol{b}_r\in\mathbb{R}^{d}$，$\boldsymbol{\alpha}_k\in\mathbb{R}^{d}$ 为待求变量；$\boldsymbol{P}_\varphi$ 为解的降阶正交基组成的向量。式(5-26)和式(5-27)即为求解简单迭代方法的瞬态电场问题方程(5-12)的降阶计算方程式。在降阶计算模型中，在每个时间步上每个迭代方程的计算阶数由全阶计算模型的 n_d 阶降为 d 阶，计算规模大为降低。

然而，由于电导率的非线性，刚度矩阵 $\boldsymbol{P}_\varphi^{\mathrm{T}}\boldsymbol{K}(\boldsymbol{P}_\varphi\boldsymbol{\alpha}_{k+1,l})\boldsymbol{P}_\varphi$以及对应的右端向量 $\boldsymbol{P}_\varphi^{\mathrm{T}}\boldsymbol{N}(\boldsymbol{P}_\varphi\boldsymbol{\alpha}_k)$在每个时间步的迭代方程中需要重新计算，这将消耗大量的计算资源。

5.4.2　离散经验插值方法

离散经验插值法(discrete empirical interpolation method, DEIM)可以较好地解决 5.4.1 节中应用 POD 方法计算瞬态非线性方程中非线性项引起的计算效率偏低的问题。在求解式(5-26)时，计算每个时间步的迭代方程需要将前一步的计算结果

回代计算刚度矩阵 $\boldsymbol{K}(\boldsymbol{P}_\varphi\boldsymbol{\alpha}_{k+1,l})$以及向量 $\boldsymbol{N}(\boldsymbol{V}_\varphi\boldsymbol{\alpha}_k)$，而 DEIM 方法不需要将非线性项中的所有元素进行回代计算，其仅需选取计算方程非线性项中的部分元素来逼近方程中的非线性项。文献[7]～文献[9]详细介绍了 DEIM 方法的计算流程以及误差估计。应用 DEIM 方法计算非线性向量 $\boldsymbol{N}(\boldsymbol{\psi}_k)=\boldsymbol{K}(\boldsymbol{\psi}_k)\boldsymbol{\psi}_k$ 的近似结果为

$$\boldsymbol{N}(\boldsymbol{\psi}_k)\approx\boldsymbol{U}(\boldsymbol{P}_s^{\mathrm{T}}\boldsymbol{U})^{-1}\boldsymbol{P}_s^{\mathrm{T}}\boldsymbol{N}(\boldsymbol{\psi}_k) \tag{5-28}$$

式中，矩阵 $\boldsymbol{U}=[\boldsymbol{u}_1,\boldsymbol{u}_2,\cdots,\boldsymbol{u}_m]\in\mathbb{R}^{n\times m}$ 为应用 POD 方法提取 $\boldsymbol{N}(\boldsymbol{\psi}_k)$的一组 POD 正交基；矩阵 $\boldsymbol{P}_s=\left[\boldsymbol{e}_{\rho_1},\boldsymbol{e}_{\rho_2},\cdots,\boldsymbol{e}_{\rho_m}\right]\in\mathbb{R}^{n\times m}$ 为应用 DEIM 方法构建的矩阵，其中，向量 $\boldsymbol{e}_{\rho_i}=[0,\cdots,0,1,0\cdots,0]^{\mathrm{T}}\in\mathbb{R}^n$ 为 $n\times n$ 阶单元矩阵的第 ρ_i 列单位向量。式(5-28)中矩阵 $\boldsymbol{U}(\boldsymbol{P}_s^{\mathrm{T}}\boldsymbol{U})^{-1}$ 仅需计算一次，而 $\boldsymbol{P}_s^{\mathrm{T}}\boldsymbol{N}(\boldsymbol{\psi}_k)=\boldsymbol{N}(\boldsymbol{P}_s^{\mathrm{T}}\boldsymbol{\psi}_k)$ 在每个时间迭代步的计算近似值仅需要回代向量 $\boldsymbol{\psi}_k$ 中的 $m(m\ll n)$个元素即可得到。

DEIM 算法的输入为应用 POD 方法提取 $\boldsymbol{N}(\boldsymbol{\psi}_k)$ 的一组 POD 正交基 $\boldsymbol{U}$，输出为矩阵 $\boldsymbol{P}_s$ 和插值系数向量 $\boldsymbol{\rho}=[\rho_1,\rho_2,\cdots,\rho_m]^{\mathrm{T}}\in\mathbb{R}^m$。DEIM 算法实现流程如下所示。

(1) 计算 $\boldsymbol{e}_{\rho_i}$ 及 ρ_1：

$\rho_1=\mathrm{finmax}(|\boldsymbol{u}_1|)$；

$\boldsymbol{U}=[\boldsymbol{u}_1],\quad \boldsymbol{P}_s=[\boldsymbol{e}_{\rho_1}],\quad \boldsymbol{\rho}=[\rho_1]$。

(2) 对 $i=2,3,\cdots,m$ 进行计算：

求解方程 $(\boldsymbol{P}_s^{\mathrm{T}}\boldsymbol{U})\boldsymbol{c}=\boldsymbol{P}_s^{\mathrm{T}}\boldsymbol{u}_i$ 得到 $\boldsymbol{c}$；

$\boldsymbol{r}=\boldsymbol{u}_i-\boldsymbol{U}\boldsymbol{c}$；

$\rho_i=\mathrm{finmax}(|\boldsymbol{r}|)$；

$\boldsymbol{U}\leftarrow[\boldsymbol{U}\ \boldsymbol{u}_i]\quad \boldsymbol{P}_s\leftarrow[\boldsymbol{P}_s\ \boldsymbol{e}_{\rho_i}]\quad \boldsymbol{\rho}\leftarrow[\boldsymbol{\rho}\ \rho_1]$。

以上即为 DEIM 算法计算矩阵 $\boldsymbol{P}_s$ 和插值系数向量 $\boldsymbol{\rho}$ 的计算过程，其中，函数 finmax($\boldsymbol{x}$)为寻找向量 $\boldsymbol{x}$ 最大值序号的函数。

5.4.3　非线性瞬态电场方程的 POD-DEIM 降阶有限元格式

基于 5.4.2 节中的 POD 降阶有限元格式，应用 POD 方法提取 $\boldsymbol{N}(\boldsymbol{\psi}_k)$ 的一组 POD 正交基 $\boldsymbol{U}$，应用 DEIM 算法构建矩阵 $\boldsymbol{P}_s$，将式(5-28)代入式(5-26)与式(5-27)，可得到求解非线性瞬态电场问题的有限元方程(5-10)的 POD-DEIM 降阶计算方程为

$$\tilde{\boldsymbol{A}}_r(\boldsymbol{V}_\varphi\boldsymbol{\alpha}_{k+1,l})\boldsymbol{\alpha}_{k+1,l+1}=\tilde{\boldsymbol{b}}_r \tag{5-29}$$

式中，

$$\begin{cases}\tilde{\boldsymbol{A}}_r(\boldsymbol{P}_\varphi\boldsymbol{\alpha}_{k+1,l})=\boldsymbol{P}_\varphi^{\mathrm{T}}\boldsymbol{K}_\varepsilon\boldsymbol{P}_\varphi+\dfrac{\Delta t}{2}\boldsymbol{P}_\varphi^{\mathrm{T}}\boldsymbol{U}(\boldsymbol{P}_s^{\mathrm{T}}\boldsymbol{U})^{-1}\boldsymbol{P}_s^{\mathrm{T}}\boldsymbol{K}_\gamma(\boldsymbol{P}_\varphi\boldsymbol{\alpha}_{k+1,l})\boldsymbol{P}_\varphi\\ \tilde{\boldsymbol{b}}_r=\boldsymbol{P}_\varphi^{\mathrm{T}}\boldsymbol{K}_\varepsilon\boldsymbol{P}_\varphi\boldsymbol{\alpha}_k-\dfrac{\Delta t}{2}\boldsymbol{P}_\varphi^{\mathrm{T}}\boldsymbol{U}(\boldsymbol{P}_s^{\mathrm{T}}\boldsymbol{U})^{-1}\boldsymbol{P}_s^{\mathrm{T}}\boldsymbol{N}(\boldsymbol{P}_\varphi\boldsymbol{\alpha}_k)+\boldsymbol{P}_\varphi^{\mathrm{T}}\boldsymbol{R}\end{cases}\tag{5-30}$$

式(5-29)和式(5-30)即为求解瞬态非线性电场问题的 POD-DEIM 降阶计算方程。与式(5-26)和式(5-27)所示的 POD 降阶计算方程相比较，POD-DEIM 降阶计算方程在每个时间步的迭代方程中非线性向量仅需回代计算 m 个元素，且预处理矩阵 $\boldsymbol{U}(\boldsymbol{P}_s^{\mathrm{T}}\boldsymbol{U})^{-1}$ 仅需计算一次即可。因此，POD-DEIM 降阶计算模型的效率更高。

5.4.4 算例验证

为了验证本节算法的有效性，采用与 5.3.4 节相同的换流变压器端部绕组计算模型。在考虑换流变压器在电导率随场强变化的情况下，计算换流变压器瞬态极性反转电场分布。与传统的全阶计算模型相比，分析了降阶计算模型的瞬态电位和电场强度的计算精度，同时分析了降阶计算模型的计算效率情况。

1. 计算模型的材料参数

换流变压器的结构如图 5-1 所示，变压器油和绝缘纸板的介电常数保持不变，即分别为 2.2、4.5。不考虑油浸式纸板中电导率的各向异性，变压器油及绝缘纸板的电导率是电场强度的函数，其关系式为[10]

$$\gamma=\gamma_0\exp(\beta E)\tag{5-31}$$

式中，β 为非线性系数；E 为电场强度；γ_0 为室温条件(20℃)下，$E=0$ 时电导率的值。变压器油及绝缘纸板电导率的估算值分别取：$\gamma_{0\mathrm{oil}}=10^{-12}\mathrm{S/m}$，$\gamma_{0\mathrm{paper}}=10^{-14}\mathrm{S/m}$。两者的非线性系数分别取：$\beta_{\mathrm{oil}}=0.7$，$\beta_{\mathrm{paper}}=0.017$。

2. 计算结果分析

使用传统有限元离散方程(5-8)计算前 26min 共 200 个时刻点的节点电位作为样本数据，采用 POD 方法计算场域电位 $\boldsymbol{\psi}$ 和非线性函数 $\boldsymbol{N}$ 的特征向量及对应的特征值。

图 5-7 为应用式(5-18)～式(5-20)计算场域电位 $\boldsymbol{\psi}$ 和非线性函数 $\boldsymbol{N}$ 的前 50 个 POD 基所对应的截断误差分布曲线。从图中可以看出，随着所选 POD 正交基个数的增多，1 阶 POD 正交基构造的降阶模型截断误差小于 5%，应用 POD 正交基重构场域电位 $\boldsymbol{\psi}$ 和非线性函数 $\boldsymbol{N}$ 的截断误差也较小。

按照前面的相关介绍，本节应用关于非线性函数 $\boldsymbol{N}$ 的 POD 正交基结合 DEIM 方法来计算 $\boldsymbol{N}$ 的近似解，应用关于场域节点电位 $\boldsymbol{\psi}$ 的 POD 正交基来重构场域的

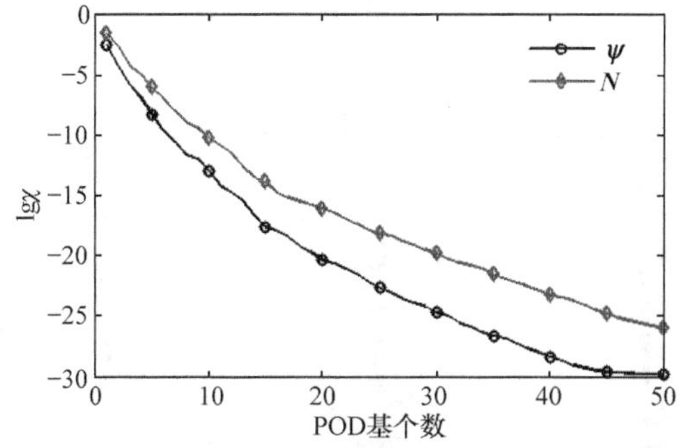

图 5-7　相对截断误差随 POD 正交基个数变化曲线

节点电位，继而得到求解场域瞬态解的降阶计算模型。结合图 5-7 中场域电位 $\boldsymbol{\psi}$ 和非线性函数 $\boldsymbol{N}$ 的截断误差随 POD 基个数的分布情况，选取 10 组关于 $\boldsymbol{N}$ 的 POD 正交基来逼近非线性函数 $\boldsymbol{N}$，分别选取 1，3，7 组关于场域解 $\boldsymbol{\psi}$ 的 POD 正交基应用于本节所提的 POD-DEIM 方法，与传统全阶有限元法对比分析所提降阶计算方法的计算精度。

图 5-8 为换流变压器绕组端部绝缘结构模型中绝缘纸板边缘节点 B 应用 POD-DEIM 降阶算法和传统有限元法所计算的电位变化曲线图，图 5-9 为对应的电场强度变化曲线图。对比图 5-8 和图 5-9 节点 B 电位及电场强度的变化曲线，应用 1 阶 POD 正交基所构造降阶模型所计算物理量的变化规律能够反映物理量的主要变化规律。通过 3 阶 POD 正交基的降阶模型计算结果对比，电位的计算精度要高于电场强度的计算精度。7 阶 POD 正交基降阶模型与全阶模型的计算结果基本一致，验证了降阶模型计算结果的准确性。

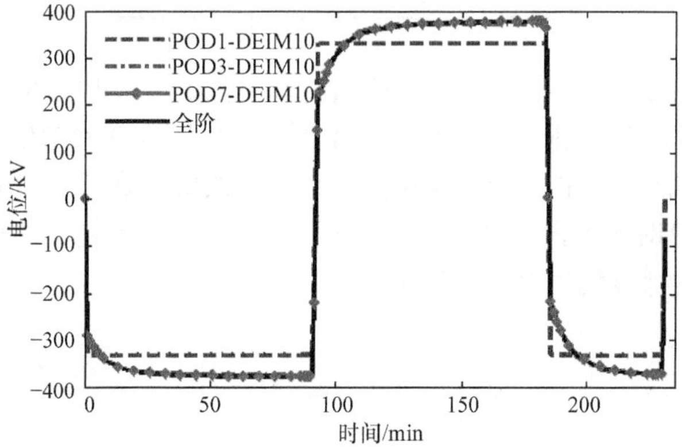

图 5-8　不同计算方法下节点 B 的瞬态电位计算值

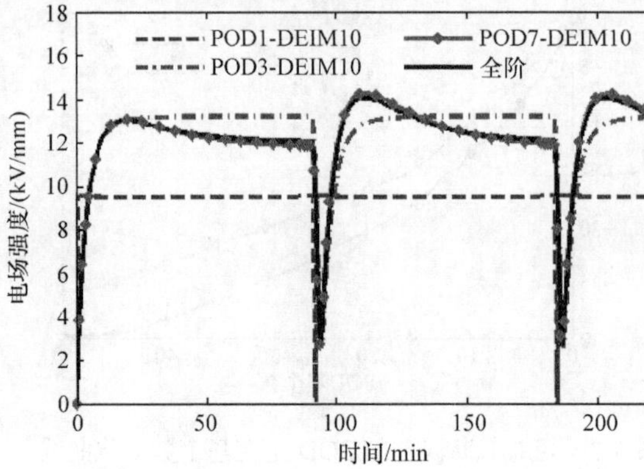

图 5-9　不同计算方法下节点 B 的瞬态电场强度计算值

3. 计算效率分析

以上内容说明了 POD-DEIM 降阶计算方法的准确性，本小节将对其计算效率进行分析。表 5-2 为应用所提降阶计算方法与全阶有限元法的计算时间情况。表中“预处理时间”为计算 POD 正交基以及应用 DEIM 方法提取经验插值点的计算时间总和，“迭代计算时间”为应用各类算法计算 1500 个离散时间点上电位的时间。

表 5-2　降阶模型与全阶模型的计算时间对比

算法	自由度	预处理时间/s	迭代计算时间/s	总时间/s
POD1-DEIM10	1	1360.1	32.5	1392.6
POD3-DEIM10	3	1360.1	46.3	1406.4
POD7-DEIM10	7	1360.1	50.4	1410.5
全阶	13505	0	10334.4	10334.4

从表 5-2 中可以看出，本节所提降阶计算方法的计算时间要远小于传统全阶有限元法的计算时间，全阶有限元法的迭代计算时间是 POD7-DEIM10 方法的 205 倍，总时间是 7.3 倍。在一个模型中降阶计算方法的预处理时间是不变的，全阶有限元法的计算时间与降阶算法的计算时间比值将随着计算时间步的增多而增大，降阶算法的计算优势也将更加明显。

5.5　本章小结

本章针对电准静态下瞬态电场问题进行研究，系统描述了瞬态电场问题的控制方程、有限元离散格式，同时构建了线性和非线性瞬态电场问题的降阶计算模型，通过对换流变压器的极性反转情况下的电场进行计算验证了降阶计算模型的准确性及高效性。

参 考 文 献

[1] 倪光正. 工程电磁场原理[M]. 北京：高等教育出版社, 2002.

[2] 谢裕清, 李琳. 基于本征正交分解的换流变压器极性反转电场降阶模型[J]. 中国电机工程学报, 2016, 36(23):6544-6551.

[3] Xie Y, Li L, Wang S. Model order reduction for quasi-magnetostatic problems[J]. The International Journal for Computation and Mathematics in Electrical and Electronic Engineering, 2017, 36(3): 1783-1791.

[4] Liang Y C, Lee H P, Lim S P, et al. Proper orthogonal decomposition and its applications—Part I: Theory[J]. Journal of Sound and Vibration, 2002, 252(3): 527-544.

[5] 罗振东, 李宏, 陈静. 非饱和土壤水流问题基于 POD 方法的降阶有限体积元格式及外推算法实现[J]. 中国科学：数学, 2013, 42(12): 1263-1280.

[6] 谢裕清. 油浸式电力变压器流场及温度场耦合有限元方法研究[D]. 北京：华北电力大学, 2017.

[7] Barrault M, Maday Y, Nguyen N C, et al. An "empirical interpolation" method: Application to efficient reduced-basis discretization of partial differential equations[J]. Comptes Rendus Mathematique, 2004, 339(9): 667-672.

[8] Chaturantabut S, Sorensen D C. Application of POD and DEIM on dimension reduction of non-linear miscible viscous fingering in porous media[J]. Mathematical and Computer Modelling of Dynamical Systems, 2011, 17(4): 337-353.

[9] Chaturantabut S, Sorensen D C. A state space error estimate for POD-DEIM nonlinear model reduction[J]. SIAM Journal on Numerical Analysis, 2012, 50(1): 46-63.

[10] 刘刚, 李琳, 赵小军, 等. 油-纸绝缘结构非线性交直流复合电场计算的定点频域有限元法[J]. 中国电机工程学报, 2012, 32(1): 154-161.

第 6 章　谐波平衡有限元法及其分解算法

6.1　谐波平衡有限元法

6.1.1　谐波平衡法

谐波平衡理论的起源最早要追溯到 1915 年数学家伽辽金的研究工作。他提出了利用未知系数对方程的解进行逼近的方法，通过调整这些系数来使方程式得到满足。随后 Pol 在 1927 年提出了非线性动力学的经典方程，采用类似的方法对方程进行求解，并对解法进行了改进，由此构成了谐波平衡法的雏形。在其后的几十年中，诸多学者都对该理论进行了深入的研究并作出了重要贡献，谐波平衡法得到了不断的完善[1]。到 20 世纪 60 年代，谐波平衡法已经成为分析和计算非线性电路的重要方法之一，被广泛应用于非线性微波电路的设计，对功率放大器、倍频器、振荡器和混频器等进行仿真和分析[2]。

Yamada 和 Bessho 将谐波平衡法引入稳态电磁场的求解方法，与有限元法相结合，提出了谐波平衡有限元法[3]。将电磁场中的激励和待求量用傅里叶级数近似，将其代入有限元方程中，各次谐波系数对应相等，得到消去时间项的谐波平衡方程，求解各未知量的谐波系数，即可得到方程的解[4]。

直流偏磁条件下变压器由交流电压和直流电流共同激励，铁心内的磁场发生周期性变化，属于稳态场[5-7]。因此本章采用谐波平衡有限元法研究叠片铁心的直流偏磁问题，通过场路耦合，计算绕组励磁电流和叠片铁心内的二维磁场。

6.1.2　频域有限元方法

非线性磁场可由以下麦克斯韦方程描述：

$$\nabla \times \boldsymbol{H} = \boldsymbol{J} \tag{6-1}$$

$$\nabla \cdot \boldsymbol{B} = 0 \tag{6-2}$$

式中，$\boldsymbol{H}$ 为磁场强度矢量；$\boldsymbol{J}$ 为电流密度矢量；$\boldsymbol{B}$ 为磁感应强度矢量。

引入磁阻率 ν 和磁矢量位 $\boldsymbol{A}$，则可以得到

$$\nabla \times \nu \nabla \times \boldsymbol{A} - \boldsymbol{J} = 0 \tag{6-3}$$

对于二维非线性磁场，则可以进一步写成如下形式：

$$\frac{\partial}{\partial x}\left(\nu\frac{\partial A}{\partial x}\right)+\frac{\partial}{\partial y}\left(\nu\frac{\partial A}{\partial y}\right)+\gamma\frac{\partial A}{\partial t}-J_s=0 \tag{6-4}$$

利用有限元法和伽辽金法，可以得到加权后的表达式：

$$\iint_{\Omega_e}\left(\frac{\partial N_i}{\partial x}\nu\frac{\partial A}{\partial x}+\frac{\partial N_i}{\partial y}\nu\frac{\partial A}{\partial y}\right)\mathrm{d}x\mathrm{d}y+\iint_{\Omega_e}\left(\gamma\frac{\partial A}{\partial t}-J_s\right)N_i\,\mathrm{d}x\mathrm{d}y=0 \tag{6-5}$$

式中，A 为磁矢量位 $\boldsymbol{A}$ 的 Z 方向分量；Ω_e 为有限单元区域；N_i 为单元节点 i 对应的插值函数；γ 为电导率；J_s 为沿 Z 方向的励磁电流密度。

在变压器的直流偏磁问题中，绕组在交流电流和直流电流的混合激励下，在各个区域内产生的电磁场相关变量都带有周期性。因此可将该问题视为一个谐波问题。节点磁矢量位、单元内磁通密度及励磁电流密度等均可用三角级数来表示：

$$A_i=A_{i,0}+\sum_{n=1}^{\infty}\left\{A_{i,ns}\sin(n\omega t)+A_{i,nc}\cos(n\omega t)\right\} \tag{6-6a}$$

$$J_s=J_{s,0}+\sum_{n=1}^{\infty}\left\{J_{s,ns}\sin(n\omega t)+J_{s,nc}\cos(n\omega t)\right\} \tag{6-6b}$$

$$B_x^e=B_{x0}^e+\sum_{n=1}^{\infty}\left\{B_{xns}^e\sin(n\omega t)+B_{xnc}^e\cos(n\omega t)\right\} \tag{6-6c}$$

$$B_y^e=B_{y0}^e+\sum_{n=1}^{\infty}\left\{B_{yns}^e\sin(n\omega t)+B_{ync}^e\cos(n\omega t)\right\} \tag{6-6d}$$

式中，n 为谐波次数；ω 为基波角频率。

在非线性场中，材料的非线性通常是与场强相关的。当周期稳态电磁场施加到铁磁材料上时，其非线性特性就表现为磁场的函数，并与时间相关。由此可知在直流偏磁条件下磁阻率将随时间变化，可以将其视为具有周期性的变量并用三角函数进行逼近，如下所示：

$$\nu(t)=H(t)/B(t)=\nu_0+\sum_{n=1}^{\infty}\left\{\nu_{ns}\sin(n\omega t)+\nu_{nc}\cos(n\omega t)\right\} \tag{6-7}$$

式中，磁阻率的 ν_0、ν_{ns}、ν_{nc} 等各项谐波系数可由式(6-8)求出：

$$\nu_0=\frac{1}{T}\int_0^T\nu(t)\mathrm{d}t \tag{6-8a}$$

$$\nu_{ns}=\frac{2}{T}\int_0^T\nu(t)\cdot\sin(n\omega t)\mathrm{d}t \tag{6-8b}$$

$$\nu_{nc}=\frac{2}{T}\int_0^T\nu(t)\cdot\cos(n\omega t)\mathrm{d}t \tag{6-8c}$$

式中，T 为周期。本节中外加激励的频率 $f = 50\text{Hz}$，故周期 $T = 1/f = 0.02\text{s}$。

为简单起见，以线性三角形单元为例，给出二维谐波平衡有限元方程的推导过程。在每个单元中，磁矢量位 $\boldsymbol{A}$ 可以表示为如下形式：

$$\boldsymbol{A} = \sum_{i=1}^{3} A_i N_i = \sum_{i=1}^{3} A_i \left(a_i + b_i x + c_i y\right) / (2\Delta) \tag{6-9}$$

式中，Δ 为三角形单元面积；a_i、b_i、c_i 可由各节点的坐标值表示：

$$\begin{cases} a_i = x_j y_k - x_k y_j \\ b_i = y_j - y_k \\ c_i = x_k - x_j \end{cases}, \quad i,j,k = 1,2,3 \tag{6-10}$$

将式(6-6a)、式(6-6b)、式(6-7)和式(6-9)代入式(6-5)，由式(6-5)中等号左端第一项可以得到如下形式：

$$\begin{aligned} &\iint_{\Omega_e} \left(\frac{\partial N_i}{\partial x} \nu \frac{\partial A}{\partial x} + \frac{\partial N_i}{\partial y} \nu \frac{\partial A}{\partial y} \right) \mathrm{d}x\mathrm{d}y \\ &= \sum_{j=1}^{3} \left(\frac{b_i b_j + c_i c_j}{4\Delta} \right) \cdot \Big[\left(d_{11} A_{j,0} + d_{12} A_{j,1s} + d_{13} A_{j,1c} + d_{14} A_{j,2s} + d_{15} A_{j,2c} + \cdots \right) \\ &\quad + \left(d_{21} A_{j,0} + d_{22} A_{j,1s} + d_{23} A_{j,1c} + d_{24} A_{j,2s} + d_{25} A_{j,2c} + \cdots \right) \sin \omega t \\ &\quad + \left(d_{31} A_{j,0} + d_{32} A_{j,1s} + d_{33} A_{j,1c} + d_{34} A_{j,2s} + d_{35} A_{j,2c} + \cdots \right) \cos \omega t + \cdots \Big] \end{aligned} \tag{6-11}$$

同理，由式(6-5)等号左端第二项可得

$$\begin{aligned} &\iint_{\Omega_e} N_i \left(\gamma \frac{\partial A}{\partial t} - J_s \right) \mathrm{d}x\mathrm{d}y \\ &= \Big\{ \Delta J_0 / 3 + \left[-\omega\gamma \left(g_{i1} A_{1,1c} + g_{i2} A_{2,1c} + g_{i3} A_{3,1c} \right) \Delta / 12 - \Delta J_{1s} / 3 \right] \sin(\omega t) \\ &\quad + \left[\omega\gamma \left(g_{i1} A_{1,1s} + g_{i2} A_{2,1s} + g_{i3} A_{3,1s} \right) \Delta / 12 - \Delta J_{1c} / 3 \right] \cos(\omega t) \\ &\quad + \left[-2\omega\gamma \left(g_{i1} A_{1,2c} + g_{i2} A_{2,2c} + g_{i3} A_{3,2c} \right) \Delta / 12 - \Delta J_{2s} / 3 \right] \sin(2\omega t) \\ &\quad + \left[2\omega\gamma \left(g_{i1} A_{1,2s} + g_{i2} A_{2,2s} + g_{i3} A_{3,2s} \right) \Delta / 12 - \Delta J_{2c} / 3 \right] \cos(2\omega t) + \cdots \Big\} \end{aligned} \tag{6-12}$$

式中，g_{ij} 的取值如下：

$$g_{ij} = \begin{cases} 2, & i = j \\ 1, & i \neq j \end{cases} \tag{6-13}$$

由三角函数的正交性，令方程两端各次谐波系数相等，则可以得到如下谐波平衡有限元的单元矩阵方程式：

$$
\boldsymbol{S}_e\boldsymbol{A}_e+\boldsymbol{M}_e\boldsymbol{A}_e-\boldsymbol{K}_e=\frac{1}{4\Delta}\begin{bmatrix}(b_1b_1+c_1c_1)\boldsymbol{D} & (b_1b_2+c_1c_2)\boldsymbol{D} & (b_1b_3+c_1c_3)\boldsymbol{D}\\(b_2b_1+c_2c_1)\boldsymbol{D} & (b_2b_2+c_2c_2)\boldsymbol{D} & (b_2b_3+c_2c_3)\boldsymbol{D}\\(b_3b_1+c_3c_1)\boldsymbol{D} & (b_3b_2+c_3c_2)\boldsymbol{D} & (b_3b_3+c_3c_3)\boldsymbol{D}\end{bmatrix}\cdot\begin{bmatrix}\boldsymbol{A}_{e1}\\\boldsymbol{A}_{e2}\\\boldsymbol{A}_{e3}\end{bmatrix}
$$

$$
+\frac{\gamma\omega\Delta}{12}\begin{bmatrix}2\boldsymbol{N} & \boldsymbol{N} & \boldsymbol{N}\\\boldsymbol{N} & 2\boldsymbol{N} & \boldsymbol{N}\\\boldsymbol{N} & \boldsymbol{N} & 2\boldsymbol{N}\end{bmatrix}\cdot\begin{bmatrix}\boldsymbol{A}_{e1}\\\boldsymbol{A}_{e2}\\\boldsymbol{A}_{e3}\end{bmatrix}-\begin{bmatrix}\boldsymbol{K}_{e1}\\\boldsymbol{K}_{e2}\\\boldsymbol{K}_{e3}\end{bmatrix}=\boldsymbol{0} \tag{6-14}
$$

$$
\boldsymbol{A}_{ei}=\begin{bmatrix}A_{i,0} & A_{i,1s} & A_{i,1c} & A_{i,2s} & A_{i,2c} & \dots\end{bmatrix} \tag{6-15}
$$

$$
\boldsymbol{K}_{ei}=\frac{\Delta}{3}\begin{bmatrix}J_0 & J_{1s} & J_{1c} & J_{2s} & J_{2c} & \dots\end{bmatrix} \tag{6-16}
$$

式中，矩阵$\boldsymbol{D}$只与磁阻率的傅里叶系数相关，称为磁阻率矩阵，此矩阵除第一行和第一列外，其余部分关于对角线对称；矩阵$\boldsymbol{N}$为与谐波次数相关的常数矩阵，称为谐波矩阵。其具体的表达式如下：

$$
\boldsymbol{D}=\begin{bmatrix}d_{11} & d_{12} & d_{13} & d_{14} & d_{15} & \cdots\\d_{21} & d_{22} & d_{23} & d_{24} & d_{25} & \cdots\\d_{31} & d_{32} & d_{33} & d_{34} & d_{35} & \cdots\\d_{41} & d_{42} & d_{43} & d_{44} & d_{45} & \cdots\\d_{51} & d_{52} & d_{53} & d_{54} & d_{55} & \cdots\\\vdots & \vdots & \vdots & \vdots & \vdots & \vdots\end{bmatrix}
$$

$$
=\frac{1}{2}\begin{bmatrix}2\nu_0 & \nu_{1s} & \nu_{1c} & \nu_{2s} & \nu_{2c} & \cdots\\2\nu_{1s} & 2\nu_0-\nu_{2c} & \nu_{2s} & \nu_{1c}-\nu_{3c} & -\nu_{1s}+\nu_{3s} & \cdots\\2\nu_{1c} & & 2\nu_0+\nu_{2c} & \nu_{1s}+\nu_{3s} & \nu_{1c}+\nu_{3c} & \cdots\\2\nu_{2s} & & & 2\nu_0-\nu_{4c} & \nu_{4s} & \cdots\\2\nu_{2c} & & \text{Symmetry} & & 2\nu_0+\nu_{4c} & \cdots\\\vdots & & & & & \vdots\end{bmatrix} \tag{6-17}
$$

$$
\boldsymbol{N}=\begin{bmatrix}0 & 0 & 0 & 0 & 0 & \cdots\\0 & 0 & -1 & 0 & 0 & \cdots\\0 & 1 & 0 & 0 & 0 & \cdots\\0 & 0 & 0 & 0 & -2 & \cdots\\0 & 0 & 0 & 2 & 0 & \cdots\\\vdots & \vdots & \vdots & \vdots & \vdots & \vdots\end{bmatrix} \tag{6-18}
$$

由式(6-14)所示的单元矩阵方程式，将所有单元相叠加，得到系统矩阵方程：

$$
\boldsymbol{SA}+\boldsymbol{TA}-\boldsymbol{K}=\boldsymbol{0} \tag{6-19}
$$

式中，$\boldsymbol{S}$为与磁阻率相关的非线性系数矩阵；$\boldsymbol{T}$为与涡流相关的常数矩阵；$\boldsymbol{A}$为所有节点的磁矢量位谐波向量；$\boldsymbol{K}$为与激励源相关的谐波向量。

电机、变压器等电气设备在运行时通常是由电压源激励的，而励磁电流是未知的。因此需要建立一个将磁场和励磁电流同时作为待求量的方程，同时需要考虑电路与磁场间的耦合关系[8-10]。假设施加在激磁线圈 k 的输入电压为 $U_{\text{in}k}$，则有以下关系：

$$U_{\text{in}k} = U_k + R_k I_k + L_k(\mathrm{d}I_k / \mathrm{d}t) + (1/C_k)\int I_k \mathrm{d}t \tag{6-20}$$

式中，U_k 为端口感应电动势；R_k 为线圈 k 的电阻；L_k 和 C_k 分别为对应的电感和电容。输入电压 $U_{\text{in}k}$ 可以表示为如下谐波形式：

$$U_{\text{in}k} = U_{k,0} + \sum_{n=1}^{\infty}\left\{U_{k,ns}\sin(n\omega t) + U_{k,nc}\cos(n\omega t)\right\} \tag{6-21}$$

式中，直流电压 $U_{k,0}$ 为直流电流 I_{dc} 在线圈电阻 R_k 上的压降。

由法拉第电磁感应定律可知

$$U_k = N_k \frac{\mathrm{d}}{\mathrm{d}t}\iint_{\Omega_c} \nabla\times\boldsymbol{A}\cdot\mathrm{d}S \tag{6-22}$$

将电压 U_k 和磁矢量位 $\boldsymbol{A}$ 的谐波表达式代入式(6-22)，得到如下谐波向量表达式：

$$\begin{aligned}\boldsymbol{V}_k &= N_k \frac{\mathrm{d}}{\mathrm{d}t}\iint_{\Omega_c} \nabla\times\boldsymbol{A}\cdot\mathrm{d}S \\ &= \sum_{\Omega_c}\frac{\mathrm{d}\boldsymbol{A}_{\mathrm{e}}}{\mathrm{d}t}\cdot\frac{l_k\Delta}{3S_{ck}}\cdot N_k \\ &= \sum_{\Omega_c}\frac{\omega N_k l_k \Delta}{3S_{ck}}\begin{bmatrix}\boldsymbol{N} & \boldsymbol{N} & \boldsymbol{N}\end{bmatrix}\begin{bmatrix}\boldsymbol{A}_{e1} & \boldsymbol{A}_{e2} & \boldsymbol{A}_{e3}\end{bmatrix}^{\mathrm{T}}\end{aligned} \tag{6-23}$$

式中，Ω_c 为线圈区域；N_k 为线圈 k 的匝数；l_k 为线圈 k 在 Z 方向的长度；S_{ck} 为线圈的横截面面积。

于是式(6-20)可以写成如下矩阵方程形式：

$$\boldsymbol{U}_{\text{in}k} = \boldsymbol{C}_k\boldsymbol{A} + S_{ck}\boldsymbol{Z}_k\boldsymbol{J}_k \tag{6-24}$$

式中，$\boldsymbol{U}_{\text{in}k}$ 为输入电压的谐波向量；$\boldsymbol{C}_k$ 为场路耦合矩阵；$\boldsymbol{Z}_k$ 为相应的阻抗矩阵，其表达式如下：

$$\boldsymbol{Z}_k = \begin{bmatrix}\boldsymbol{Z}_{0k} & 0 & 0 & \cdots \\ 0 & \boldsymbol{Z}_{1k} & 0 & \cdots \\ 0 & 0 & \boldsymbol{Z}_{2k} & \cdots \\ \vdots & \vdots & \vdots & \vdots\end{bmatrix} \tag{6-25}$$

$$\begin{aligned}\boldsymbol{Z}_{nk} &= \boldsymbol{Z}_{Rnk} + \boldsymbol{Z}_{Cnk} + \boldsymbol{Z}_{Lnk} \\ &= \begin{bmatrix} R_k - n\omega L_k + \dfrac{1}{n\omega C_k} & 0 \\ 0 & R_k + n\omega L_k - \dfrac{1}{n\omega C_k}\end{bmatrix}\end{aligned} \tag{6-26}$$

将式(6-19)改写为如下形式：

$$\boldsymbol{SA}+\boldsymbol{TA}-\boldsymbol{G}_k\boldsymbol{J}_k=\boldsymbol{0} \tag{6-27}$$

由式(6-24)和式(6-27)可以得到以电压为激励，考虑场路耦合关系的谐波平衡矩阵方程：

$$\begin{bmatrix} \boldsymbol{Q} & -\boldsymbol{G}_1 & -\boldsymbol{G}_2 & \cdots & -\boldsymbol{G}_k & \cdots \\ \boldsymbol{C}_1 & S_{c1}\boldsymbol{Z}_1 & \boldsymbol{0} & \boldsymbol{0} & \boldsymbol{0} & \cdots \\ \boldsymbol{C}_2 & \boldsymbol{0} & S_{c2}\boldsymbol{Z}_2 & 0 & \boldsymbol{0} & \cdots \\ \vdots & \boldsymbol{0} & \boldsymbol{0} & \vdots & \boldsymbol{0} & \cdots \\ \boldsymbol{C}_k & \boldsymbol{0} & \boldsymbol{0} & \boldsymbol{0} & S_{ck}\boldsymbol{Z}_k & \cdots \\ \vdots & \vdots & \vdots & \vdots & \vdots & \vdots \end{bmatrix} \begin{bmatrix} \boldsymbol{A} \\ \boldsymbol{J}_1 \\ \boldsymbol{J}_2 \\ \vdots \\ \boldsymbol{J}_k \\ \vdots \end{bmatrix} = \begin{bmatrix} \boldsymbol{0} \\ \boldsymbol{U}_{\text{in}1} \\ \boldsymbol{U}_{\text{in}2} \\ \vdots \\ \boldsymbol{U}_{\text{in}k} \\ \vdots \end{bmatrix} \tag{6-28}$$

式中，矩阵 $\boldsymbol{G}_k$ 为与线圈 k 中励磁电流密度相关的激励特性矩阵；$\boldsymbol{Q}=\boldsymbol{S}+\boldsymbol{T}$。

图 6-1 为谐波平衡有限元法的计算流程图。

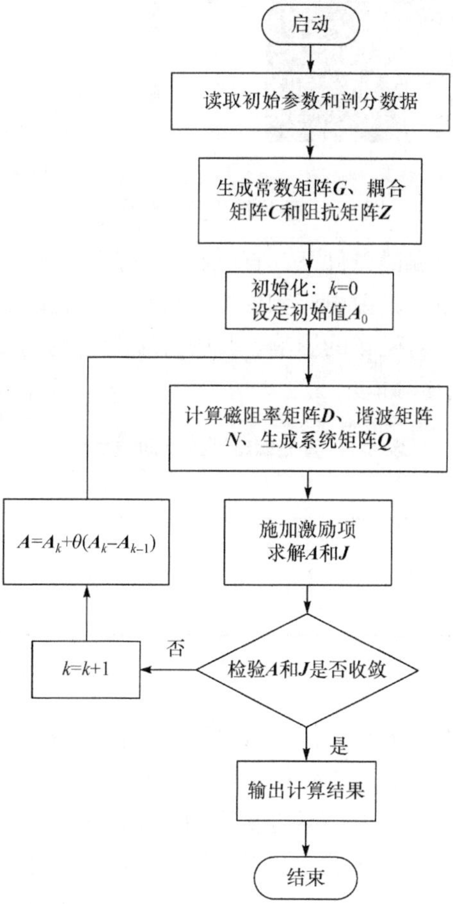

图 6-1　谐波平衡有限元法的计算流程图

6.2　直流偏磁磁场的分析与计算

利用谐波平衡有限元法分析 6.1 节中叠片铁心的直流偏磁问题。叠片铁心由30Q140 型硅钢片叠制而成，图 6-2 给出了叠片铁心的实物模型和硅钢片的磁化曲线，磁化曲线拟合结果(Fitting)与测量结果(Mea)吻合较好。由方形叠片铁心的对称性，可对其 1/4 区域进行计算。

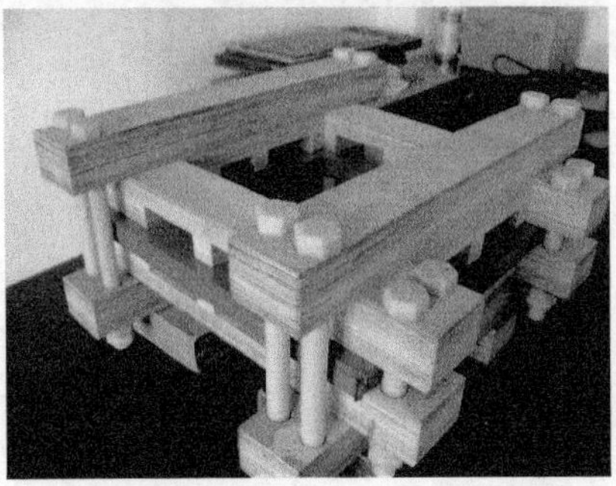

(a) 叠片铁心实物模型

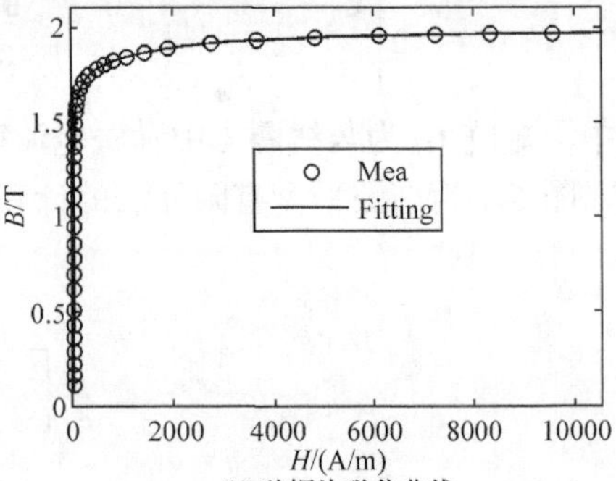

(b) 硅钢片磁化曲线

图 6-2　叠片铁心及其磁化曲线

表 6-1 给出了直流偏磁条件下，直流激励与交流激磁的几种不同情况。对表中各种不同激励条件下的励磁电流和磁场进行计算，验证谐波平衡有限元法的有效性，并研究直流偏磁对磁场的影响。其中，I_{dc}为直流偏置电流；P_i为相应的偏置比例；U_{ac}为交流电压峰值。

表 6-1　直流偏磁下的不同激励形式

偏磁情况(i/j)	1	2	3	4	5	6
P_i/%I_0	25	50	75	100	150	200
$I_{dc,i}$ /A	0.426	0.847	1.273	1.697	2.530	3.359
$U_{ac,j}$ /V	80	133	238	370	435	495

6.2.1　励磁电流

图 6-3 给出交流电压 U_{ac} 小于 370V 时，不同偏置量所对应的励磁电流波形，通过计算结果(Cal)与测量结果(Mea)的比较可以看出，二者吻合较好，由此验证了谐波平衡有限元法的正确性和有效性。然而当交流电压峰值 U_{ac} 相对较高时，计算结果与测量结果误差则较为明显，如图 6-4 所示，当交流电压峰值 U_{ac} 大于 370V 时，计算得到的励磁电流波形的正负峰值与测量结果明显不符，此时计算结果与测量结果间的误差相对较大。

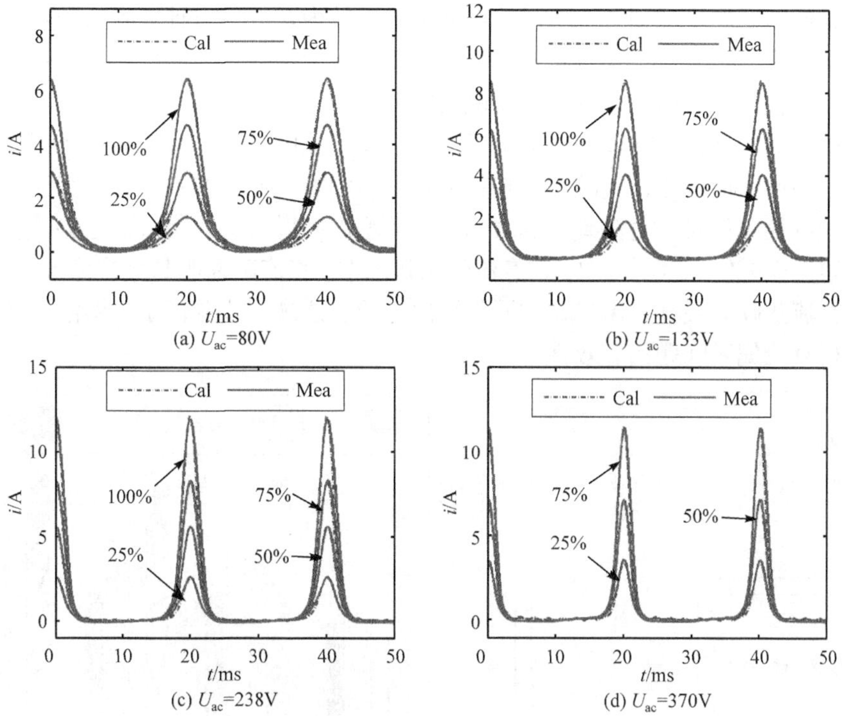

(a) U_{ac}=80V　(b) U_{ac}=133V　(c) U_{ac}=238V　(d) U_{ac}=370V

图 6-3　交流激励较小时励磁电流计算与测量波形

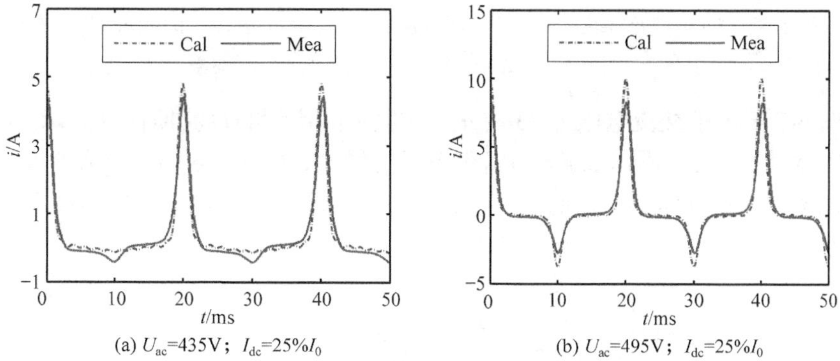

(a) U_{ac}=435V；I_{dc}=25%I_0　(b) U_{ac}=495V；I_{dc}=25%I_0

图 6-4　交流激励较大时励磁电流计算与测量波形

6.2.2　偏置量对磁通密度的影响

直流偏置量的存在，必然使铁心内部出现相应的直流磁通，从而使总磁通密度增大，加剧铁心的饱和程度。事实上，直流偏置量并没有完全转化为直流磁通，且二者之间也并非是简单的线性关系，本节通过计算直接得到偏磁条件下磁通密度的直流分量，通过对比不同直流偏置量对应的直流磁通，分析了直流偏置量对直流磁通的影响。如图 6-5 所示，在硅钢片区域内任取一点计算磁通密度，并观察磁通密度的直流分量与直流偏置量的关系。以 C 点为例，根据计算结果观察不同直流偏置量下其所在位置处直流磁通密度的变化情况。

由图 6-6 可知，当固定直流偏置量，改变交流电压时，直流磁通密度随着施加电压的增大而减小，且减小的趋势随着电压的增大而加快；当固定交流电压，改变直流偏置量时，直流磁通随着偏置量的增加而增大，且增大的趋势随着偏置量的增大而减缓。由此可知，在直流偏磁状态下，直流磁通既与直流偏置量有关，又与交流激励有关，是由二者共同作用决定的。这进一步验证了从谐波平衡的角度分析直流偏磁问题的有效性。

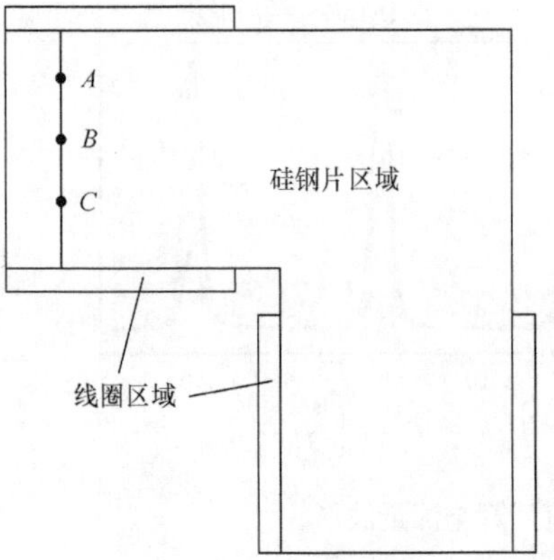

图 6-5　铁心模型结构

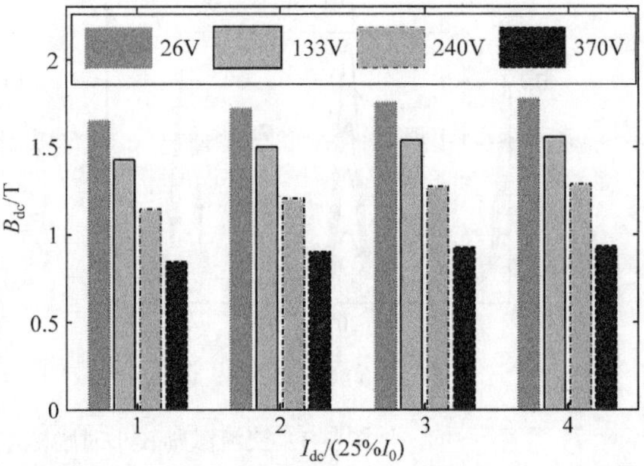

图 6-6　不同偏置量及不同电压激励下的直流磁通密度

图 6-7 给出了交流电压为 238V 时，对应不同比例的直流偏置量下，C 点处的磁通密度波形。可以看出，随着直流偏置量的增大，磁通密度的负峰值逼近−2.0T，铁心迅速进入饱和状态。同时，高次谐波分量的增长导致磁通密度的波形发生严重畸变。

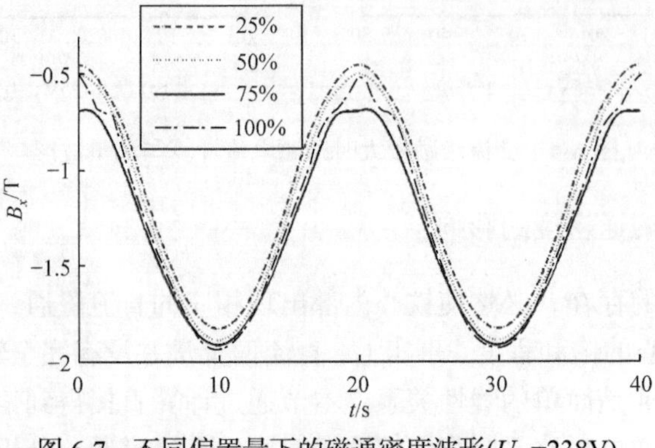

图 6-7　不同偏置量下的磁通密度波形(U_{ac}=238V)

图 6-8 给出了直流偏置比例为 50%时，不同交流激励下的 C 点磁通密度波形。可以看出，当交流电压比较低时，磁通密度只在负半周接近于−2.0T，此时叠片铁心处于半周饱和状态，这与图 6-3 中的励磁电流波形相对应；当交流电压被不断增大时，磁通密度的正峰值也逐渐接近于 2.0T，此时叠片铁心正负半周均处于饱和状态，这与图 6-4 中的励磁电流波形相对应。

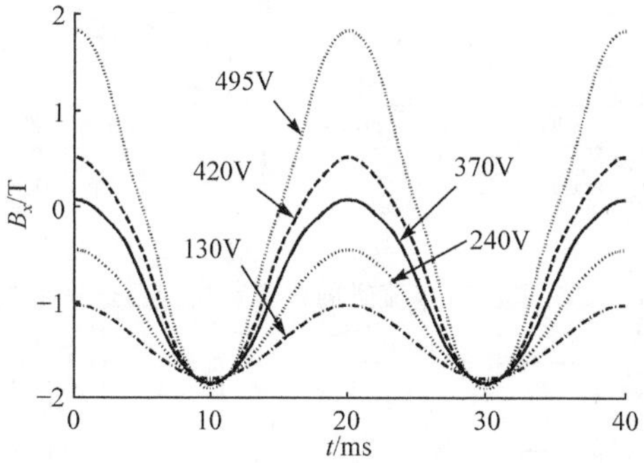

图 6-8　不同交流激励下的磁通密度波形(I_{dc}=50%I_0)

表 6-2 给出直流偏磁条件下，叠片铁心内任一点处磁通密度的各谐波分量。可以看出，直流分量和基波分量较大，而高次谐波很小。因此可以认为交流磁通密度主要为磁通密度的基波分量。以 C 点为例，分析不同直流偏磁状态下，直流偏置量和交流电压分别对直流磁通密度和交流磁通密度的影响。

表 6-2　直流偏磁条件下铁心中某一点处磁通密度的各谐波分量

谐波次数	0	1	2	3	4
幅值/T	0.8410	0.977	0.0612	0.0295	0.0143
谐波次数	5	6	7	8	9
幅值/T	0.0113	0.0019	0.0002	0.0022	0.0014

图 6-9 给出了交流电压对直流磁通密度和交流磁通密度的影响。当直流偏置量固定时，直流磁通密度随着交流电压的升高而减小，交流磁通密度则随着交流电压的升高而增大。图 6-10 给出了直流偏置量对直流磁通密度和交流磁通密度的影响。当交流电压恒定时，直流磁通密度随着直流偏置量的增大而增长，但增长的速度越来越缓慢。直流偏置量对交流磁通密度的影响很小，在不同的直流偏置量下，交流磁通密度变化不大，基本保持恒定。

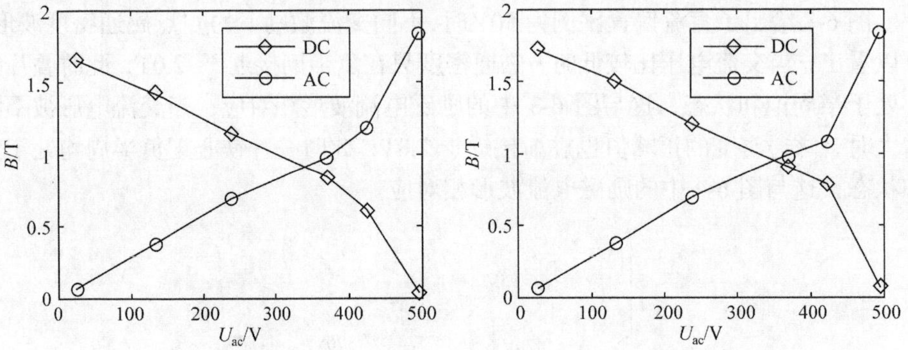

(a) I_{dc}=25%I_0　　(b) I_{dc}=50%I_0

图 6-9　交流电压对直流磁通密度和交流磁通密度的影响

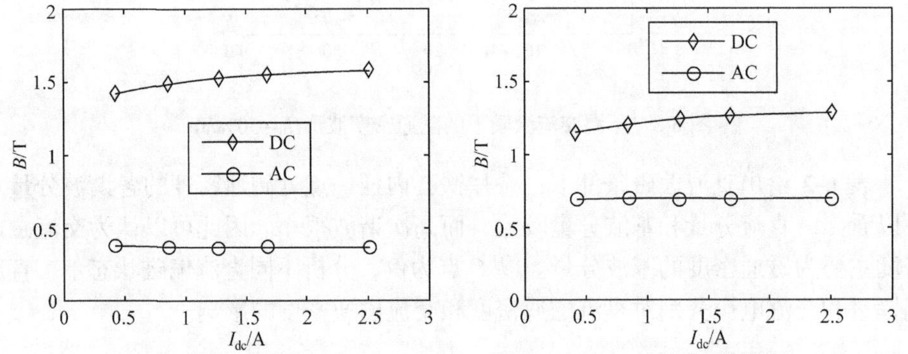

(a) U_{ac}=133V　　(b) U_{ac}=238V

图 6-10　直流偏置量对直流磁通密度和交流磁通密度的影响

由此可知，激磁绕组中的直流偏置量的出现使铁心中产生了相应的直流磁通，但是直流磁通与直流偏置量之间并非是简单的线性关系。直流磁通受直流偏置量和交流电压的影响。交流磁通的大小则与直流偏置量无关，主要取决于交流电压的变化。

6.2.3　磁通分布

如式(6-6c)和式(6-6d)所示，任意点的磁通密度都可以表示为各次谐波相叠加的形式，在求解式(6-28)的过程当中，可以同时获得各单元磁通密度的谐波向量。由此可以根据磁通密度的谐波向量对计算区域的磁通分布进行谐波分析。图 6-11 给出了某一时刻($\omega t = \pi/3$)叠片铁心内的总磁通分布。图 6-12 给出了不同时刻下各次谐波的磁通分布情况。

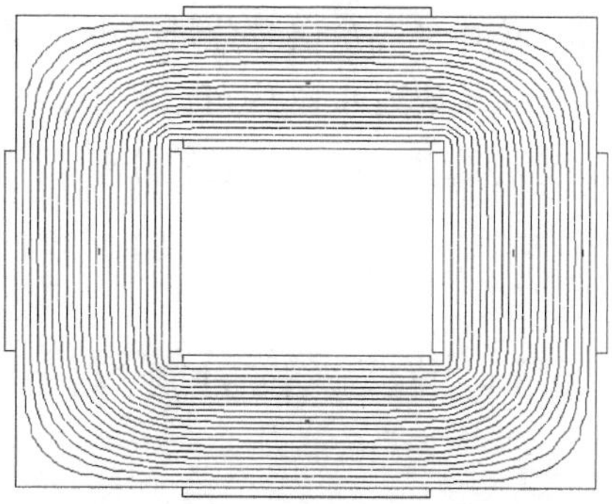

图 6-11　总磁通分布（$\omega t = \pi/3$）

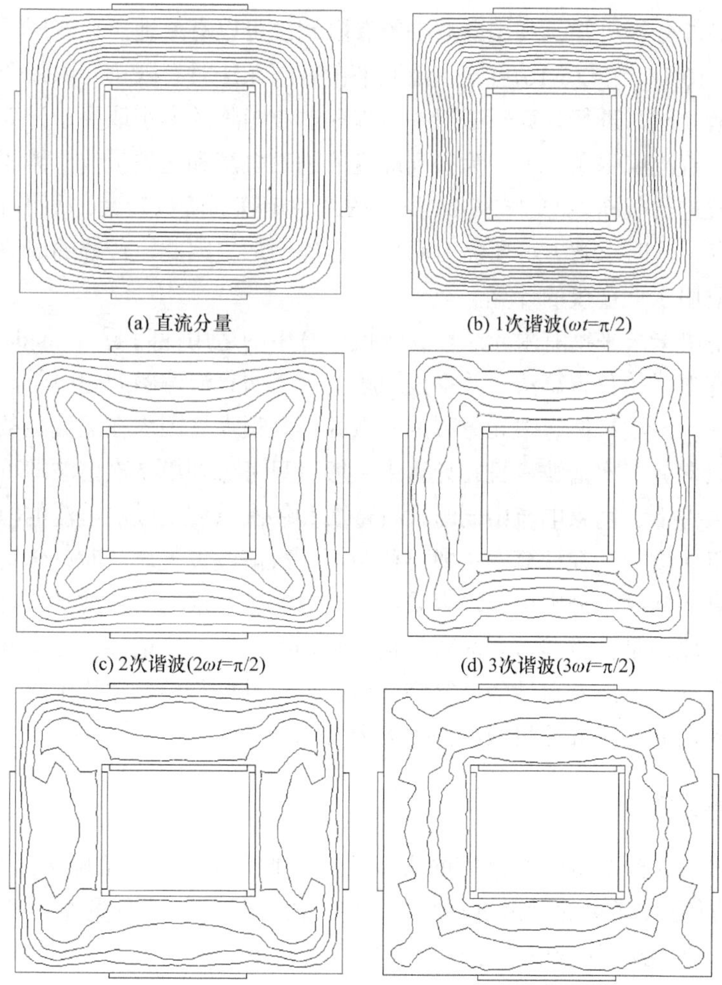

(a) 直流分量　(b) 1次谐波($\omega t=\pi/2$)

(c) 2次谐波($2\omega t=\pi/2$)　(d) 3次谐波($3\omega t=\pi/2$)

(e) 4次谐波($4\omega t=\pi/2$)　(f) 5次谐波($5\omega t=\pi/2$)

图 6-12　各次谐波的磁通分布

由表 6-2 可知，磁通密度中的高次谐波分量很小，因此需要对高次谐波的磁通分布图进行一定程度的放大。从图 6-12 中可以看出，高次谐波的分布与直流分量和基波分量明显不同，这将给铁心中总磁通的分布带来一定的影响，可能造成总磁通的畸变。

6.3　谐波平衡分解算法

6.3.1　传统方法存在的问题

由前面的分析可知，利用谐波平衡有限元法可以有效地研究变压器直流偏磁问题。由式(6-14)～式(6-16)可知，谐波平衡有限元法对有限单元内每个节点矢量位的各次谐波同时进行计算，磁阻率矩阵和谐波矩阵的大小取决于计算中截断的谐波数。在直流偏磁条件下，为得到准确的励磁电流和磁矢量位，需要在计算中对高次谐波进行截断，此时式(6-28)所示的系数矩阵的阶数较大，从而占用计算机较大的内存，同时求解方程所需时间也将迅速增加。因此，传统的谐波平衡有限元法并不适用于大规模的计算。

为了解决谐波平衡有限元法在大规模计算中的适用性问题，Yamada 等提出了谐波平衡有限元的分解算法，并将该问题应用于非直流偏磁问题中[11]。在非直流偏磁问题中，谐波平衡有限元方程的阶数并不是很大。因为在无偏磁条件下，励磁电流中只含有奇次谐波，且在计算中一般可只考虑到第 7 次谐波即可。然而在直流偏磁条件下，励磁电流中同时含有奇次和偶次谐波，励磁电流的幅值及各次谐波分量迅速增长，在计算中一般要截断至 7 次谐波以上。此时，传统算法对内存要求较高的问题十分突出，需要采用分解算法进行求解。谐波平衡有限元分解算法的基本原理是：将各节点的磁矢量位和励磁电流按照谐波次数由低到高的顺序依次进行计算，所有谐波的计算完成后，再对其进行整体迭代求解。如此每次只计算一次谐波，对计算机内存的需求大大降低。

6.3.2　分解算法

式(6-17)给出了磁阻率矩阵的表达式，按照与磁矢量位的各次谐波解向量相对应的原则对其中的元素进行分块，将直流分量与基波分量作为整体进行处理，其他各次谐波分量单独处理。进行分块处理后的磁阻率矩阵 $\boldsymbol{D}$ 可表示为如下形式：

$$
\boldsymbol{D}=\begin{bmatrix}\mathfrak{R}_{1,1} & \mathfrak{R}_{1,2} & \mathfrak{R}_{1,3} & \cdots \\ \mathfrak{R}_{2,1} & \mathfrak{R}_{2,2} & \mathfrak{R}_{2,3} & \cdots \\ \mathfrak{R}_{3,1} & \mathfrak{R}_{3,2} & \mathfrak{R}_{3,3} & \cdots \\ \vdots & \vdots & \vdots & \vdots \end{bmatrix}=\left[\begin{array}{ccc|cc|cc|c}
d_{11} & d_{12} & d_{13} & d_{14} & d_{15} & d_{16} & d_{17} & \\
d_{21} & d_{22} & d_{23} & d_{24} & d_{25} & d_{26} & d_{27} & \cdots \\
d_{31} & d_{32} & d_{33} & d_{34} & d_{35} & d_{36} & d_{37} & \\
\hline
d_{41} & d_{42} & d_{43} & d_{44} & d_{45} & d_{46} & d_{47} & \cdots \\
d_{51} & d_{52} & d_{53} & d_{54} & d_{55} & d_{56} & d_{57} & \\
\hline
d_{61} & d_{62} & d_{63} & d_{64} & d_{65} & d_{66} & d_{67} & \cdots \\
d_{71} & d_{72} & d_{73} & d_{74} & d_{75} & d_{76} & d_{77} & \\
\hline
& \vdots & & \vdots & & \vdots & & \vdots
\end{array}\right]
$$

$$
=\frac{1}{2}\left[\begin{array}{ccc|cc|cc|c}
2\nu_0 & \nu_{1s} & \nu_{1c} & \nu_{2s} & \nu_{2c} & \nu_{3s} & \nu_{3c} & \\
2\nu_{1s} & 2\nu_0-\nu_{2c} & \nu_{2s} & \nu_{1c}-\nu_{3c} & -\nu_{1s}+\nu_{3s} & \nu_{2c}-\nu_{4c} & -\nu_{2s}+\nu_{4s} & \cdots \\
2\nu_{1c} & \nu_{2s} & 2\nu_0+\nu_{2c} & \nu_{1s}+\nu_{3s} & \nu_{1c}+\nu_{3c} & \nu_{2s}+\nu_{4s} & \nu_{2c}+\nu_{4c} & \\
\hline
2\nu_{2s} & \nu_{1c}-\nu_{3c} & \nu_{1s}+\nu_{3s} & 2\nu_0-\nu_{4c} & \nu_{4s} & \nu_{3c}-\nu_{5c} & -\nu_{3s}+\nu_{5s} & \cdots \\
2\nu_{2c} & -\nu_{1s}+\nu_{3s} & \nu_{1c}+\nu_{3c} & \nu_{4s} & 2\nu_0+\nu_{4c} & \nu_{3s}+\nu_{5s} & \nu_{3c}+\nu_{5c} & \\
\hline
2\nu_{3s} & \nu_{2c}-\nu_{4c} & \nu_{2s}+\nu_{4s} & \nu_{3c}-\nu_{5c} & \nu_{3s}+\nu_{5s} & 2\nu_0-\nu_{6c} & \nu_{6s} & \cdots \\
2\nu_{3c} & -\nu_{2s}+\nu_{4s} & \nu_{2c}+\nu_{4c} & -\nu_{3s}+\nu_{5s} & \nu_{3c}+\nu_{5c} & \nu_{6s} & 2\nu_0+\nu_{4c} & \\
\hline
& \vdots & & \vdots & & \vdots & & \vdots
\end{array}\right]
\tag{6-29}
$$

对式(6-14)中的系数矩阵作行变换和列变换，使式(6-15)和式(6-16)分别表达为如下形式：

$$
\boldsymbol{A}_{e,n}=\begin{cases}\{A_{1,0},A_{1,1s},A_{1,1c},A_{2,0},A_{2,1s},A_{2,1c},A_{3,0},A_{3,1s},A_{3,1c}\}^{\mathrm{T}}, & n=1 \\ \{A_{1,ns},A_{1,nc},A_{2,ns},A_{2,nc},A_{3,ns},A_{3,nc}\}^{\mathrm{T}}, & n=2,3,\cdots,N\end{cases} \tag{6-30}
$$

$$
\begin{aligned}
\boldsymbol{K}_{e,n}&=\iint_{\Omega_e}\left(\boldsymbol{J}_e\cdot N_i\right)\mathrm{d}x\mathrm{d}y,\qquad i=1,2,3 \\
&=\begin{cases}\{K_{1,0},K_{1,1s},K_{1,1c},K_{2,0},K_{2,1s},K_{2,1c},K_{3,0},K_{3,1s},K_{3,1c}\}^{\mathrm{T}}, & n=1 \\ \{K_{1,ns},K_{1,nc},K_{2,ns},K_{2,nc},K_{3,ns},K_{3,nc}\}^{\mathrm{T}}, & n=2,3,\cdots,N\end{cases}
\end{aligned} \tag{6-31}
$$

式中，$\boldsymbol{A}_{e,n}$ 为单元 e 内磁矢量位的第 n 次谐波向量；$\boldsymbol{K}_{e,n}$ 为与激励源相关的第 n 次谐波向量。

于是矩阵方程(6-14)可以改写为如下形式：

$$\begin{cases} \left(\boldsymbol{S}_e * \boldsymbol{\mathfrak{R}}_{1,1} + \boldsymbol{T}_e * \boldsymbol{h}_1\right)\boldsymbol{A}_{e,1} = -\sum\limits_{m=1,2,\cdots}^{m\neq n}\left(\boldsymbol{S}_e * \boldsymbol{\mathfrak{R}}_{1,m}\right)\boldsymbol{A}_{e,m} + \boldsymbol{K}_{e,1} \\ \vdots \\ \left(\boldsymbol{S}_e * \boldsymbol{\mathfrak{R}}_{n,n} + \boldsymbol{T}_e * \boldsymbol{h}_n\right)\boldsymbol{A}_{e,n} = -\sum\limits_{m=1,2,\cdots}^{m\neq n}\left(\boldsymbol{S}_e * \boldsymbol{\mathfrak{R}}_{n,m}\right)\boldsymbol{A}_{e,m} + \boldsymbol{K}_{e,n} \\ \vdots \end{cases} \tag{6-32}$$

式中，$\boldsymbol{\mathfrak{R}}_{n,n}$ 与第 n 次谐波相关，为自关联磁阻率矩阵；$\boldsymbol{\mathfrak{R}}_{n,m}$ 与第 n 次和第 m 次谐波相关，为互关联磁阻率矩阵；$\boldsymbol{h}_n$ 为与第 n 次谐波相关的谐波矩阵。

运算符“*”可由式(6-33)定义：

$$\boldsymbol{S}_e * \boldsymbol{\mathfrak{R}}_{n,n} + \boldsymbol{T}_e * \boldsymbol{h}_n = \begin{bmatrix} S_{11}\boldsymbol{\mathfrak{R}}_{n,n} & S_{12}\boldsymbol{\mathfrak{R}}_{n,n} & S_{13}\boldsymbol{\mathfrak{R}}_{n,n} \\ S_{21}\boldsymbol{\mathfrak{R}}_{n,n} & S_{22}\boldsymbol{\mathfrak{R}}_{n,n} & S_{23}\boldsymbol{\mathfrak{R}}_{n,n} \\ S_{31}\boldsymbol{\mathfrak{R}}_{n,n} & S_{32}\boldsymbol{\mathfrak{R}}_{n,n} & S_{33}\boldsymbol{\mathfrak{R}}_{n,n} \end{bmatrix} + \begin{bmatrix} g_{11}\boldsymbol{h}_n & g_{12}\boldsymbol{h}_n & g_{13}\boldsymbol{h}_n \\ g_{21}\boldsymbol{h}_n & g_{22}\boldsymbol{h}_n & g_{23}\boldsymbol{h}_n \\ g_{31}\boldsymbol{h}_n & g_{32}\boldsymbol{h}_n & g_{33}\boldsymbol{h}_n \end{bmatrix} \tag{6-33}$$

按谐波次数分解后的磁阻率矩阵的表达式如下：

$$\boldsymbol{\mathfrak{R}}_{n,n} = \frac{1}{2}\begin{cases} \begin{bmatrix} 2\nu_0 & \nu_1 & \nu_2 \\ 2\nu_1 & 2\nu_0 - \nu_4 & \nu_3 \\ 2\nu_2 & \nu_3 & 2\nu_0 + \nu_4 \end{bmatrix}, & n = 1 \\ \begin{bmatrix} 2\nu_0 - \nu_{4n} & \nu_{4n-1} \\ \nu_{4n-1} & 2\nu_0 + \nu_{4n} \end{bmatrix}, & n > 1 \end{cases} \tag{6-34}$$

$$\boldsymbol{\mathfrak{R}}_{1,n} = \frac{1}{2}\begin{bmatrix} \nu_{2n-1} & \nu_{2n} \\ \nu_{2n-2} - \nu_{2n+2} & \nu_{2n+1} - \nu_{2n-3} \\ \nu_{2n+1} + \nu_{2n-3} & \nu_{2n-2} + \nu_{2n+2} \end{bmatrix}, \quad n > 1 \tag{6-35}$$

$$(\boldsymbol{\mathfrak{R}}_{n,1})^{\mathrm{T}} = \frac{1}{2}\begin{bmatrix} 2\nu_{2n-1} & 2\nu_{2n} \\ \nu_{2n-2} - \nu_{2n+2} & \nu_{2n+1} - \nu_{2n-3} \\ \nu_{2n+1} + \nu_{2n-3} & \nu_{2n-2} + \nu_{2n+2} \end{bmatrix}, \quad n > 1 \tag{6-36}$$

$$\begin{gathered} \boldsymbol{\mathfrak{R}}_{n,m} = (\boldsymbol{\mathfrak{R}}_{m,n})^{\mathrm{T}} = \frac{1}{2}\begin{bmatrix} \nu_{2(m'-n')} - \nu_{2(m'+n')} & \nu_{2(m'-n')-1} + \nu_{2(m'-n')+1} \\ \nu_{2(m'-n')+1} - \nu_{2(m'-n')-1} & \nu_{2(m'-n')} + \nu_{2(m'+n')} \end{bmatrix} \\ n, m > 1 \text{且} n \neq m \end{gathered} \tag{6-37}$$

式中，$\nu_{2n} = \nu_{ns}$；$\nu_{2n+1} = \nu_{nc}$；$m' = \mathrm{Max}(m,n)$；$n' = \mathrm{Min}(m,n)$。

按谐波次数分解后的谐波矩阵的表达式如下：

$$
\boldsymbol{h}_n = \begin{cases} \omega\begin{bmatrix} 0 & 0 & 0 \\ 0 & 0 & -1 \\ 0 & 1 & 0 \end{bmatrix}, & n=1 \\ \omega\begin{bmatrix} 0 & -n \\ n & 0 \end{bmatrix}, & n>1 \end{cases} \tag{6-38}
$$

在计算区域内将所有单元相叠加，得到如下系统矩阵方程：

$$
\boldsymbol{Q}_n \boldsymbol{A}_n = \boldsymbol{K}_n + \boldsymbol{F}_n, \quad n=1,2,\cdots,N \tag{6-39}
$$

式中，$\boldsymbol{F}_n = -\sum_{m=1,2,\cdots}^{m\neq n}\left(\boldsymbol{S} * \boldsymbol{\mathcal{R}}_{n,m}\right)\boldsymbol{A}_m$；$\boldsymbol{Q}_n = \boldsymbol{S} * \boldsymbol{\mathcal{R}}_{n,n} + \boldsymbol{T} * \boldsymbol{h}_n$。

将式(6-19)所示的系统矩阵方程改写为式(6-39)所示的谐波平衡矩阵方程组，可以对有限元各节点上各场量的谐波向量按照谐波次数依次进行求解。当外部激励为电压源时，还需要考虑将场路耦合矩阵进行分解。

于是式(6-24)可以改写为如下形式：

$$
\boldsymbol{U}_{\mathrm{in}k,n} = \boldsymbol{Z}_{k,n}\boldsymbol{J}_{k,n}S_k + \boldsymbol{C}_{k,n}\boldsymbol{A}_n \tag{6-40}
$$

$$
\boldsymbol{C}_{k,n} = \sum_{N_c}\frac{\omega N_k l_k \Delta}{3S_{ck}}\begin{bmatrix}\boldsymbol{h}_n & \boldsymbol{h}_n & \boldsymbol{h}_n\end{bmatrix} \tag{6-41}
$$

$$
\boldsymbol{Z}_{k,n} = \begin{bmatrix} R_k - n\omega L_k + (n\omega C_k)^{-1} & 0 \\ 0 & R_k + n\omega L_k - (n\omega C_k)^{-1} \end{bmatrix} \tag{6-42}
$$

式中，$\boldsymbol{J}_{k,n}$为线圈 k 中励磁电流密度的第 n 次谐波向量；$\boldsymbol{C}_{k,n}$为与第 n 次谐波相对应的场路耦合矩阵；$\boldsymbol{Z}_{k,n}$为与第 n 次谐波相对应的阻抗矩阵；N_c为线圈区域有限单元总数；$\boldsymbol{U}_{\mathrm{in}k,n}$为线圈 k 中输入电压的第 n 次谐波向量

$$
\boldsymbol{U}_{\mathrm{in}k,n} = \begin{cases} \{U_{k,0}, U_{k,1}, U_{k,2}\}^{\mathrm{T}}, & n=1 \\ \{U_{k,2n-1}, U_{k,2n}\}^{\mathrm{T}}, & n>1 \end{cases}
$$

将式(6-39)和式(6-40)联立，得到如下考虑场路耦合关系的系统矩阵方程组：

$$
\begin{bmatrix} \boldsymbol{Q}_n & \boldsymbol{G}_{k,n} \\ \boldsymbol{C}_{k,n} & \boldsymbol{Z}_{k,n} \end{bmatrix}\begin{Bmatrix} \boldsymbol{A}_n \\ \boldsymbol{J}_{k,n} \end{Bmatrix} = \begin{Bmatrix} \boldsymbol{F}_n \\ \boldsymbol{U}_{\mathrm{in}k,n} \end{Bmatrix}, \quad n=1,2,\cdots,N \tag{6-43}
$$

式中，$\boldsymbol{G}_{k,n}$为与励磁电流密度的第 n 次谐波分量相关的激励特性矩阵；N 为计算中截断的最高谐波次数；$\boldsymbol{A}_n$为所有节点磁矢量位的第 n 次谐波向量。

寻求稳定有效的算法是求解式(6-43)的关键。Yamada 针对无偏磁条件下的谐波平衡有限元方程组提出了一种迭代解法，其步骤如下。

(1) 将 $\boldsymbol{A}_2$～$\boldsymbol{A}_N$的初值置为零，利用松弛迭代法求解一次谐波向量 $\boldsymbol{A}_1$。若 $\boldsymbol{A}_1$收敛，则转到(2)，否则继续迭代，重复步骤(1)。

(2) 根据求解得到的 $\boldsymbol{A}_1$ 依次求解 $\boldsymbol{A}_2$～$\boldsymbol{A}_N$，检验 $\boldsymbol{A}_2$～$\boldsymbol{A}_N$ 是否收敛，若收敛停止计算，否则将 $\boldsymbol{A}_2$～$\boldsymbol{A}_N$ 代入式(6-43)，重复步骤(1)、(2)。

然而，以上求解方法并不可靠，且效率不高。一方面，对各次谐波分别求解且单独判断收敛；另一方面在求解各次谐波的同时，没有充分利用已得到的结果。这将导致谐波解收敛时的不确定性，当铁磁材料的非线性比较强时，甚至会造成最终结果的不准确。Yamada 也指出了这种解法的缺陷，但在实际计算中往往采用一个最大迭代次数来对总迭代次数进行限定，当迭代次数达到最大值时，即停止计算。事实上，对于最大迭代次数的选取并没有合理的依据。

式(6-33)中系数矩阵 $\boldsymbol{S}_e$ 与磁阻率矩阵 $\boldsymbol{\mathcal{R}}_{n,n}$ 都具有对角线元素占优的性质，而式(6-43)中的系数矩阵 $\boldsymbol{Q}_n$ 与矩阵 $\boldsymbol{S}_e$ 和 $\boldsymbol{\mathcal{R}}_{n,n}$ 相关，因此可以采用基于块矩阵的高斯-赛德尔算法对分解后的谐波平衡有限元方程组进行求解[12]。算法及迭代方案如下。

(1) ($p=0$)：初始化 $\boldsymbol{A}_1$～$\boldsymbol{A}_N$，令其初值分别为 $\boldsymbol{A}_1^0,\boldsymbol{A}_2^0,\cdots,\boldsymbol{A}_N^0$，按步骤(2)求解式(6-43)。

(2) ($p>0$)：

① ($n=1$)：由已知解向量 $\boldsymbol{A}_1^p,\boldsymbol{A}_2^p,\cdots,\boldsymbol{A}_N^p$ 计算系数矩阵 $\boldsymbol{Q}_1^p$，由已知的解向量 $\boldsymbol{A}_2^p,\boldsymbol{A}_3^p,\cdots,\boldsymbol{A}_N^p$ 计算右端项矩阵 $\boldsymbol{F}_1^p$，结合场路耦合矩阵 $\boldsymbol{C}_1$ 和激励源分布特性矩阵，求解式(6-43)得到更新后的一次谐波解向量 $\boldsymbol{A}_1^{p+1}$。

② ($1<n<N$)：由已知解向量 $\boldsymbol{A}_1^p,\boldsymbol{A}_2^p,\cdots,\boldsymbol{A}_N^p$ 计算系数矩阵 $\boldsymbol{Q}_i^p$，由已知的解向量 $\boldsymbol{A}_1^{p+1},\boldsymbol{A}_2^{p+1},\cdots,\boldsymbol{A}_{i-1}^{p+1},\boldsymbol{A}_{i+1}^p,\cdots,\boldsymbol{A}_N^p$ 计算右端项矩阵 $\boldsymbol{F}_1^p$，结合场路耦合矩阵 $\boldsymbol{C}_i$ 和激励源分布特性矩阵 $\boldsymbol{G}_i$，求解得到更新后的第 n 次谐波解向量 $\boldsymbol{A}_i^{p+1}$。

③ ($n=N$)：由已知解向量 $\boldsymbol{A}_1^{p+1},\boldsymbol{A}_2^{p+1},\cdots,\boldsymbol{A}_N^p$ 计算系数矩阵 $\boldsymbol{Q}_N^p$，由已知的解向量 $\boldsymbol{A}_1^{p+1},\boldsymbol{A}_2^{p+1},\cdots,\boldsymbol{A}_{N-1}^{p+1}$ 计算右端项矩阵 $\boldsymbol{F}_N^p$，结合场路耦合矩阵 $\boldsymbol{C}_N$ 和激励源分布特性矩阵 $\boldsymbol{G}_N$，求解得到更新后的第 N 次谐波解向量 $\boldsymbol{A}_N^{p+1}$。

(3) 检查解向量 $\boldsymbol{A}$ 是否收敛。若收敛，停止计算；若不收敛则利用松弛迭代法对已知当前解向量进行更新，$\boldsymbol{A}^{\text{new}}=(1-\alpha)\boldsymbol{A}^{\text{now}}+\alpha\boldsymbol{A}^{\text{old}}$，返回步骤(2)继续计算，$p=p+1$。

上述算法中，p 为迭代步数；n 为谐波次数；α 为松弛因子；$\boldsymbol{A}=\left[\boldsymbol{A}_1,\boldsymbol{A}_2,\cdots,\boldsymbol{A}_N\right]^{\mathrm{T}}$。

收敛判据如下：

$$\frac{\left\|\boldsymbol{X}^{p+1}-\boldsymbol{X}^p\right\|}{\left\|\boldsymbol{X}^p\right\|}<\varepsilon \tag{6-44}$$

式中，$\boldsymbol{X}=\left[\boldsymbol{A},\boldsymbol{J}\right]^{\mathrm{T}}$；$\varepsilon$ 为一个较小的常数。

根据以上求解方法，可以在内存需求方面对谐波平衡有限元的传统算法和分解算法给出一个大致的比较。假定有限元计算区域总共有 M_T 个节点，则两种算法中系数矩阵的最大阶数比如下：

$$\frac{MS_N}{MS_T}=\frac{\left[3\times M_T\right]^2}{\left[(2N+1)\times M_T\right]^2}=\frac{3\times 3}{(2N+1)^2} \tag{6-45}$$

式中，MS_N为式(6-43)中系数矩阵 $\boldsymbol{Q}_1$ 的阶数；MS_T为式(6-28)中系数矩阵 $\boldsymbol{Q}$ 的阶数。

在直流偏磁问题中，为得到准确的解，需要对谐波次数截断至 7 次以上，当直流偏置量较大或交流电压较高时，计算中要对 10 次及 10 次以上的谐波进行截断。由式(6-24)可以看出，相对于传统算法，谐波平衡有限元的分解算法在解决直流偏磁问题时，能够节省计算机大量的内存，适用于大规模计算。两种算法在计算时间、所需内存等方面的比较，将在 6.3.3 节中予以详细讨论。

6.3.3　与传统算法比较与分析

适当选择松弛因子 α 的值，有利于增强谐波解收敛的稳定性并能够有效缩短计算时间。本节的计算中，将松弛因子的初值 α_0 设置为 0.2 或 0.3，随着迭代次数的增加，不断调整松弛因子的值，以实现谐波解向量的快速稳定收敛。表 6-3 给出了一种松弛因子的调整方案，其中，P_c 为计算过程中的总迭代步数，β 为调整迭代因子的系数。

表 6-3　松弛因子的设置方案

P_c	<10	<20	<40	<60	<70	<80	<90	<100	⩾100
B	1	0.8	0.6	0.4	0.3	0.2	0.1	0.08	0.06
$\alpha=\alpha_0\cdot\beta$	0.2	0.16	0.12	0.08	0.06	0.04	0.02	0.016	0.012

由叠片铁心的对称性，利用谐波平衡有限元的分解算法对图 6-5 所示叠片铁心的 1/4 区域进行计算，计算区域内含 1922 个三角单元和 1014 个节点。相关计算结果如表 6-4 所示。其中，T_c为计算时间，$I_{\mathrm{rms},c}$为计算得到的励磁电流有效值，$I_{\mathrm{rms},m}$为测量得到的励磁电流有效值。选取不同的激励条件和截断谐波次数，观察其对计算结果的影响。

表 6-4　分解算法的计算结果

I_{dc}/A	U_{ac}/V	N	P_c	T_c/s	$I_{\mathrm{rms},c}$/A	$I_{\mathrm{rms},m}$/A	误差/%	ε
0.4256	370	9	170	5678.5	1.2895	1.3486	4.38	0.015
0.4256	370	7	158	3303.6	1.2813	1.3486	4.99	0.01
0.847	240	5	171	1888.6	2.1202	2.3463	9.64	0.01
0.847	240	9	174	5788.2	2.3516	2.3463	−0.23	0.015

由表 6-4 可知，在直流偏磁条件下，利用谐波平衡有限元法对叠片铁心的励磁电流和磁场进行计算，当截断至 5 次谐波时，计算结果与测量结果的误差较大；当截断至 7 次谐波及以上时，计算结果与测量结果的误差在 5%以内。

图 6-13 和图 6-14 给出两种不同的直流偏磁条件下，截断谐波次数的选择对励磁电流计算结果的影响。如图 6-13 所示，当直流偏置量和交流电压均较小时，截断至 3 次谐波时的计算结果(HB-3)和截断至 5 次谐波的计算结果(HB-5)不够准确，截断至 7 次谐波时的计算结果(HB-7)与测量结果(Mea)吻合较好。如图 6-14 所示，当增大直流偏置量和交流电压后，取 7 次谐波时计算结果的误差较大，取 10 次谐波时的计算结果(HB-10)误差较小。由此可知，对于截断谐波次数 N 的选择，需要视外加激励 I_{dc} 和 U_{ac} 的大小而定。当外加激励较小时，可以取 7 次谐波进行计算；当外加激励较大时，可以取 9 次谐波及以上进行计算。

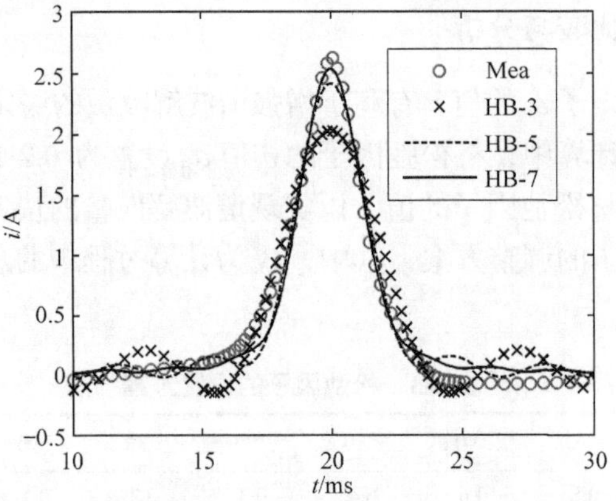

图 6-13　励磁电流的比较(I_{dc} = 0.426A; U_{ac} = 240V)

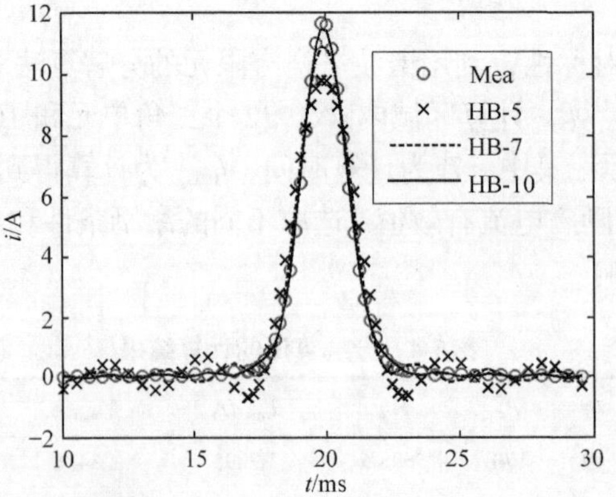

图 6-14　励磁电流的比较(I_{dc} = 1.273A; U_{ac} = 370V)

总迭代步数 P_c 与外加激励 I_{dc} 和 U_{ac}，以及截断谐波次数 N 及 ε 相关。外加激励越大，截断谐波次数越高，ε 越小，总迭代次数 P_c 越大；反之总迭代次数 P_c 越小。

表 6-5 对谐波平衡有限元的传统算法和分解算法进行了比较，其中，M 为计算中系数矩阵所需最大内存。由计算结果可知，在相同的计算规模下，分解算法所需内存远远小于传统算法，这与式(6-45)的比较结果相对应。在分解算法中，系数矩阵的大小，只与有限元节点数相关；在传统算法中，系数矩阵的大小与有限元节点数和截断谐波次数 N 同时相关。因此，在直流偏磁问题的大规模计算中，传统算法的有限元系数矩阵将非常庞大，占用计算机较大的内存。采用分解算法，对各次谐波依次进行计算，虽然计算时间较传统算法稍长，但可以十分有效地减小内存需求。

表 6-5　传统算法与分解算法的比较

I_{dc}/A	U_{ac}/V	ε	N	传统算法			分解算法		
				$P_{c,1}$	$T_{c,1}$/s	M_1/MB	$P_{c,2}$	$T_{c,2}$/s	M_2/MB
0.4256	370	0.015	8	53	3062.1	10.98	164	4409.1	0.47
0.847	320	0.015	9	72	4287.3	13.61	189	5943.5	0.47

图 6-15 给出了叠片铁心中一点(图 6-5 所示 C 点)的磁通密度波形，将 HBFEM 的计算结果与时步有限元法(time domain finite element method, TDFEM)的计算结果相比较，验证了计算结果的正确性。

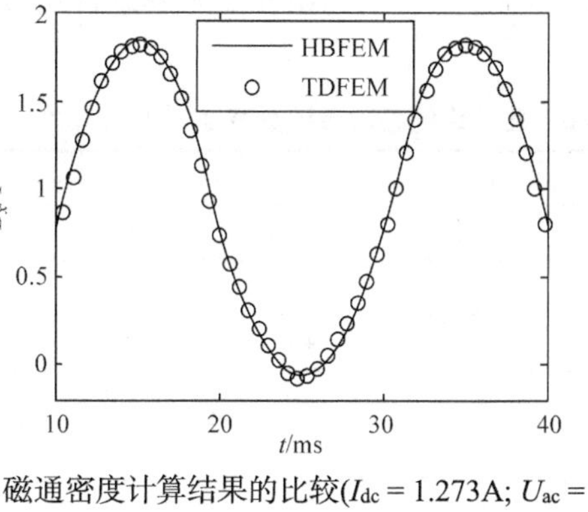

图 6-15　磁通密度计算结果的比较(I_{dc} = 1.273A; U_{ac} = 370V)

图 6-16 给出了直流偏磁条件下磁阻率波形的计算结果。当交流电压一定时，磁阻率波形的峰值随着偏置量的增大而增大，但波形尖峰的宽度没有改变；当直流偏置量固定时，磁阻率波形的峰值随着交流电压的升高而增大，波形尖峰的宽度也随之变小，这主要是由于高次谐波迅速增大，在磁阻率的各次谐波分量中所占比例增大。同时可以发现，当交流电压较高时，在磁阻率的波形中出现了除主尖峰以外的次尖峰。原因是当交流电压较高时，磁通密度在正负半周同时造成叠片铁心的饱和，分别与主尖峰和次尖峰相对应，同时与图 6-8 相对应。

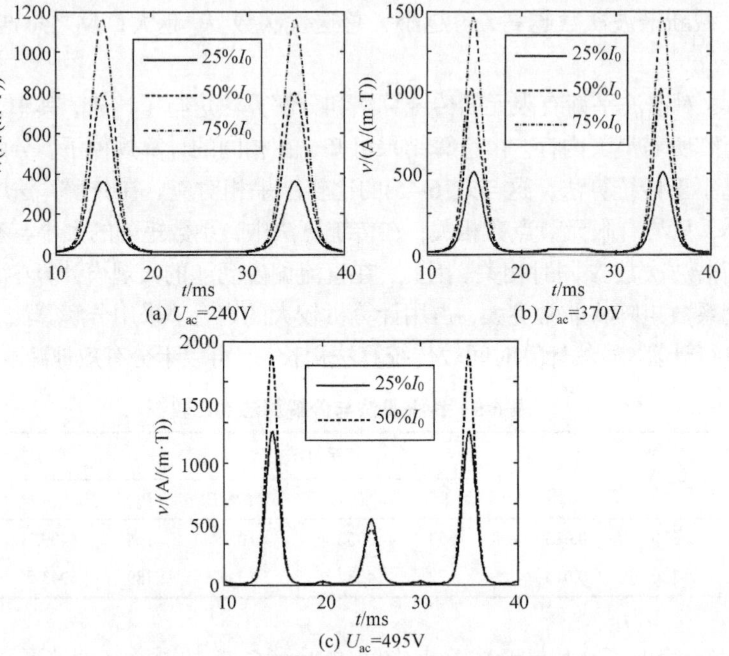

图 6-16　直流偏磁条件下的磁阻率波形

表 6-6 和表 6-7 给出了直流偏磁条件下磁阻率的各次谐波分量。在直流偏置比例为 75%的情况下，将计算得到的单元磁阻率进行谐波分解，针对前 19 次谐波进行比较和分析。

表 6-6　磁阻率的各次谐波分量(I_{dc} =75% I_0; U_{ac} = 370V)

谐波次数	0	1	2	3	4
幅值/(A/(m · T))	184.50	308.59	280.91	219.29	166.11
谐波次数	5	6	7	8	9
幅值/(A/(m · T))	115.88	74.16	46.29	25.09	13.30
谐波次数	10	11	12	13	14
幅值/(A/(m · T))	7.12	3.53	2.71	1.98	1.75
谐波次数	15	16	17	18	19
幅值/(A/(m · T))	1.72	1.31	1.23	0.96	0.71

表 6-7　磁阻率的各次谐波分量(I_{dc} = 75% I_0; U_{ac} = 495V)

谐波次数	0	1	2	3	4
幅值/(A/(m · T))	213.28	311.35	356.05	265.75	282.04
谐波次数	5	6	7	8	9
幅值/(A/(m · T))	193.89	185.83	127.28	115.59	73.68

续表

谐波次数	10	11	12	13	14
幅值/(A/(m · T))	63.09	42.54	36.48	24.46	21.09
谐波次数	15	16	17	18	19
幅值/(A/(m · T))	17.07	15.26	12.46	10.50	9.35

由表 6-6 可知，当交流电压相对较低时，除磁阻率的直流分量外，各次谐波分量与谐波次数相关。谐波次数越高，谐波分量越小，且各奇次谐波分量均大于其后的所有偶次谐波分量。

由表 6-7 可知，当交流电压相对较高时，各次谐波分量均有所增大，但增大趋势不同，偶次谐波分量的增长速度明显大于奇次谐波。在低次谐波中，偶次谐波分量大于其紧邻的奇次谐波分量；在高次谐波中，各谐波分量分布趋势仍与表 6-6 相同。

6.4　本章小结

利用谐波平衡有限元法计算直流偏磁条件下的叠片铁心，对计算得到的励磁电流进行了详细的谐波分析，研究了直流偏置量和交流激励对各次谐波的影响。对计算得到的磁场进行谐波分析，指出了直流偏置量与交流激励对直流磁通和交流磁通的影响。针对传统的谐波平衡有限元法内存需求较大的缺点，提出谐波平衡有限元的分解算法，并利用基于块矩阵的高斯-赛德尔迭代法和松弛迭代法对分解后的谐波平衡有限元方程组进行求解。分解算法有效地节省了计算机内存，使基于谐波平衡有限元法的大规模计算成为可能。

参考文献

[1] Zghoul F R. Analyzing single and multitone nonlinear circuits using a modified harmonic balance method[D]. Moscow: University of Idaho, 2007.

[2] Maas S A. Nonlinear Microwave Circuits[M]. Boston: Artech House Press, 1988.

[3] Yamada S, Bessho K. Harmonic field calculation by the combination of finite element analysis and harmonic balance method[J]. IEEE Transactions on Magnetics, 1988, 24(6): 2588-2590.

[4] Lu J, Yamada S, Bessho K. Harmonic balance finite element method taking account of external circuits and motion[J]. IEEE Transactions on Magnetics, 1991, 27(5): 4024-4127.

[5] Zhao X J, Lu J W, Li L, et al. Analysis of the DC bias phenomenon by the harmonic balance finite element method[J]. IEEE Transactions on Power Delivery, 2011, 26(1): 475-485.

[6] Zhao X J, Li L, Lu J W, et al. Characteristics analysis of the square laminated core under

dc-biased magnetization by the fixed-point harmonic-balanced FEM[J]. IEEE Transactions on Magnetics, 2012, 48(2): 747-750.

[7] Zhao X J, Li L, Cheng Z G , et al. Harmonic analysis of nonlinear magnetic field under sinusoidal and dc-biased magnetizations by the fixed-point method[J]. IEEE Transactions on Magnetics, 2015, 51(3): 7000705.

[8] Enokizono M. Boundary element method taking into account external power source[J]. IEEE Transactions on Magnetics, 1988, 24(4): 2133-2139.

[9] Gyselinck J, Dular P, Geuzaine C, et al. 2D harmonic balance FE modeling of electromagnetic devices coupled to nonlinear circuits[J]. International Journal for Computation and Mathematics in Electrical and Electronic Engineering, 2003, 23(3): 800-812.

[10] Tang R, Wang S, Li Y, et al. Transient simulation of power transformers using 3D finite element model coupled to electric circuit equations[J]. IEEE Transactions on Magnetics, 2000, 36(4): 1417-1420.

[11] Yamada S, Biringer P P, Bessho K. Calculation of nonlinear eddy-current problems by the harmonic balance finite element method[J]. IEEE Transactions on Magnetics, 1991, 26(5): 4122-4125.

[12] Saad Y. Iterative Methods for Sparse Linear Systems[M]. Boston: PWS Publishing Company, 2009.

第 7 章　场路耦合的时间周期有限元法

7.1　引　　言

时域计算中，周期性条件(设周期为 T)一般可以表示为两种形式：

$$\begin{cases} a: x(t) = -x(t+(T/2)) \\ b: x(t) = x(t+T) \end{cases} \tag{7-1}$$

式中，a 为半周期条件，适用于正负半波对称的周期性变化情况；b 为整周期条件，适用于任何形式周期性变化的情况。对于正弦周期性时变的问题，一般采用半周期条件，可以节省计算内存，加快方程的求解速度。但对于变压器直流偏磁问题，由于电流和电磁场场量的正负半波不对称，只能采用整周期条件。

对于时域计算中的一阶偏微分方程，方程离散化后一般可以用式(7-2)表示：

$$\boldsymbol{M}\boldsymbol{x}(t_k) + \boldsymbol{N}\boldsymbol{x}(t_{k-1}) = \boldsymbol{\beta}(t_k) \tag{7-2}$$

式中，$t_k = t_{k-1}+\Delta t$，t_k 和 t_{k-1} 为计算的时刻(Δt 为时间步长)；$\boldsymbol{M}$ 和 $\boldsymbol{N}$ 分别为时刻 t_k 和 t_{k-1} 的未知量的系数矩阵；$\boldsymbol{\beta}$ 为右端项矩阵。若取 $m = T/\Delta t$，时刻 $t_k = t_0 + k\Delta t$ ($k = 1,2,\cdots,m$)，考虑到时间周期性的条件 $\boldsymbol{x}(t_m) = \boldsymbol{x}(t_0)$，那么，针对一个周期内的各个时刻，时间周期有限元方程可以写为[1,2]

$$\begin{bmatrix} \boldsymbol{M} & \boldsymbol{0} & \cdots & \boldsymbol{0} & \boldsymbol{N} \\ \boldsymbol{N} & \boldsymbol{M} & \cdots & \boldsymbol{0} & \boldsymbol{0} \\ \vdots & \vdots & & \vdots & \vdots \\ \boldsymbol{0} & \boldsymbol{0} & \cdots & \boldsymbol{M} & \boldsymbol{0} \\ \boldsymbol{0} & \boldsymbol{0} & \cdots & \boldsymbol{N} & \boldsymbol{M} \end{bmatrix} \begin{bmatrix} \boldsymbol{x}(t_1) \\ \boldsymbol{x}(t_2) \\ \vdots \\ \boldsymbol{x}(t_{m-1}) \\ \boldsymbol{x}(t_m) \end{bmatrix} = \begin{bmatrix} \boldsymbol{\beta}(t_1) \\ \boldsymbol{\beta}(t_2) \\ \vdots \\ \boldsymbol{\beta}(t_{m-1}) \\ \boldsymbol{\beta}(t_m) \end{bmatrix} \tag{7-3}$$

时间周期有限元法相对于传统的时步有限元法，减小了每一时间步迭代时误差的累积，而且时间步长可以稍微取大一些，节省了储存空间；但由于需要同时求解 m 个时刻的解向量，方程系数矩阵的阶数较大，此外系数矩阵还存在不对称的问题，因此如何求解时间周期有限元方程也变得十分关键。

7.2　时间周期有限元法

7.2.1　场路耦合方程

结合麦克斯韦方程，非线性磁场可以描述为

$$\nabla \times \boldsymbol{H} = \boldsymbol{J} \tag{7-4a}$$

$$\nabla \cdot \boldsymbol{B} = 0 \tag{7-4b}$$

引入矢量磁位 $\boldsymbol{A}(\nabla \times \boldsymbol{A} = \boldsymbol{B})$和磁阻率$\nu$，那么在二维交变电磁场中，电磁场矢量磁位的微分方程可以表示为(在二维平面内矢量磁位$\boldsymbol{A}$只有z轴方向的分量,用A表示)

$$\begin{cases} \nabla \times \nu \nabla \times A = J - \gamma \dfrac{\partial A}{\partial t}, & (x,y) \in \Omega \\ \nu_1 \dfrac{\partial A_{z1}}{\partial n}\Big|_L = \nu_2 \dfrac{\partial A_{z2}}{\partial n}\Big|_L,\ A_{z1}\Big|_L = A_{z2}\Big|_L, & (x,y) \in L \\ \nu \dfrac{\partial A_z}{\partial n}\Big|_{L''} = 0, & (x,y) \in L'' \\ A_{z1}\Big|_{L'} = 0, & (x,y) \in L' \end{cases} \tag{7-5}$$

式中，γ为材料的电导率；J为绕组电流密度在z轴方向的分量；ν_1和ν_2分别为不同介质的磁阻率；Ω、L、L'和L''分别为场域、不同介质的分界面(铁心、绕组和空气区域的分界面)、平行边界和垂直边界。在绕组区域中，满足$J = N_c I/S_c$(N_c为绕组匝数，I为绕组励磁电流，S_c为绕组截面积)。

采用三节点的三角形单元对二维场域进行剖分,结合伽辽金有限元法,式(7-5)中的场域方程可以写为

$$\sum_{e=1}^{E} \int_{\Omega_e} \left[\nu \left(\frac{\partial N_i}{\partial x} \frac{\partial A}{\partial x} + \frac{\partial N_i}{\partial y} \frac{\partial A}{\partial y} \right) + \gamma N_i \frac{\partial A}{\partial t} \right] \mathrm{d}x\mathrm{d}y = \sum_{e=1}^{E} \int_{\Omega_e} N_i \frac{N_c I(t_k)}{S_c} \mathrm{d}x\mathrm{d}y \tag{7-6}$$

式中，N_i为权函数(i为单元节点，$i = 1,2,\cdots,n$，n为总的节点数)；Ω_e为单元e($e = 1,2,\cdots,E$，E为总的单元数)所在的区域。采用向后差分法，对式(7-6)进行离散化处理，移项后可以表示为

$$\begin{aligned} &\sum_{e=1}^{E} \int_{\Omega_e} \left[\nu \left(\frac{\partial N_i}{\partial x} \frac{\partial A(t_k)}{\partial x} + \frac{\partial N_i}{\partial y} \frac{\partial A(t_k)}{\partial y} \right) + \gamma N_i \frac{A(t_k) - A(t_{k-1})}{\Delta t} \right] \mathrm{d}x\mathrm{d}y \\ &= \sum_{e=1}^{E} \int_{\Omega_e} N_i \frac{N_c I(t_k)}{S_c} \mathrm{d}x\mathrm{d}y \end{aligned} \tag{7-7}$$

针对模型中的节点i，取

$$\begin{cases} f_i = \displaystyle\sum_{e=1}^{E} \int_{\Omega_e} \left[\nu \left(\frac{\partial N_i}{\partial x} \frac{\partial A(t_k)}{\partial x} + \frac{\partial N_i}{\partial y} \frac{\partial A(t_k)}{\partial y} \right) + \gamma N_i \frac{A(t_k)}{\Delta t} \right] \mathrm{d}x\mathrm{d}y \\ \qquad - \displaystyle\sum_{e=1}^{E} \int_{\Omega_e} \gamma N_i \frac{\partial A(t_{k-1})}{\Delta t} \mathrm{d}x\mathrm{d}y \\ g_i = -\displaystyle\sum_{e=1}^{E} \int_{\Omega_e} N_i \frac{N_c I(t_k)}{S_c} \mathrm{d}x\mathrm{d}y \end{cases} \tag{7-8}$$

那么对于整个求解域，式(7-7)就可以写为

$$\boldsymbol{f}+\boldsymbol{g}=\left\{f_i+g_i\right\}=\mathbf{0} \tag{7-9}$$

式中，$\boldsymbol{f}$ 为与矢量磁位有关的矩阵；$\boldsymbol{g}$ 为与绕组电流有关的矩阵。

对变压器来说，其外施激励源一般是交流电压源，当直流电流叠加在交流电压激励上流入变压器绕组中就会引起直流偏磁的现象。但在进行变压器直流偏磁计算时，交流电压源与直流电流源是不能直接串联在一起的(若串联在一起，则相当于在线圈上施加了一个强制电流分量，计算的线圈电流中只含有直流分量)，因此，在直流偏磁的计算中一般采用等效的直流电压来代替直流电流，那么变压器直流偏磁下的外部电路方程一般可以写为

$$E_{q\mathrm{ac}}+U_{q\mathrm{dc}}=u_q+R_q i_q+L_q\frac{\mathrm{d}i_q}{\mathrm{d}t} \tag{7-10}$$

式中，q 为线圈(或者绕组，$q=1,2,\cdots,n_n$, n_n 为总的线圈数)；$E_{q\mathrm{ac}}$ 为交流电压激励；R_q 为线路 q 中的电阻(包含绕组内阻)；$U_{q\mathrm{dc}}$ 为施加在线圈 q 上的等效的直流电压激励($U_{q\mathrm{dc}}=I_{\mathrm{dc}}\cdot R_q$，$I_{\mathrm{dc}}$ 为直流电流)；L_q 为线路 q 中的电感；i_q 为流入线圈 q 中的电流；u_q 为线圈 q 的感应电动势。采用有限元法进行场路耦合计算时，线圈的感应电动势 u_q 可以表示为矢量磁位的函数，实现电路与磁场的耦合。在二维平面内，当采用三角形单元进行插值计算时，u_q 的表达式为

$$\begin{aligned}
u_q&=N_{cq}\frac{\partial\left(\iint_{\Omega_{cq}}\boldsymbol{B}\cdot\mathrm{d}S\right)}{\partial t}\\
&=N_{cq}\cdot\alpha_z\frac{\partial\left(\iint_{\Omega_{cq}}\nabla\times A\mathrm{d}S\right)}{\partial t}\\
&=\sum_{\Omega_{cq}}\alpha_z\frac{N_{cq}l_z\Delta_e}{3S_{cq}}\left(\frac{\partial A_{e1}}{\partial t}+\frac{\partial A_{e2}}{\partial t}+\frac{\partial A_{e3}}{\partial t}\right)
\end{aligned} \tag{7-11}$$

式中，N_{cq} 为线圈 q 的匝数；l 为二维磁系统在 z 方向的厚度；S_{cq} 为线圈 q 的截面积；A_{eh} 为单元 e 中节点 $h(h=1, 2, 3)$的矢量磁位；Δ_e 为单元 e 的面积；α_z 为绕组缠绕的方向($\alpha_z\pm1$)。将式(7-11)代入式(7-10)中可以得到

$$\boldsymbol{U}=\boldsymbol{C}\frac{\partial\boldsymbol{A}}{\partial t}+\boldsymbol{RI}+\boldsymbol{L}\frac{\mathrm{d}\boldsymbol{I}}{\mathrm{d}t} \tag{7-12}$$

式中，$\boldsymbol{U}=\boldsymbol{E}_{\mathrm{ac}}+\boldsymbol{U}_{\mathrm{dc}}$ 为励磁电压矩阵($\boldsymbol{E}_{\mathrm{ac}}$ 和 $\boldsymbol{U}_{\mathrm{dc}}$ 分别为反映交流激磁电压和直流电压的矩阵)；$\boldsymbol{A}$ 为节点的矢量磁位矩阵；$\boldsymbol{C}$ 为场路耦合矩阵；$\boldsymbol{R}$ 为电阻矩阵；$\boldsymbol{L}$ 为电感矩阵，其中，$\boldsymbol{L}$ 和 $\boldsymbol{R}$ 均为对角矩阵。

采用向后差分法，式(7-12)离散化后可以表示为

$$\frac{\boldsymbol{C}}{\Delta t}\boldsymbol{A}(t_k)-\frac{\boldsymbol{C}}{\Delta t}\boldsymbol{A}(t_{k-1})+\left(\boldsymbol{R}+\frac{\boldsymbol{L}}{\Delta t}\right)\boldsymbol{I}(t_k)-\frac{\boldsymbol{L}}{\Delta t}\boldsymbol{I}(t_{k-1})-\boldsymbol{U}(t_k)=\mathbf{0} \tag{7-13}$$

对于节点 i：

$$C_i = \sum_{\Omega_{cq}} \alpha_z \frac{N_{cr} l_z \Delta_e}{3S_{cq}} \tag{7-14}$$

取

$$\begin{cases} \boldsymbol{f}_c = \dfrac{\boldsymbol{C}}{\Delta t}\boldsymbol{A}(t_k) - \dfrac{\boldsymbol{C}}{\Delta t}\boldsymbol{A}(t_{k-1}) \\ \boldsymbol{g}_c = \left(\boldsymbol{R} + \dfrac{\boldsymbol{L}}{\Delta t}\right)\boldsymbol{I}(t_k) - \dfrac{\boldsymbol{L}}{\Delta t}\boldsymbol{I}(t_{k-1}) \end{cases} \tag{7-15}$$

则式(7-13)可以写为

$$\boldsymbol{f}_c + \boldsymbol{g}_c = \boldsymbol{U}(t_k) \tag{7-16}$$

牛顿-拉夫逊法(Newton-Raphson method)是求解非线性代数方程组的一种很有效的方法，主要是把非线性方程的求解过程变成迭代求解相应线性方程的过程，由于其收敛性比较好，被广泛应用于各种针对非线性问题的求解中。针对式(7-9)和式(7-16)，以矢量磁位和励磁电流为未知量，采用牛顿-拉夫逊法求解时，取(模型中有 n 个剖分节点以及 n_n 个线圈)

$$\boldsymbol{M} = \begin{bmatrix} \dfrac{\partial f_1}{\partial A_1(t_k)} & \cdots & \dfrac{\partial f_1}{\partial A_n(t_k)} & \dfrac{\partial g_1}{\partial I_1(t_k)} & \cdots & \dfrac{\partial g_1}{\partial I_{n_n}(t_k)} \\ \vdots & & \vdots & \vdots & & \vdots \\ \dfrac{\partial f_n}{\partial A_1(t_k)} & \cdots & \dfrac{\partial f_n}{\partial A_n(t_k)} & \dfrac{\partial g_n}{\partial I_1(t_k)} & \cdots & \dfrac{\partial g_n}{\partial I_{n_n}(t_k)} \\ \dfrac{\partial f_{c,1}}{\partial A_1(t_k)} & \cdots & \dfrac{\partial f_{c,1}}{\partial A_n(t_k)} & \dfrac{\partial g_{c,1}}{\partial I_1(t_k)} & \cdots & \dfrac{\partial g_{c,1}}{\partial I_{n_n}(t_k)} \\ \vdots & & \vdots & \vdots & & \vdots \\ \dfrac{\partial f_{c,n_n}}{\partial A_1(t_k)} & \cdots & \dfrac{\partial f_{c,n_n}}{\partial A_n(t_k)} & \dfrac{\partial g_{c,n_n}}{\partial I_1(t_k)} & \cdots & \dfrac{\partial g_{c,n_n}}{\partial I_{n_n}(t_k)} \end{bmatrix}$$

$$\boldsymbol{N} = \begin{bmatrix} \dfrac{\partial f_1}{\partial A_1(t_{k-1})} & \cdots & \dfrac{\partial f_1}{\partial A_n(t_{k-1})} & \dfrac{\partial g_1}{\partial I_1(t_{k-1})} & \cdots & \dfrac{\partial g_1}{\partial I_{n_n}(t_{k-1})} \\ \vdots & & \vdots & \vdots & & \vdots \\ \dfrac{\partial f_n}{\partial A_1(t_{k-1})} & \cdots & \dfrac{\partial f_n}{\partial A_n(t_{k-1})} & \dfrac{\partial g_n}{\partial I_1(t_{k-1})} & \cdots & \dfrac{\partial g_n}{\partial I_{n_n}(t_{k-1})} \\ \dfrac{\partial f_{c,1}}{\partial A_1(t_{k-1})} & \cdots & \dfrac{\partial f_{c,1}}{\partial A_n(t_{k-1})} & \dfrac{\partial g_{c,1}}{\partial I_1(t_{k-1})} & \cdots & \dfrac{\partial g_{c,1}}{\partial I_{n_n}(t_{k-1})} \\ \vdots & & \vdots & \vdots & & \vdots \\ \dfrac{\partial f_{c,n_n}}{\partial A_1(t_{k-1})} & \cdots & \dfrac{\partial f_{c,n_n}}{\partial A_n(t_{k-1})} & \dfrac{\partial g_{c,n_n}}{\partial I_1(t_{k-1})} & \cdots & \dfrac{\partial g_{c,n_n}}{\partial I_{n_n}(t_{k-1})} \end{bmatrix}$$

$$\Delta \boldsymbol{x}(t_k)=\left[\Delta A_1(t_k)\quad \cdots \quad \Delta A_n(t_k)\quad \Delta I_{c,1}(t_k)\quad \cdots \quad \Delta I_{c,n_n}(t_k)\right]^{\mathrm{T}}$$

$$\boldsymbol{\gamma}(t_k)=\left[\gamma_1(t_k)\quad \cdots \quad \gamma_n(t_k)\quad \gamma_{c,1}(t_k)\quad \cdots \quad \gamma_{c,n_n}(t_k)\right]^{\mathrm{T}}$$

则方程的一般形式就可以表示为

$$\boldsymbol{M}\Delta \boldsymbol{x}(t_k)+\boldsymbol{N}\Delta \boldsymbol{x}(t_{k-1})=\boldsymbol{\gamma}(t_{k-1}) \tag{7-17}$$

式(7-17)与式(7-2)相似，若同时考虑到周期性条件，式(7-17)就可以转化为如式(7-3)的矩阵方程：

$$\begin{bmatrix} \boldsymbol{M} & \boldsymbol{0} & \cdots & \boldsymbol{0} & \boldsymbol{N} \\ \boldsymbol{N} & \boldsymbol{M} & \cdots & \boldsymbol{0} & \boldsymbol{0} \\ \vdots & \vdots & & \vdots & \vdots \\ \boldsymbol{0} & \boldsymbol{0} & \cdots & \boldsymbol{M} & \boldsymbol{0} \\ \boldsymbol{0} & \boldsymbol{0} & \cdots & \boldsymbol{N} & \boldsymbol{M} \end{bmatrix}\begin{bmatrix} \Delta \boldsymbol{x}(t_1) \\ \Delta \boldsymbol{x}(t_2) \\ \vdots \\ \Delta \boldsymbol{x}(t_{m-1}) \\ \Delta \boldsymbol{x}(t_m) \end{bmatrix}=\begin{bmatrix} \boldsymbol{\gamma}(t_1) \\ \boldsymbol{\gamma}(t_2) \\ \vdots \\ \boldsymbol{\gamma}(t_{m-1}) \\ \boldsymbol{\gamma}(t_m) \end{bmatrix} \tag{7-18}$$

7.2.2　方程的离散与求解

变压器直流偏磁一般表现出强非线性的特点，且由于时间周期有限方程的系数矩阵不对称，采用传统的方法直接对式(7-18)进行迭代求解将会很难实现，而且除了对于计算结果精度的要求，采用场路耦合方法计算变压器直流偏磁时一般还存在计算效率和稳定性问题。为了解决这些问题，求解时采取了以下措施。

1) 铁心非线性的处理

非线性主要体现在铁心区域，磁阻率不是固定的，而是随着磁场变化而变化，其可以表示为磁感应强度的函数 $v=v(B)$。非线性特性主要体现在雅可比矩阵中的 $\partial f_i/\partial A_j(t_k)$ 这一项，结合式(7-8)，可以得到

$$\begin{aligned}\frac{\partial f_i}{\partial A_j(t_k)}&=\frac{\partial\left[\int_{\Delta_e} v(t_k)\left(\frac{\partial N_i}{\partial x}\frac{\partial A(t_k)}{\partial x}+\frac{\partial N_i}{\partial y}\frac{\partial A(t_k)}{\partial y}\right)\mathrm{d}x\mathrm{d}y\right]}{\partial A_j(t_k)}\\&=\int_{\Omega_e} v(t_k)\frac{\partial}{\partial A_j(t_k)}\left(\frac{\partial N_i}{\partial x}\frac{\partial A(t_k)}{\partial x}+\frac{\partial N_i}{\partial y}\frac{\partial A(t_k)}{\partial y}\right)\mathrm{d}x\mathrm{d}y\\&\quad+\int_{\Omega_e}\frac{\partial v(t_k)}{\partial A_j(t_k)}\left(\frac{\partial N_i}{\partial x}\frac{\partial A(t_k)}{\partial x}+\frac{\partial N_i}{\partial y}\frac{\partial A(t_k)}{\partial y}\right)\mathrm{d}x\mathrm{d}y\\&=\Lambda_{ij}+\frac{\partial v(t_k)}{\partial B(t_k)}\cdot\frac{f_i f_j}{v(t_k)^2 B(t_k)\Delta_e}\end{aligned} \tag{7-19}$$

式中，

$$\Lambda_{ij} = \int_{\Omega_e} \nu(t_k) \frac{\partial}{\partial A_j(t_k)} \left(\frac{\partial N_i}{\partial x} \frac{\partial A(t_k)}{\partial x} + \frac{\partial N_i}{\partial y} \frac{\partial A(t_k)}{\partial y} \right) \mathrm{d}x\mathrm{d}y$$

$$= \frac{\nu(t_k)}{4\Delta_e}(b_{\Delta i}b_{\Delta j} + c_{\Delta i}c_{\Delta j}) \tag{7-20a}$$

$$\begin{cases} b_{\Delta i} = y_{\Delta i+1} - y_{\Delta i+2} \\ c_{\Delta i} = x_{\Delta i+2} - x_{\Delta i+1} \end{cases} \tag{7-20b}$$

$$B(t_k) = \sqrt{\left(\frac{\partial A(t_k)}{\partial x}\right)^2 + \left(\frac{\partial A(t_k)}{\partial y}\right)^2} \tag{7-20c}$$

$$\frac{\partial \nu(t_k)}{\partial B(t_k)} = \frac{B(t_k)\dfrac{\partial H(t_k)}{\partial B(t_k)} - H(t_k)}{B(t_k)^2} \tag{7-20d}$$

其中，$x_{\Delta i}$和$y_{\Delta i}$是单元e内节点Δi的横坐标与纵坐标(Δi、Δi+1与Δi+2分别表示单元e内按照逆时针旋转的三个节点，$\Delta i = 1,2,3$；当$\Delta i + 1 > 3$时，取$\Delta i + 1 = \Delta i - 2$；当$\Delta i + 2 > 3$时，取$\Delta i + 2 = \Delta i - 1$；$\Delta j$与$\Delta i$的含义相同)。磁场强度$H$和磁感应强度$B$的关系根据非线性的磁化曲线，采用分段多项式进行拟合得到($H = f(B)$)，结合有限元差值离散的方法就能得到雅可比矩阵中的这一反映铁心非线性特性的参数。

2) 二维模型等效厚度的确定

在二维场路耦合计算中，模型厚度l(见式(7-11))的选取对计算精度有一定的影响，若采用铁心厚度d_0作为二维模型的厚度，由于没有充分考虑漏磁通的分布，计算的铁心磁通一般大于实际值，尤其是漏磁大的电力变压器；若采用绕组在z方面的等效厚度d_z作为模型的厚度，计算结果一般小于实际值。为了尽可能地弥补二维场路耦合计算中的这一误差，提高计算精度，本节采用了等效厚度，二维模型等效厚度的计算过程如下。

(1) 在绕组上施加额定电流，铁心的磁导率按照其励磁特性B-H曲线取值，假设二维模型的等效厚度就是铁心的厚度d_0，计算整个系统的磁场能量为W_{e1}。

(2) 取系统中铁心区域的磁导率为真空的磁导率μ_0，等效厚度仍取为铁心的厚度d_0，在绕组上施加相同的电流激励，计算此时整个系统的磁场能量W_{e2}。

(3) 计算磁系统的等效厚度l，其可以表示为

$$l = \frac{(W_{e1} + W_{e2})d_0}{W_1} \tag{7-21}$$

相对于传统的采用铁心厚度作为二维模型厚度的措施，提取等效厚度这种措施在一定程度上将漏磁通从铁心磁通中分离出来，尽可能在计算过程中保证了铁

心磁通的准确度。

3) 局部磁通密度过大的处理

由于直流磁通的存在，铁心磁通密度在部分时刻会急剧饱和。计算过程中，发现当交流激励或者直流偏置分量施加到某一值时，继续增大会导致解的不稳定，励磁电流出现非常大的误差，这主要是由直流偏磁下铁心中部分单元(主要位于绕组，铁心和空气交界的区域)的计算磁通密度过高引起的。有两种方案可以采取。

(1) 增大剖分的单元数和节点数(尤其针对材料交界处单元的剖分要密集)，但节点越多，系数矩阵的阶数会越大，大幅度减缓了计算的速度。

(2) 对 B-H 数据设置一个限制(设已知最大磁通密度为 B_m 时，磁场强度为 H_m，那么设定 $B \geqslant B_m$，$H = H_m$)，这是一种简化的处理方法，因为不同的交界处一般只有很少一部分单元的计算磁通密度过高。而且正常实验与计算时交流激励和直流分量也不能施加得过高，因此对单元磁通密度设置限值，在不影响计算效率的前提下，对误差的影响也很小，本节即采用此种方法。

4) 初值的选择与方程的简化

采用时间周期有限元法计算时，初值的选择很重要。有学者采用频域有限元法计算出稳态解作为时间周期有限元的初值，但这种方法不适用于非正弦周期性时变的问题(变压器直流偏磁下，励磁电流中含有直流分量和高次谐波分量)。变压器合闸时的励磁涌流会导致电流在第一个周期内的峰值很大，若像时步有限元法一样迭代初值设为 0，收敛速度将会很慢。因此在计算时先采用时步有限元法计算到第 $\lambda(1 < \lambda \leqslant 5)$ 个周期内，取第 λ 个周期内各时刻的解作为时间周期有限元法中待求量各个时刻的初值，这样就提高了方程的计算效率，也节省了内存空间。

此外，由于方程组的系数矩阵非常大，而且矩阵不对称，很难用传统的方法进行求解。考虑到计算机内存和计算时间的限制，可以将式(7-18)的方程分解成 m 个方程组，采用稀疏技术储存矩阵，并注意对病态矩阵的处理，结合高斯-赛德尔法对一个周期内各个时刻进行迭代求解，见式(7-22)：

$$\begin{cases} \boldsymbol{x}^0 = (\boldsymbol{x}^0_{(t_1)}, \cdots, \boldsymbol{x}^0_{(t_m)})^{\mathrm{T}} \\ \Delta \boldsymbol{x}(t_k)^{p+1} = (\boldsymbol{M}^p)^{-1}[\boldsymbol{\gamma}(t_k)^p - \boldsymbol{N}\boldsymbol{x}(t_{k-1})^{p+1}] \\ \boldsymbol{x}(t_k)^{p+1} = \boldsymbol{x}(t_k)^p + \Delta \boldsymbol{x}(t_k)^{p+1} \\ \boldsymbol{x}(t_0) = \boldsymbol{x}(t_m) \end{cases} \tag{7-22}$$

7.2.3　算例验证

以图 7-1(a)所示的方形叠片铁心(square laminated core, SLC)为例，该叠片铁心由保定天威集团制作[3]，选用型号为 30Q140 的硅钢片，包含激磁线圈和测量线圈，其匝数均为 312 匝，激磁线圈内阻为 0.844Ω，选取无直流偏磁时空载下方形叠片铁心的磁通密度在额定值时对应的励磁电流峰值 I_{m0} 作为施加直流分量 I_{dc} 的基准值，I_{m0}=1.7A，实验时通过调压器来控制交流电压激励的输出，将输出的交流电压激励与直流电源直接串联在激磁线圈上，测量线圈空载，分别调节输出的交流电压激励和直流激励(直流电源输出的直流电压 $U_{dc}=I_{dc}\cdot r$，r 为激磁线圈内阻)，采用功率分析仪记录不同直流偏置条件下激磁线圈电流的波形，实验电路如图 7-1(b)所示。

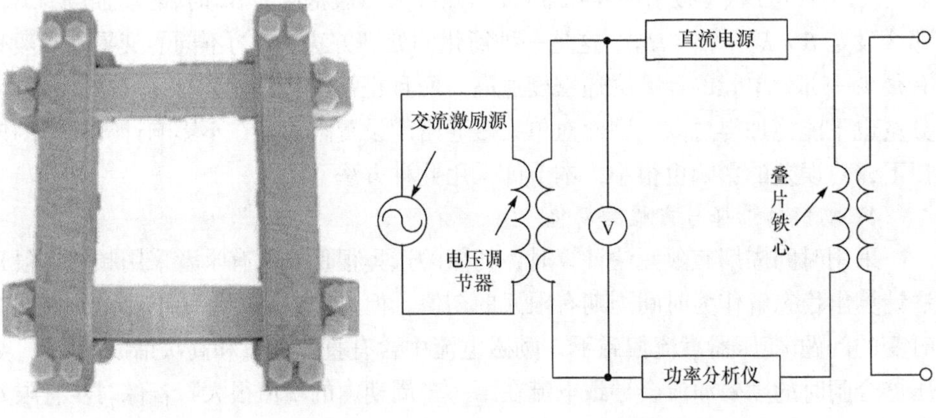

(a) 叠片铁心　　(b) 偏磁下实验电路

图 7-1　方形叠片铁心及其直流偏磁下的实验电路

一般情况下，由于叠片铁心装配结构和实验条件的不同，往往会导致厂家提供的铁磁材料励磁特性曲线与实际测量的磁化曲线存在一定的差异，而变压器在直流偏磁条件下，铁心在一个周期内一部分时刻工作于非线性饱和区域，此时励磁特性曲线的准确度将会对计算结果产生很大影响。为了减小计算误差，本节采用测量的磁化曲线，针对方形叠片铁心施加不同的交流激励(无偏磁条件下，即去掉图 7-1(b)中的直流电源进行测量)，通过测量激磁线圈的电流 i 和感应电动势 u 的波形，根据式(7-23)可以计算得到不同交流激励下铁心的磁滞回线，通过连接不同交流激励下各磁滞回线的顶点得到一条测量的磁化曲线，如图 7-2 所示。

$$B=\frac{\Phi}{S}=\frac{1}{N_c S}\int u\mathrm{d}t \tag{7-23a}$$

$$H=\frac{N_c i}{l} \tag{7-23b}$$

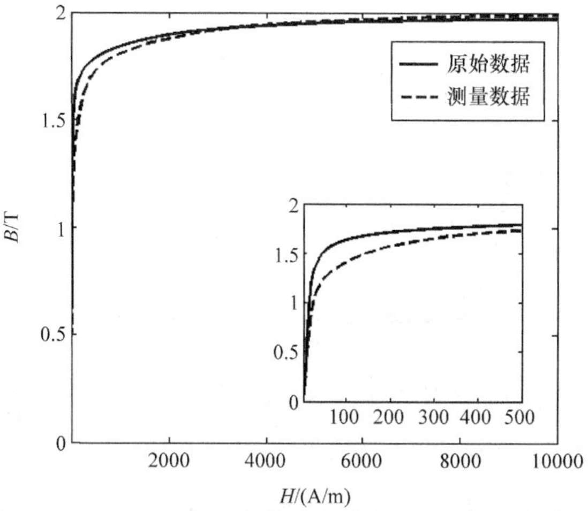

图 7-2　测量的磁化曲线

叠片铁心在二维平面内的简化模型图如图 7-3(a)所示，采用场路耦合的时间周期有限元法针对方形叠片铁心进行直流偏磁计算，由于方形叠片铁心上下左右对称，取其 1/4 区域进行剖分，图 7-3(b)为采用三角形单元剖分后的求解域。

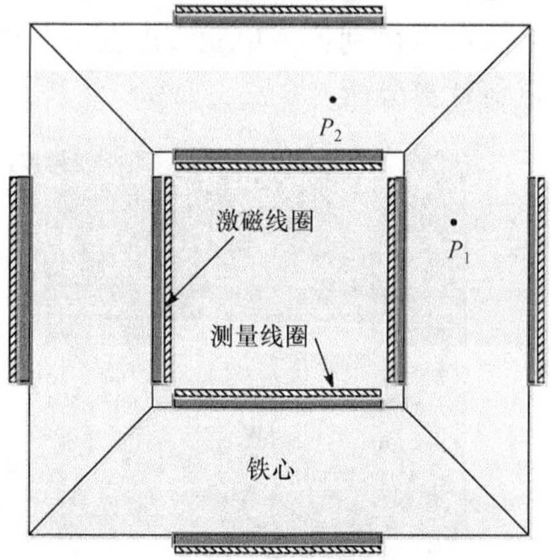

(a) 二维简化模型

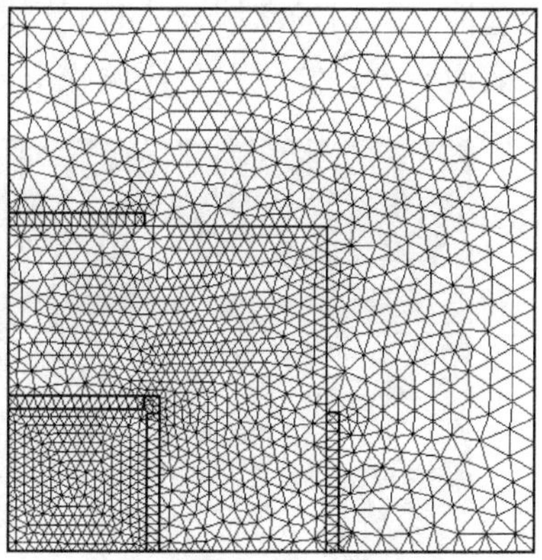

(b) 二维求解域

图 7-3　叠片铁心二维模型

图 7-4 给出了方形叠片铁心空载情况下在不同交流激励以及不同直流偏置量作用下线圈励磁电流的测量(Mea)与计算(Cal)波形(U_m 表示交流电压激励的幅值)。计算结果与测量结果基本一致，说明场路耦合的时间周期有限元法可应用于变压器直流偏磁问题的计算与分析。波形之间的差异主要是因为计算中没有考虑铁磁材料的磁滞特性。从图中也可以看出随着交流电压和直流偏置量的增加，励磁电流的畸变程度逐渐加深。

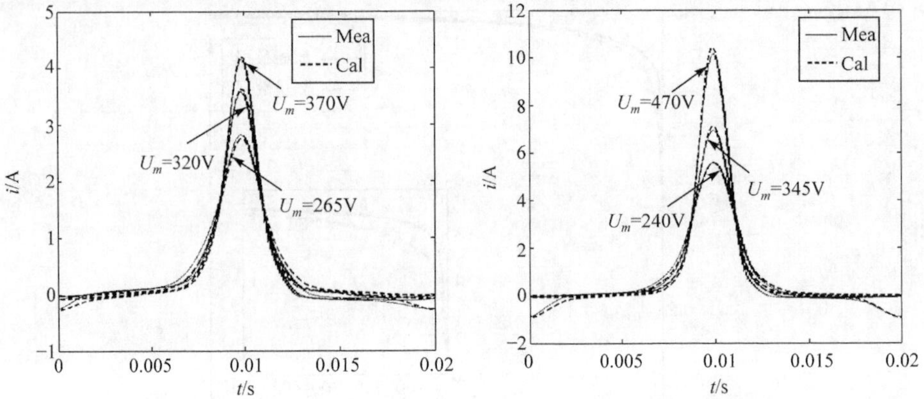

(a) I_{dc}=0.425A　(b) I_{bdc}=0.85A

图 7-4　直流偏置条件下方形叠片铁心测量与计算的励磁电流波形

图 7-5 给出了方形叠片铁心在某一直流偏置条件下(U_m = 185V, I_{dc} = 1.275A)，一个周期内不同时刻的磁感应强度的云图(1/4 模型)。从图中可以发现，虽然部分单元的磁通密度已经达到了 7.2.2 节中的针对单元磁通密度设置的限值，却并不影响计算结果，这也说明了本节为解决计算中遇到的稳定性问题而采取的相关措施的合理性。采用场路耦合的时间周期有限元法可以得到各个单元节点在一个周期内的磁通密度，便于对直流偏磁下的磁场进行计算分析。

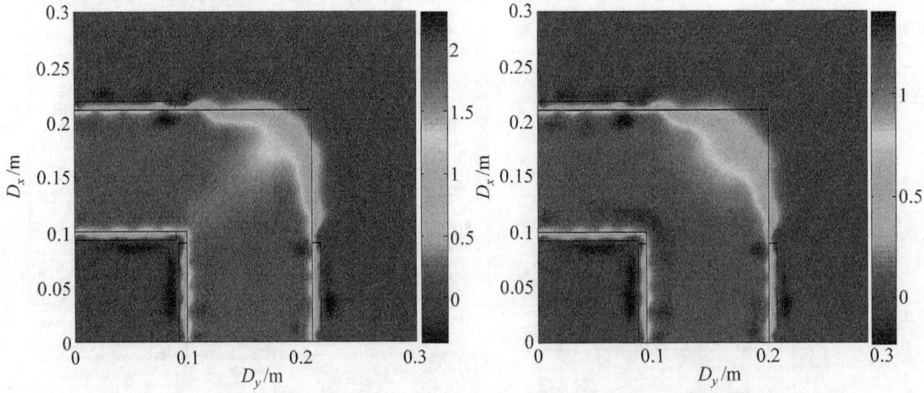

(a) t=T/4　(b) t=T/2

图 7-5　偏磁下不同时刻磁感应强度的云图(见彩图)

表 7-1 给出了采用时间周期有限元法和时步有限元法对直流偏磁下的叠片铁心进行计算时，两种方法之间的比较(I_{dc}=0.85A，U_m=370V，励磁电流测量波形的幅值为 7.22A，采用时步有限元法计算时在第 38 个周期满足收敛精度要求)。从表中可以看出，采用本节所提的时间周期有限元法相对于传统的时步有限元法在

一定程度上减小了计算误差，提高了计算效率。此外，由于采用时间周期有限元法计算时只用储存一个周期的解，显著地节省了储存空间。

表 7-1　两种方法的比较

方法	Δt/s	ε	I_m/A	误差/%	时长/min
时间周期有限元法	5×10^{-4}	5×10^{-4}	7.38	2.16	184.72
时步有限元法	5×10^{-4}	5×10^{-4}	7.52	4.15	208.3

7.3　定点时间周期有限元法

7.3.1　固定点法

采用牛顿-拉夫逊法对时间周期有限元方程进行求解时，方程的收敛性很好，但是当有限单元和节点数较多时，在求解雅可比矩阵时所需要的时间就会很长，在针对图 7-1(a)所示的方形叠片铁心进行直流偏磁计算时，一般需要的计算时间在 3h 左右(采用的台式计算机内存 8GB，i5-4570 CUP@3.2GHz)，显著地降低了计算效率，尤其是串联变压器发生不对称直流偏磁的情况包括单相偏磁、两相偏磁和三相偏磁，而且流入各相绕组电流的大小和方向可能不同，对其电磁特性进行分析总结时，需要计算的不对称直流偏磁情况较多，花费的代价就会更高，因此选取一种合适的方法来处理铁心的强非线性特性，提高计算效率就变得十分关键。下面将介绍一种引入定点技术的时间周期有限元法。

固定点法[4-6]基于巴拿赫不动点定理，将其应用到非线性磁场中，基本思路是将磁场强度分成线性和非线性两部分，在迭代计算时修改非线性部分，这样就避免了磁阻率不连续的问题，此外还显著加快方程解的收敛速度，相对于传统的牛顿-拉夫逊法，缩短了计算时间。在非线性磁场中，把定点磁阻率 ν_{FP} 引入磁场强度矢量 $\boldsymbol{H}$ 和磁感应强度矢量 $\boldsymbol{B}$ 的关系式中，可以写为

$$\boldsymbol{H}(\boldsymbol{B})=\nu_{\mathrm{FP}}\boldsymbol{B}+\boldsymbol{G}(\boldsymbol{B}) \tag{7-24}$$

式中，$\boldsymbol{G}(\boldsymbol{B})$为磁场强度矢量的非线性部分，称为类磁化强度矢量；$\nu_{\mathrm{FP}}$ 为常数。若忽略导磁媒质的各向异性，那么在二维交变磁场中，式(7-24)可以转化为

$$\begin{cases} H_x=\nu_{\mathrm{FP}}B_x+G_x \\ H_y=\nu_{\mathrm{FP}}B_y+G_y \end{cases} \tag{7-25}$$

式中，H_x、H_y，B_x、B_y 和 G_x、G_y 分别为 $\boldsymbol{H}$、$\boldsymbol{B}$ 和 $\boldsymbol{G}$ 沿 x 轴和 y 轴方向的分量。

在二维交变电磁场中，将式(7-24)代入式(7-5)的电磁场矢量磁位微分方程中，可以表示为

$$\nabla \times \nu_{\mathrm{FP}} \nabla \times A + \nabla \times G = J - \gamma \frac{\partial A}{\partial t} \tag{7-26}$$

将式(7-25)代入式(7-26)，结合伽辽金加权余量法，方程可以写为

$$\begin{aligned} &\int_{\Omega} \nu_{\mathrm{FP}} \left(\frac{\partial N_i}{\partial x} \frac{\partial A}{\partial x} + \frac{\partial N_i}{\partial y} \frac{\partial A}{\partial y} \right) \mathrm{d}x\mathrm{d}y + \int_{\Omega} \left(N_i \cdot \gamma \frac{\partial A}{\partial t} \right) \mathrm{d}x\mathrm{d}y \\ &= \int_{\Omega} \left(G_x \frac{\partial N_i}{\partial y} - G_y \frac{\partial N_i}{\partial x} \right) \mathrm{d}x\mathrm{d}y - \int_{\Omega} \left(N_i \cdot \frac{N_c I}{S_c} \right) \mathrm{d}x\mathrm{d}y \end{aligned} \tag{7-27}$$

式中，Ω 为全部有限单元求解区域。单元内节点 j 对应的基函数的形状函数为 N_j 时，矢量磁位 A 可以写为

$$A = \sum_{j=1}^{n} N_j A_j \tag{7-28}$$

若 n_c 为线圈的个数，将式(7-28)代入式(7-27)，对于某一个单元 e 中的节点，式(7-27)可以写为

$$\sum_{j=1}^{n_e} D_{ij}^e A_i + \sum_{j=1}^{n_e} F_{ij}^e \frac{\partial A_i}{\partial t} - \sum_{j=1}^{n_c} Y_{ij}^e I_i^e = Q_i^e \tag{7-29}$$

式中，

$$\begin{aligned} D_{ij}^e &= \int_{\Omega_e} \nu_{\mathrm{FP}} \left(\frac{\partial N_i}{\partial x} \frac{\partial N_j}{\partial x} + \frac{\partial N_i}{\partial y} \frac{\partial N_j}{\partial y} \right) \mathrm{d}x\mathrm{d}y \\ &= \frac{\nu_{\mathrm{FP}}}{4\Delta_e} \begin{bmatrix} (b_1 b_1 + c_1 c_1) & (b_1 b_2 + c_1 c_2) & (b_1 b_3 + c_1 c_3) \\ (b_2 b_1 + c_2 c_1) & (b_2 b_2 + c_2 c_2) & (b_2 b_3 + c_2 c_3) \\ (b_3 b_1 + c_3 c_1) & (b_3 b_2 + c_3 c_2) & (b_3 b_3 + c_3 c_3) \end{bmatrix} \end{aligned} \tag{7-30a}$$

$$F_{ij}^e = \int_{\Omega_e} \gamma N_i N_j \mathrm{d}x\mathrm{d}y = \frac{\gamma \Delta_e}{12} \begin{bmatrix} 2 & 1 & 1 \\ 1 & 2 & 1 \\ 1 & 1 & 2 \end{bmatrix} \tag{7-30b}$$

$$Y_{ij}^e = \int_{\Omega_e} (N_c / S_c) \cdot N_i \mathrm{d}x\mathrm{d}y = \frac{\Delta_e N_c}{3 S_c} \tag{7-30c}$$

$$Q_i^e = \int_{\Omega_e} \left(G_x \frac{\partial N_i}{\partial y} - G_y \frac{\partial N_i}{\partial x} \right) \mathrm{d}x\mathrm{d}y = \frac{c_{\Delta i}}{2} G_x - \frac{b_{\Delta i}}{2} G_y \tag{7-30d}$$

那么，对于整个求解域，式(7-29)可以转化为

$$\boldsymbol{DA} + \boldsymbol{F} \frac{\partial \boldsymbol{A}}{\partial t} - \boldsymbol{YI} = \boldsymbol{Q} \tag{7-31}$$

式中，$\boldsymbol{D}$ 和 $\boldsymbol{F}$ 为方程的系数矩阵；$\boldsymbol{I}$ 为绕组电流矩阵；$\boldsymbol{Y}$ 为电流向量的系数矩阵；$\boldsymbol{Q}$ 为与类磁化强度有关的矩阵；D_{ij}^e 、F_{ij}^e 和 Y_{ij}^e 分别为矩阵 $\boldsymbol{D}$、$\boldsymbol{F}$ 和 $\boldsymbol{Y}$ 内针对单元

e 中节点的系数；Q_i^e 和 I_i^e 分别为矩阵 $\boldsymbol{Q}$ 和 $\boldsymbol{I}$ 中内针对单元 e 中节点 i 的系数；A_i 为节点 i 的矢量磁位；$b_{\Delta i}$ 和 $c_{\Delta i}$ $(\Delta i = 1,2,3)$ 与式(7-20)中 $b_{\Delta i}$ 和 $c_{\Delta i}$ 含义相同。

采用向后差分法，式(7-31)离散化后可以表示为

$$\left(\boldsymbol{D}+\frac{\boldsymbol{F}}{\Delta t}\right)\boldsymbol{A}(t_k)-\frac{\boldsymbol{F}}{\Delta t}\boldsymbol{A}(t_{k-1})-\boldsymbol{YI}(t_k)-\boldsymbol{Q}(t_k)=0 \tag{7-32}$$

结合式(7-13)变压器外部电路的离散方程，并且取

$$\boldsymbol{M}=\begin{bmatrix}\boldsymbol{D}+\dfrac{\boldsymbol{F}}{\Delta t} & -\boldsymbol{Y}\\ \dfrac{\boldsymbol{C}}{\Delta t} & \boldsymbol{R}+\dfrac{\boldsymbol{L}}{\Delta t}\end{bmatrix},\quad \boldsymbol{N}=\begin{bmatrix}-\dfrac{\boldsymbol{F}}{\Delta t} & 0\\ -\dfrac{\boldsymbol{C}}{\Delta t} & -\dfrac{\boldsymbol{L}}{\Delta t}\end{bmatrix}$$

$$\boldsymbol{x}(t_k)=\left[\boldsymbol{A}(t_k)\quad \boldsymbol{I}(t_k)\right]^{\mathrm{T}},\quad \boldsymbol{\varUpsilon}(t_k)=\left[\boldsymbol{Q}(t_k)\quad \boldsymbol{U}(t_k)\right]^{\mathrm{T}}$$

则式(7-13)的电路方程和式(7-32)的场域方程联立后就可以写为

$$\begin{cases}\boldsymbol{Mx}(t_k)+\boldsymbol{Nx}(t_{k-1})=\boldsymbol{\varUpsilon}(t_k)\\ \boldsymbol{x}(t_0)=\boldsymbol{x}(t_m)\end{cases} \tag{7-33}$$

那么以矢量磁位和绕组电流为未知量，励磁电压为已知量的考虑场路耦合的定点时间周期有限元方程可以表示为

$$\begin{bmatrix}\boldsymbol{M} & \boldsymbol{0} & \cdots & \boldsymbol{0} & \boldsymbol{N}\\ \boldsymbol{N} & \boldsymbol{M} & \cdots & \boldsymbol{0} & \boldsymbol{0}\\ \vdots & \vdots & & \vdots & \vdots\\ \boldsymbol{0} & \boldsymbol{0} & \cdots & \boldsymbol{M} & \boldsymbol{0}\\ \boldsymbol{0} & \boldsymbol{0} & \cdots & \boldsymbol{N} & \boldsymbol{M}\end{bmatrix}\begin{bmatrix}\boldsymbol{x}(t_1)\\ \boldsymbol{x}(t_2)\\ \vdots\\ \boldsymbol{x}(t_{m-1})\\ \boldsymbol{x}(t_m)\end{bmatrix}=\begin{bmatrix}\boldsymbol{\varUpsilon}(t_1)\\ \boldsymbol{\varUpsilon}(t_2)\\ \vdots\\ \boldsymbol{\varUpsilon}(t_{m-1})\\ \boldsymbol{\varUpsilon}(t_m)\end{bmatrix} \tag{7-34}$$

对一个周期内各时刻的解进行迭代计算，就能得到稳态解。

7.3.2　直流偏磁的计算

采用传统的固定点法，铁心区域中的定点磁阻率一般取空气磁阻率的一半，且每次迭代时只修改非线性部分，而不对磁阻率进行修改，对于正常运行工况下的变压器，由于一般工作于线性区，磁阻率本身变化也不大，因此能够很快得到稳态解。但是在变压器发生直流偏磁的情况下，由于铁心的半周饱和，磁阻率在一个周期内将会急剧变化，若迭代计算时铁心区域仍然取固定不变的定点磁阻率，很容易导致方程求解过程中出现解的不收敛等问题，而且也会降低计算效率。为解决这个问题，我们采取了以下措施[7]。

1) 定点磁阻率的选择

求解域中的空气和绕组区域属于线性材料区域，定点磁阻率 ν_{FP} 取空气磁阻

率 ν_0 ($\nu_0 = 1/\mu_0$, μ_0 为空气的磁导率)。针对非线性的铁心区域，二维平面内磁通密度和磁场强度有 x、y 两个方向的分量，为加快迭代收敛速度，Dlala 等给出了时域有限元计算中局部收敛的定点磁阻率[5]，在方程求解时具有更高的稳定性：

$$\nu_{\mathrm{FP}}^{p}=C_0\left(\frac{\partial H_x^p}{\partial B_x^p}+\frac{\partial H_y^p}{\partial B_y^p}\right)/2 \tag{7-35}$$

式中，C_0 为一个常数 ($1 \leqslant C_0 \leqslant 2$)；$p$ 为迭代次数。此时定点磁阻率不再是一个恒定值，而是随着时间而变化。在时间周期有限元的计算中，取 $C_0 = 1$ 就能很好地加快方程的收敛速度，忽略铁磁材料的各向异性，那么局部收敛的定点磁阻率就可以表示为

$$\nu_{\mathrm{FP}}^{p}=\frac{\partial H^p}{\partial B^p} \tag{7-36}$$

此时，与定点磁阻率有关的系数矩阵 $\boldsymbol{Q}$ 将不再是一个常系数矩阵，但方程的收敛速度却加快了。若模型剖分的节点数较多，时间步长较小，求解如式(7-34)这样庞大的、系数不对称的矩阵方程将会变得不现实，考虑到收敛速度和病态矩阵的影响，将矩阵 $\boldsymbol{N}$ 移到方程右边，将式(7-34)转化为

$$\begin{bmatrix} \boldsymbol{M} & \boldsymbol{0} & \cdots & \boldsymbol{0} & \boldsymbol{0} \\ \boldsymbol{0} & \boldsymbol{M} & \cdots & \boldsymbol{0} & \boldsymbol{0} \\ \vdots & \vdots & & \vdots & \vdots \\ \boldsymbol{0} & \boldsymbol{0} & \cdots & \boldsymbol{M} & \boldsymbol{0} \\ \boldsymbol{0} & \boldsymbol{0} & \cdots & \boldsymbol{0} & \boldsymbol{M} \end{bmatrix} \begin{bmatrix} \Delta\boldsymbol{x}(t_1) \\ \Delta\boldsymbol{x}(t_2) \\ \vdots \\ \Delta\boldsymbol{x}(t_{m-1}) \\ \Delta\boldsymbol{x}(t_m) \end{bmatrix} = \begin{bmatrix} \boldsymbol{\Gamma}(t_1) \\ \boldsymbol{\Gamma}(t_2) \\ \vdots \\ \boldsymbol{\Gamma}(t_{m-1}) \\ \boldsymbol{\Gamma}(t_m) \end{bmatrix} \tag{7-37a}$$

$$\boldsymbol{\Gamma}(t_k) = \boldsymbol{\Upsilon}(t_k) - \boldsymbol{N}\boldsymbol{x}(t_{k-1}) - \boldsymbol{M}\boldsymbol{x}(t_k) \tag{7-37b}$$

然后采用高斯-赛德尔迭代法对方程组进行求解：

$$\begin{cases} \boldsymbol{x}^0 = \left(\boldsymbol{x}^0_{(t_1)}, \cdots, \boldsymbol{x}^0_{(t_m)}\right)^{\mathrm{T}} \\ \Delta\boldsymbol{x}(t_k)^{p+1} = (\boldsymbol{M}^p)^{-1}[\boldsymbol{\Upsilon}(t_k)^p - \boldsymbol{N}\boldsymbol{x}(t_{k-1})^{p+1} - \boldsymbol{M}^p\boldsymbol{x}(t_k)^p] \\ \boldsymbol{x}(t_k)^{p+1} = \boldsymbol{x}(t_k)^p + \Delta\boldsymbol{x}(t_k)^{p+1} \\ \boldsymbol{x}(t_0) = \boldsymbol{x}(t_m) \end{cases} \tag{7-38}$$

在求解方程时，要注意针对对角占优矩阵的处理，否则很容易出现病态矩阵，而导致求解过程中断。方程收敛判断的条件是

$$\alpha = \left|\Delta\boldsymbol{x}(t_k)^p / \boldsymbol{x}(t_k)^p\right| < \varepsilon \tag{7-39}$$

式中，ε 为误差判定的常数。

2) 收敛因子的选择

直流偏磁下变压器铁心在一个周期内将有部分时刻处于饱和状态，励磁电流的波形会发生严重畸变，此时不同时刻间电流增幅的差异较大。针对这种情况有

两种处理方法。

(1) 采用变步长方法，即一个周期内不同时刻间的时间步长不同，一般来说，变步长的取值是由偏磁程度决定的，这种方法增加了计算的复杂度和难度。

(2) 步长一致，引入收敛因子，这种方法较为方便，且可以加快方程的收敛速度。本节在计算时引入了收敛因子 $\varsigma(0<\varsigma\leqslant 1)$，使

$$\boldsymbol{x}\left(t_k\right)^{p+1}=\boldsymbol{x}\left(t_k\right)^{p}+\varsigma\cdot\Delta\boldsymbol{x}\left(t_k\right)^{p} \tag{7-40}$$

迭代过程中针对不同时刻的不同节点，ς 的取值可能不同。采用时间周期有限元法进行变压器直流偏磁计算时，ς 的取值如式(7-41)所示，可以在一定程度上减少迭代次数，加快方程的收敛速度：

$$\varsigma^{p}=\begin{cases}0.7\sim1, & \left|\Delta\boldsymbol{x}(t_k)^{p+1}\right|>\left|\Delta\boldsymbol{x}(t_k)^{p}\right| \\ 0.3\sim0.5, & \left|\Delta\boldsymbol{x}(t_k)^{p+1}\right|\leqslant\left|\Delta\boldsymbol{x}(t_k)^{p}\right|\end{cases} \tag{7-41}$$

此外，二维模型等效厚度的确定、初值的选择以及局部磁通密度过大的问题与 7.2 节中利用牛顿-拉夫逊法求解时采取的措施相同。

7.3.3 算例验证

利用定点时间周期有限元法对图 7-1 所示的方形叠片铁心模型进行直流偏磁下的计算。对激磁线圈施加不同的交流激励和直流偏置电流，测量线圈空载下的励磁电流。激磁线圈励磁电流测量波形(Mea)与计算波形(Cal)的比较如图 7-6 所示。

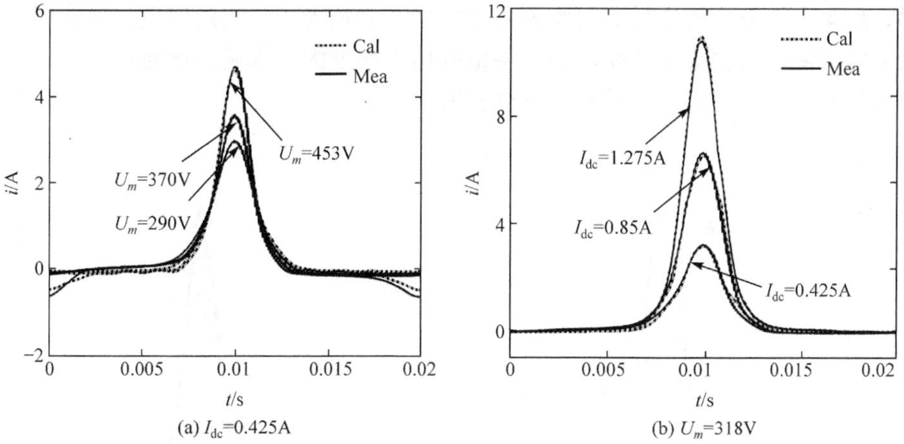

图 7-6　不同直流偏磁情况下方形叠片铁心励磁电流的计算波形与测量波形

从图 7-6 可以看出，直流偏磁下绕组电流的计算波形与测量波形基本吻合，说明了本节所提定点时间周期有限元法在变压器直流偏磁计算中的适用性。

表 7-2 给出了采用牛顿-拉夫逊法的时间周期有限元法与采用传统的定点时步

有限元法，以及采用定点时间周期有限元法在求解变压器直流偏磁时计算效率之间的比较(U_m=240V，I_{dc}=0.85A)。其中，测量的励磁电流幅值为5.45A。采用时步有限元法计算时，直到第46个周期才满足收敛精度的要求。从表7-2可以看出，采用固定点法求解时相对于牛顿-拉夫逊法，在保证计算精度的前提下，大大加快了方程的计算速度，且采用本节的定点时间周期有限元法相对于传统的时步有限元法求解直流偏磁问题时，其计算效率也得到了明显的提高。此外，由于采用时间周期有限元法进行迭代计算时只用更新一个周期内各个时刻的解，不需要另外的储存空间，也显著地节省了储存空间。

表7-2 不同方法之间的对比

方法	Δt/s	ε	I_m/A	误差/%	时长/s
时间周期有限元法(与定点法结合)	2×10^{-4}	5×10^{-4}	5.53	1.468	359
时步有限元法(与定点法结合)	2×10^{-4}	5×10^{-4}	5.62	3.119	452
时间周期有限元法(与牛顿-拉夫逊法结合)	5×10^{-4}	5×10^{-4}	5.57	2.202	11750

采用局部收敛的定点磁阻率结合时间周期有限元法进行变压器直流偏磁计算时，磁阻率随着时间而变化，而且与直流偏磁的严重程度有关。选取图7-3(a)中节点P_1来分析磁阻率在不同偏置条件下的变化情况。图7-7给出了节点P_1在不同交流电压激励和不同直流偏置量下磁阻率随时间变化的波形，当交流激励一定时，磁阻率波形的峰值随着直流偏置量的增大而增大；当直流偏置量一定时，磁阻率波形的峰值也会随着交流激励幅值的增大而增大。偏磁程度越严重，一个周期内选取的定点磁阻率的波形变化就越剧烈。

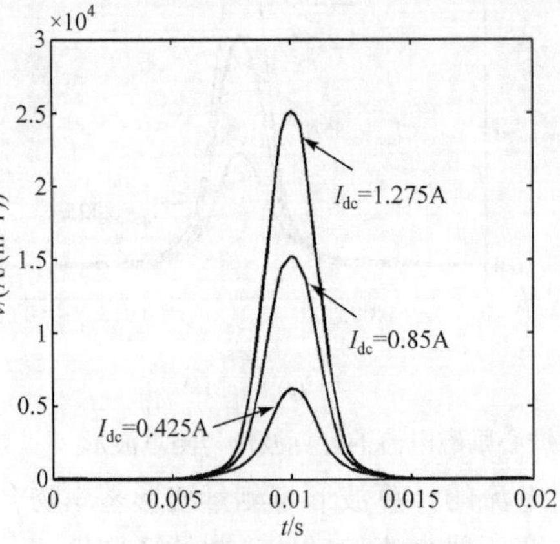

(a) 不同交流激励下(U_m=240V)

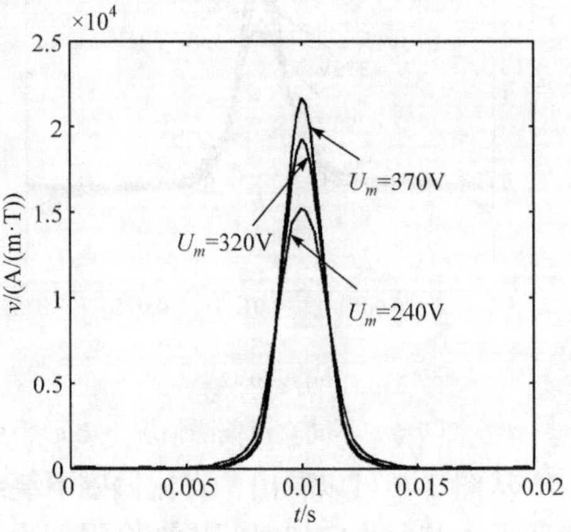

(b) 不同直流偏置量下(I_{dc}=0.85A)

图7-7 不同直流偏置条件下磁阻率的变化波形

7.4　考虑磁滞效应的定点时间周期有限元法

在正弦交流电压激励的作用下，铁磁材料磁滞回线一般是关于坐标轴原点对称的，如图 7-8(a)所示。但在交直流激励的共同作用下，由于直流磁通的存在，磁滞回线将会发生偏移，不再关于原点对称，且随着直流偏置量的增大，磁滞回线的偏移幅度也将会变大，图 7-8(b)给出了直流偏磁下铁心的磁滞曲线。

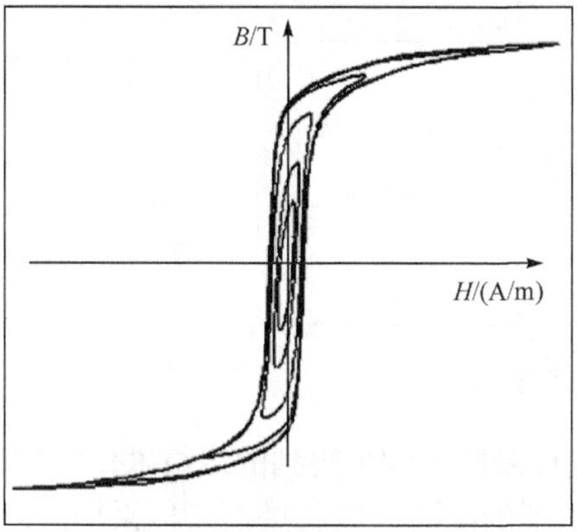

(a) 无偏磁时铁心的磁滞回线

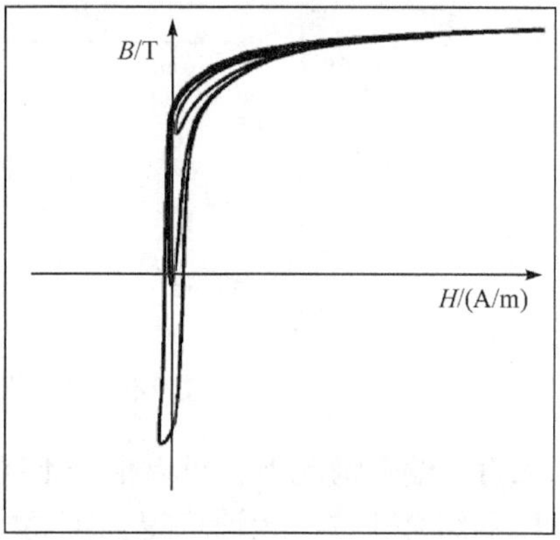

(b) 偏磁下铁心的磁滞回线

图 7-8　不同情况下铁心的磁滞回线

基于损耗函数的磁滞模型的优点在于，模型中参数少且容易获得，使得其在计算过程中占用的时间较少，而且易与数值计算方法相结合[8-10]。通过在损耗模型引入表示直流磁通的参数，也能方便地用于直流偏磁下铁心磁滞特性的模拟。下面将介绍一种基于改进损耗函数的定点时间周期有限元法在直流偏磁计算分析中的应用[11]。

7.4.1　基于损耗函数的磁滞模型

如图 7-9 所示，基于 i-φ 损耗函数的磁滞模型，其基本原理是将磁滞回线分为两部分：一部分与 i-φ 基本磁化曲线($F_1(\varphi)$)有关，反映了励磁电流 i 与磁通 φ 之间的关系(i 与 φ 同相位)；另一部分反映了励磁电流 i 与感应电动势 e 的关系(i 与 e 同相位)，实际上就是励磁电流 i 与磁通 φ 关于时间的导数 φ' 之间的关系，在图 7-9 中可以用磁滞回线与基本磁化曲线之间的距离($F_2(\varphi')$) 来表示。采用公式表示则可以写为

$$\begin{cases} i = F(\varphi) = F_1(\varphi) + F_2(\varphi') \\ \varphi = \varphi_{\mathrm{ac}m}\cos(\omega t) \\ F_2(\varphi') = -I_d\sin(\omega t) \end{cases} \tag{7-42}$$

式中，φ_{acm} 为交流磁通的幅值；$F_2(\varphi')$ 为损耗函数；I_d 为损耗函数的系数，与频率有关，由于损耗函数的变化趋势与基本磁化曲线正好相反，在图 7-9 中，I_d 就相当于磁滞回线和基本磁化曲线在 $\varphi=0$ 时的水平距离"ob"。

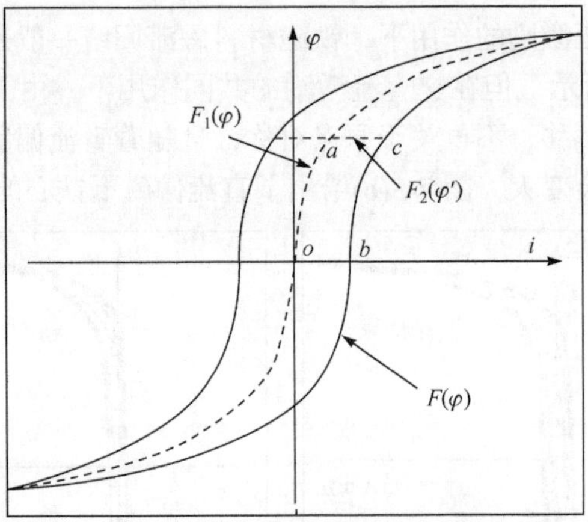

图 7-9　基于损耗函数的磁滞回线

无直流偏磁情况下，可以根据不同电压激励下测量得到的绕组磁化电流和感应电压，结合式(7-23a)计算得到不同电压下的磁滞回线，进而可以采用式(7-42)所示的磁滞模型进行模拟。然而针对变压器直流偏磁，由于直流电流流入变压器绕组中，铁心中必然会产生相应的直流磁通 φ_{dc}，而直流磁通叠加在交流磁通上才能反映出铁心真实的偏置水平。而如式(7-42)所示的磁滞模型不含有能反映直流磁通的参量，因此若要精确地模拟偏磁下铁心的磁滞特性，就需要对磁滞模型进行改进，在模型中引入偏磁下的直流磁通。但首先需要确定不同直流偏磁情况下铁心内的直流磁通的大小。

由于目前的测量设备大都利用电磁感应的原理，通过测量很容易获得铁心内交流磁通，却很难实现针对直流磁通的直接测量，一般是根据测量数据和已知条件计算得到直流磁通。以图 7-1 所示的方形叠片铁心为例，直流偏磁情况下铁心直流磁通的计算步骤如下。

(1) 在激磁线圈施加交流激励和直流激励，测量线圈空载下流入激磁线圈的励磁电流以及线圈的感应电动势，借助式(7-23a)可以得到交流磁通 $\varphi_{ac}(\varphi_{ac}=B_{ac}S)$ 的波形，进而得到交流磁通的幅值 φ_{acm}。

(2) 根据测量得到的励磁电流波形的峰值 i_m，结合铁磁材料的 i-φ 基本磁化曲线计算励磁电流最大值 i_m 对应的磁通 φ_m，那么铁心内直流磁通 $\varphi_{dc}=\varphi_m-\varphi_{acm}$；也可以通过人为地调节 φ_{dc}，根据铁磁材料的 i-φ 基本磁化曲线来计算磁化电流，当计算与测量的励磁电流峰值 i_m 满足一定的误差时，则认为此时的 φ_{dc} 即为该偏磁条件对应的直流磁通。

(3) 将直流磁通与交流磁通波形叠加，结合励磁电流的波形，即可得到该直流偏磁条件下的磁滞回线，分别调节交流激励和直流激励的大小，可得到方形叠片铁心在不同直流偏置条件下的直流磁通以及一系列的 i-φ 磁滞回线。

通过式(7-43)，i-φ 磁滞回线可以转化为反映磁场强度 H 和磁感应强度 B 之间关系的 B-H 磁滞回线。图 7-10 给出了图 7-1 所示的方形叠片铁心在直流偏置量 I_{dc} = 0.425A 时不同电压激励下铁心的磁滞回线，通过连接不同电压激励下磁滞回线的顶点可以得到一条单值的偏磁下的磁化曲线。

$$\begin{cases} B = B_{ac} + B_{dc} = \dfrac{\varphi_{ac} + \varphi_{dc}}{NS} \\ H = \dfrac{Ni}{l} \end{cases} \tag{7-43}$$

式中，l 为等效磁路长度；N 为绕组匝数；S 为铁心截面积；B_{dc} 为直流磁通密度。

此外，通过对直流偏磁条件下直流磁通的计算，发现在相同的直流偏置量下，直流磁通密度是随着交流电压激励变化而变化的，其变化情况可以用直流磁通密度 B_{dc} 与交流磁通密度幅值 B_{acm} 之间的关系来表示，如图 7-11 所示(I_{dc} = 0.425A)。在直流偏置量固定时，直流磁通密度随着交流磁通密度的增大而逐渐减小。根据 B_{dc} 与 B_{acm} 之间的关系，采用插值的方法，就可以预估方形叠片铁心在固定直流偏置量下不同交流磁通密度所对应的直流磁通密度的大小。

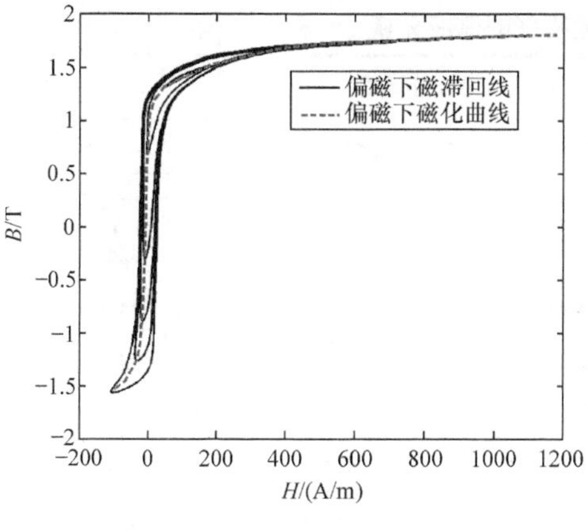

图 7-10　偏磁下磁滞回线与磁化曲线

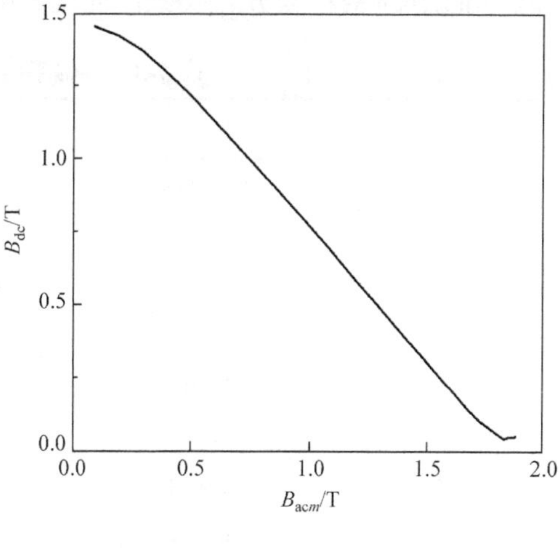

图 7-11　B_{dc} 与 B_{acm} 的关系

结合式(7-42)，并考虑到激励源的初始相位角 δ，无直流偏磁下基于损耗函数的 B-H 磁滞模型可以表示为

$$\begin{cases} H=f(B)=f_1(B)+f_2(B') \\ B=B_{acm}\cos(\omega t+\delta) \\ F_2(B')=-H_d\sin(\omega t+\delta) \end{cases} \tag{7-44}$$

式中，B_{acm} 为交流磁通密度的幅值；H_d 为采用 B-H 关系表示磁滞模型时损耗函数的系数。

表 7-3 给出了不同直流偏置条件下方形叠片铁心中点 P_1 处磁通密度的各次谐波分量，可以看出，变压器发生直流偏磁时，铁心磁通含有直流分量、基波分量和高次谐波分量，但是高次谐波分量远远小于直流分量和基波分量。基于这个特点，结合损耗函数的基本形式，在模拟磁滞回线时可以忽略磁通的高次谐波分量。那么，在引入直流磁通，并且以直流偏磁下的磁化曲线替代无直流偏磁下的基本磁化曲线后，直流偏磁下基于损耗函数的改进磁滞模型就可以表示为

$$\begin{cases} H=f'(B)=f_1'(B)+f_2'(B') \\ B=B_{acm}\cos(\omega t+\delta)+B_{dc} \\ f_2'(B')=-H_d'\sin(\omega t+\delta) \end{cases} \tag{7-45}$$

式中，$f_1'(B)$ 为直流偏磁下的磁化曲线；$f_2'(B')$ 为直流偏磁下的损耗函数；H_d' 为直流偏磁下损耗函数的系数，当 $B=B_{dc}$ 时，若 $H=H_1$ 和 $H_2(H_2>H_1)$，则 $H_d'=(H_2-H_1)/2$，损耗函数的系数 H_d' 也是随着交流磁通密度变化而变化的，其变化趋势如图 7-12 所示($I_{dc}=0.425\text{A}$)，开始阶段，H_d' 随着 B_{acm} 的增大呈现非线性增长的趋势，当 B_{acm} 达到一定值后，H_d' 先减小后再逐渐增大。因此，要想得到一条能够准确反映 H_d' 与 B_{acm} 关系的曲线，就需要借助大量的实验数据。

表 7-3　偏磁下磁通密度的谐波分量

谐波次数	磁通密度谐波分量/T			
	I_{dc}=0.425A	I_{dc}=0.85A	I_{dc}=1.275A	I_{dc}=1.7A
0	0.8603	0.9480	0.9946	1.0271
1	0.9054	0.9042	0.9038	0.9033
2	0.0032	0.0047	0.0055	0.0063
3	0.0010	0.0010	0.0015	0.0021
4	0.0005	0.0006	0.0008	0.0012
5	0.0012	0.0014	0.0010	0.0009
6	0.0005	0.0012	0.0010	0.0008
7	0.0002	0.0009	0.0008	0.0007
8	0.0004	0.0007	0.0008	0.0008
9	0.0005	0.0003	0.0006	0.0008

针对图 7-1 所示的方形叠片铁心进行直流偏磁下铁心磁滞特性的测量与模拟，图 7-13 给出了其在直流偏置量 I_{dc}=0.425A 时，不同交流电压激励下测量与模拟的磁滞回线，波形的一致性说明了偏磁下基于损耗函数的磁滞模型适用于电工硅钢片直流偏磁下磁滞特性的模拟。

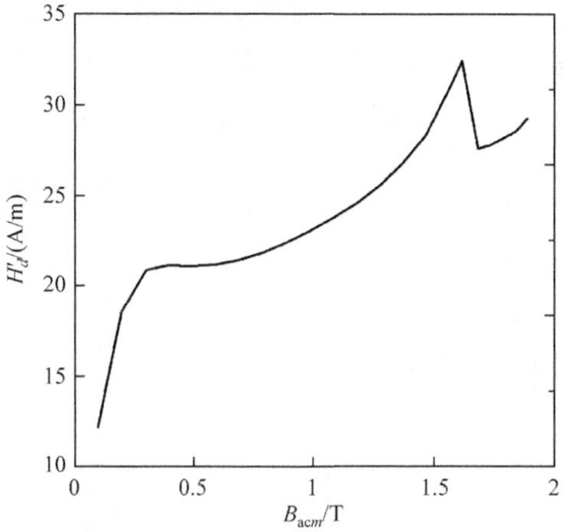

图 7-12　H'_d 与 B_{acm} 之间的关系

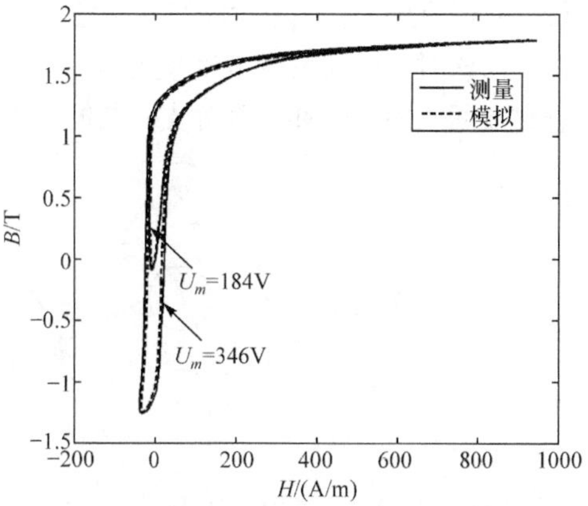

图 7-13　直流偏磁下测量与模拟的磁滞回线

7.4.2　考虑磁滞效应的定点时间周期有限元方程

采用直流偏磁下基于损耗函数的磁滞模型与定点时间周期有限元法相结合进行变压器直流偏磁的计算。不考虑磁滞效应时，反映磁化特性的函数是单值的，考虑磁滞效应后，反映磁化特性的函数就变成了双值函数，因此需要对磁阻率做相应的修改。此时，局部收敛的定点磁阻率可以表示为

$$\nu_{\text{FP}}^{p}(t)=\frac{\partial H^{p}}{\partial B^{p}}=\frac{\partial f_1'(B^{p})}{\partial B^{p}}+\frac{\partial f_2'(B'^{p})}{\partial B^{p}} \tag{7-46}$$

式中，

$$\frac{\partial f_2'(B'^{p})}{\partial B^{p}}=\frac{\partial f_2'(B'^{p})}{\partial t}\cdot\frac{\partial t}{\partial B}=\frac{H_d'^{\,p}\tan(\omega t+\delta)}{B_{\text{acm}}^{p}} \tag{7-47}$$

此外，磁阻率中反映损耗函数的部分是一个正切函数，在磁滞回线的顶点处，正切函数将无穷大，仍按照式(7-46)取磁阻率，方程将会变得不收敛。通过在磁滞回线趋近顶点的地方引入一个小角度 ρ，来避免这种现象的产生，此时磁阻率中的第二部分可以写为

$$\frac{\partial f_2'(B'^{p})}{\partial B^{p}}=\begin{cases} H_d'^{\,p}\tan(\omega t+\delta)/B_{\text{acm}}^{p}, & \omega t+\delta\notin\left[\dfrac{\eta\pi}{2}-\rho,\dfrac{\eta\pi}{2}+\rho\right] \\ H_d'^{\,p}\cot(\rho+\delta)/B_{\text{acm}}^{p}, & \omega t+\delta\in\left[\dfrac{\eta\pi}{2}-\rho,\dfrac{\eta\pi}{2}+\rho\right] \end{cases} \tag{7-48}$$

式中，$\eta = 1$ 和 3。这样就避免了因磁阻率不连续引起的不稳定问题。

由于采用时间周期有限元法对变压器直流偏磁进行计算时，可以通过矢量磁位计算得到各个单元的磁通密度，进而直接得到一个周期内磁通密度的最大值 B_m。图 7-11 和图 7-12 分别给出了反映 B_{dc} 与 B_{acm} 和 H'_d 与 B_{acm} 关系的曲线，由此可以得到反映 B_{acm} 与 B_m 和 H'_d 与 $B_m(B_m = B_{dc}+B_{acm})$关系的曲线。也就是说，当已知直流偏置量 I_{dc}、单元最大磁通密度 B_m，以及某时刻的磁通密度 B 及其所在时刻时，根据式(7-45)，就可以得到与该时刻磁通密度 B 对应的唯一的磁场强度 H，如图 7-14 所示($\alpha = \pm 1$，分别代表磁滞回线中上升和下降分支，与时间有关)。

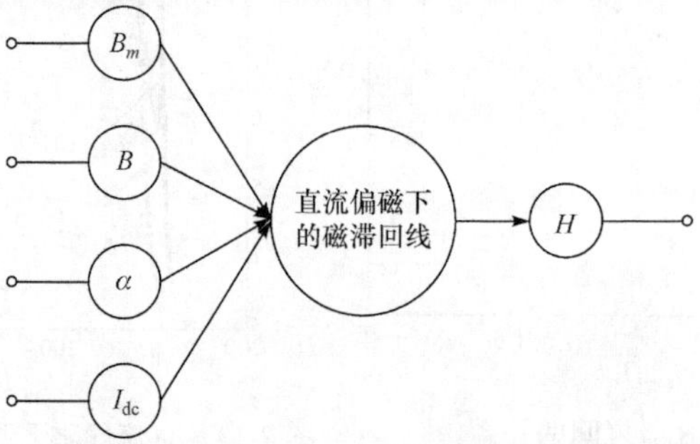

图 7-14　直流偏磁下磁场强度 H 的计算

结合直流偏磁下基于损耗函数的改进磁滞模型，本节考虑磁滞特性后的时间周期有限元法的计算步骤可以描述如下。

(1) 采用直流偏磁下的磁化曲线，结合 7.3 节的定点时间周期有限元法计算各单元一个周期内磁通密度的稳态解，得到单元磁通密度在 x 轴与 y 轴方向的分量 B_x、B_y 和一个周期内单元的最大磁通密度 B_m。

(2) 确定单元最大磁通密度 B_m 所对应的时刻 t_m，通过比较 t_m 时刻 B_x 和 B_y 绝对值的大小来确定磁通密度 B 的符号：若$|B_x|>|B_y|$，将任意时刻 B_x 的符号赋给该时刻的 B；若$|B_x|<|B_y|$，将任意时刻 B_y 的符号赋给该时刻的 B(这种方法适用于矩形铁心)。

(3) 根据各单元一个周期内的最大磁通密度 B_m，确定损耗函数的系数 H'_d 和基频交流磁通密度分量在一个周期内的最大值 B_{acm}，基于直流偏磁下的改进损耗模型对各单元一个周期内不同时刻的磁通密度进行修正，同时对局部收敛的定点磁阻率进行修正，结合 7.3 节中的定点时间周期有限元法进行迭代计算。

7.4.3　算例验证

针对图 7-1 所示的方形叠片铁心进行直流偏磁实验与计算。图 7-15 给出了其在不同交流激励和不同直流偏磁量下，测量与计算的励磁电流波形的比较。不同直流偏置条件下测量结果与计算结果基本一致，验证了基于损耗函数的时间周期有限元法在直流偏磁计算中的适用性。

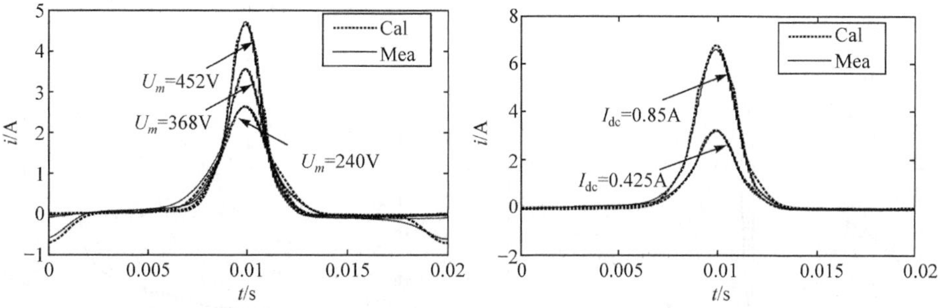

(a) 不同交流激励下(I_{dc}=0.425A)　(b) 不同直流分量下(U_m=318V)

图 7-15　测量与计算的励磁电流波形

而图 7-16 给出了考虑铁磁材料磁滞特性(with)与不考虑磁滞特性(without)时励磁电流的波形及其频谱图。可见，考虑磁滞特性后励磁电流的计算波形比不考虑磁滞特性时的波形与测量波形更加吻合。从图 7-15(b)也可以看出，直流偏磁条件下，铁磁材料磁滞特性主要影响励磁电流的交流谐波分量，对直流分量没有影响。由于计算中基于损耗函数的磁滞模型没有考虑高次谐波分量的磁通，计算与测量波形之间仍存在一定的误差。因此，在变压器直流偏磁情况下，建立一个更加精确的磁滞模型也是后续研究中需要注意的问题。

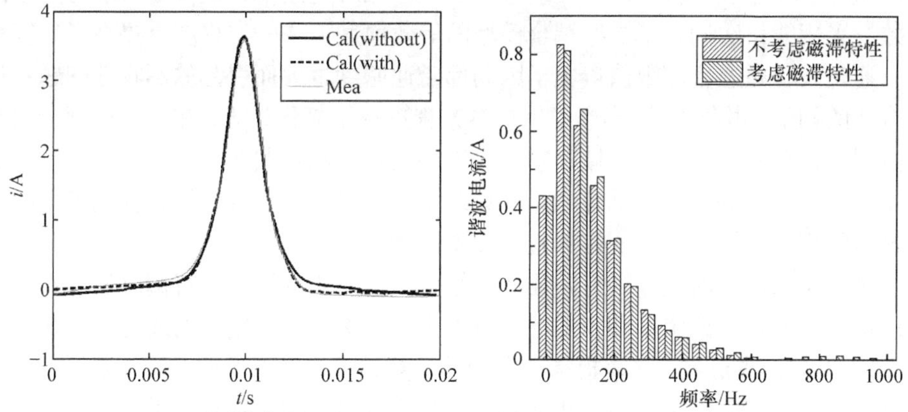

(a) 励磁电流波形　(b) 励磁电流频谱图

图 7-16　磁滞效应对励磁电流的影响(U_m = 370V，I_{dc} = 0.425A)

图 7-17 给出了计算得到的节点 P_1 和 P_2(图 7-3(a))，在直流偏置条件下的磁滞回线(U_m= 370V，I_{dc}= 0.425A，点 P_1 处磁场场量主要是沿 y 轴方向的分量，点 P_2

处磁场场量主要是沿 x 轴方向的分量)。从图中可以看出，直流偏磁条件下，铁心的磁滞回线发生了偏移，不再具有对称的特点。

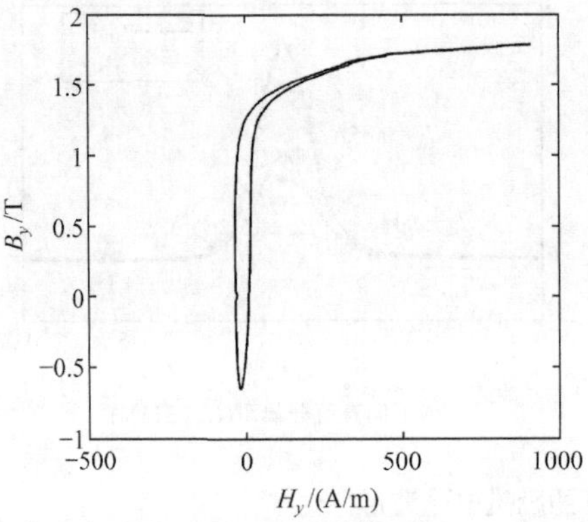

(a) 点P_1处磁滞回线

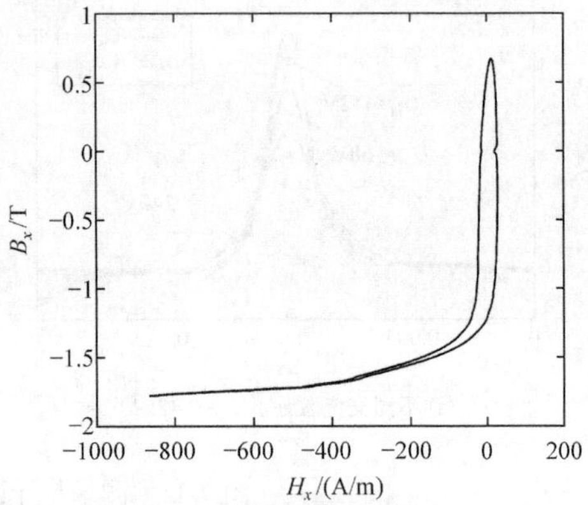

(b) 点P_2处磁滞回线

图 7-17　直流偏磁下计算的磁滞回线

7.5 本章小结

考虑到直流偏磁条件下磁场场量和励磁电流周期性时变的特点，本章介绍了场路耦合的时间周期有限元法在变压器直流偏磁计算中的应用。采用牛顿-拉夫逊法对铁心材料非线性特性进行处理；为了减小二维场路耦合模型中由漏磁产生的误差，采用能量法确定了二维耦合模型的等效厚度，在一定程度上提高了计算精度；通过设置磁通密度限值避免了因局部磁通密度过大而引起的不收敛问题；选择合适的初值，并结合高斯-赛德尔法对方程进行了简化计算，在一定程度上提高了方程的计算效率，节省了储存空间。采用测量的磁化曲线，对方形叠片铁心进行了直流偏磁下的计算，励磁电流计算结果与测量结果吻合较好，验证了场路耦合的时间周期有限元法在变压器直流偏磁计算中的适用性。

将固定点法与时间周期有限元法相结合，运用于变压器直流偏磁的计算，采用局部收敛的定点磁阻率和合适的收敛因子，在保证计算精度的前提下，相对于传统的牛顿-拉夫逊法，显著提高了方程的计算效率。分析了不同偏置条件下铁心内部分节点的磁阻率随时间变化的趋势，随着偏磁程度的加剧，磁阻率在一个周期内的变化也将加剧。通过增大电阻，设置补偿电压，为变压器直流偏磁计算中因内阻小、电感变化剧烈而导致方程解的不收敛等问题提供了一个解决思路，同时也在一定程度上提高了计算效率。

以方形叠片铁心为例，分析了直流偏磁下铁磁材料的磁滞特性。在交直流磁通的共同作用下，磁滞回线发生了偏移，呈现不对称的特性。根据变压器直流偏磁条件下铁心内磁通主要是直流分量和基频交流分量的特点，在基于损耗函数的磁滞模型中引入直流磁通分量，采用直流偏磁下的磁化曲线取代无偏磁时的基本磁化曲线，建立了直流偏磁下的磁滞模型，并与定点时间周期有限元法相结合进行直流偏磁的计算，通过对定点磁阻率的改进，避免了因磁阻率不连续而引起的不稳定问题。计算结果表明，采用考虑磁滞特性的时间周期有限元法计算得到的励磁电流与测量结果的吻合度更好。

参 考 文 献

[1] Hara T, Naito T, Umoto J. Time-periodic finite element method for nonlinear diffusion equations[J]. IEEE Transactions on Magnetics, 1985, 21(6): 2261-2264.

[2] Nakata T, Takahashi N, Fujiwara K, et al. 3-D finite element method for analyzing magnetic fields in electrical machines excited from voltage sources[J]. IEEE Transactions on Magnetics, 1998, 24(6): 2582-2584.

[3] 程志光, 高桥则雄, 博扎德 弗甘尼, 等. 电气工程电磁热场模拟与应用[M]. 北京: 科学出版社, 2010:171-201.

[4] Hantila F I, Preda G , Vasiliu M. Polarization method for static fields[J]. IEEE Transactions on Magnetics, 2000, 36(4): 672-675.

[5] Dlala E, Belahcen A, Arkkio A. Locally convergent fixed-point method for solving time-stepping nonlinear field problems[J]. IEEE Transactions on Magnetics, 2007, 43(11): 3969-3975.

[6] Mathekga M, Mcmahon R. Application of the fixed point method for solution in time stepping finite element analysis using the inverse vector Jiles-Atherton model[J]. IEEE Transactions on Magnetics, 2011, 47(10): 3048-3051.

[7] 王帅兵, 李琳, 赵小军, 等. 定点时间周期有限元法及其在变压器直流偏磁特性分析中的应用[J]. 中国电机工程学报, 2017, 37(17):5198-5205.

[8] Lin C E, Wei J B, Huang C L, et al. A new method for representation of hysteresis loops[J]. IEEE Transactions on Power Delivery, 1989, 4(1): 413-420.

[9] Faiz J, Sharifian M. Hysteresis loop modeling techniques and hysteresis loss estimation of soft magnetic material[J]. The International Journal for Computation and Mathematics in Electrical and Electronic Engineering, 2001, 20(4): 981-1001.

[10] Wang S, Li L, Zhao X, et al. Fixed-point time-periodic FEM taking into account hysteresis characteristics of laminated core under DC bias[J]. International Journal of Applied Electromagnetics and Mechanics, 2017, 55(2):289-300.

[11] 王帅兵. 时间周期有限元法及 UPFC 中串联变压器不对称直流偏磁特性[D]. 北京: 华北电力大学, 2017.

第 8 章　雷电通道近区准静态电磁场计算方法

8.1　雷电通道模型

通过对自然雷电的大量观测和开展人工引雷试验，人们对雷电的发生发展过程有了更深入的认识，但在雷电放电过程中，雷电通道内部的参数如先导通道中的电荷分布、雷暴云中的电荷分布、回击通道中的电流等参数无法进行直接测量。为了更好地研究雷电发生发展的物理过程，必须建立雷电通道模型以更好地模拟自然雷电。通过建立合理的雷电通道模型，对雷暴云和雷电通道电荷密度的时空分布以及雷电产生的电磁场特征进行模拟研究，从而对雷电对周围建筑物和输电线路的电磁影响进行预估，优化防雷系统设置。

文献[1]建立了梯级先导的物理模型，该模型由先导通道和先导头部区域两部分组成，并认为先导通道中电荷均匀分布。大量梯级先导的观测表明，先导通道中的电荷并非均匀分布，有必要建立更加符合实际情况的先导通道模型。文献[2]～文献[5]总结了目前常用的基底电流模型，并比较了不同基底电流模型的优缺点。文献[6]～文献[10]比较了目前常用的回击电流模型，提出工程模型是目前常用的模型，但回击模型都没有考虑雷暴云和雷电通道中电荷的影响。雷电过程中的主要物理和化学过程都是在雷电通道内进行的，本章分析了雷电发生发展过程的物理机制，采用雷电通道的半径、速度、电流、电荷等来描述雷电通道的特性，并建立了雷电先导模型、基底电流模型和雷电回击模型。

雷电过程中的主要物理和化学过程都是在雷电通道内进行的，依据雷电发展物理机制，采用雷电通道的半径、速度、电流、电荷等来描述雷电通道的特性，并建立雷电先导模型、基底电流模型和回击模型。

8.1.1　先导模型

先导放电是云地闪放电的初始阶段，忽略先导的分支和弯曲等效应，先导通道的发展近似为在竖直方向上以一定的速度传播的先导-流注系统。在先导出现之前，空间电磁场的分布完全由雷暴云的荷电情况决定。在流注和先导开始之后，空间电磁场分布由雷暴云和先导通道内分布的空间电荷共同决定。

为了计算邻近雷电通道处的电场和磁场，需要知道雷电流和雷云以及雷电通道中电荷的分布特征。本章以先导发展理论为基础，结合雷暴云产生的背景电势，对雷暴云和先导通道内的电荷分布情况做如下假设。

(1) 对于正双极性分布的雷暴云结构，下层负电荷对地面电场的影响要远远大于上层正电荷的影响，所以在计算近地面电场分布时可以假定雷暴云仅携带负电荷，且为集中的点电荷分布。

(2) 先导通道和回击通道都是垂直于地面发展的，不考虑放电分支的影响。

(3) 积累在雷暴云和雷电通道中的电荷在先导通道到达地面之前认为是保持不变的，先导通道中的电荷在首次回击过程中被全部中和，积累在雷暴云和雷电通道中的电荷总量为被中和掉电荷的 N 倍。

(4) 先导通道被认为是完纯导体，其电荷线密度为 τ，先导通道电荷线密度分布从头部向尾部为线性递减形式[11]。

在雷电先导头部到达大地之前，雷电先导发展过程如图 8-1 所示。在雷电初始发展阶段，认为雷电通道中没有电荷分布，所有电荷分布在雷暴云中，即 $t=t_0$ 时刻，电荷分布满足

$$\begin{cases} Q_\Sigma = Q_c(t_0) \\ Q_l(t_0)=0 \\ \tau(z',t_0)=0 \end{cases} \tag{8-1}$$

式中，Q_Σ 为一次雷暴过程包含的电荷总量；$Q_c(t_0)$ 为在 t_0 时刻雷暴云中的电荷总量；$Q_l(t_0)$ 为在 t_0 时刻雷电通道中的电荷总量；$\tau(z',t_0)$ 为在 t_0 时刻雷电通道中的电荷线密度。

随着先导通道向下发展，雷暴云中的电荷向先导通道中输送，在先导通道到达大地之前，即 $t_0<t<t_4$ 时刻，雷暴云和先导通道中的电荷分布满足

$$\begin{cases} Q_\Sigma = Q_c(t)+Q_l(t) \\ g(t)=H-v_1 t \\ Q_l(t)=\displaystyle\int_{g(t)}^{H}\tau(z',t)\mathrm{d}z' \\ \tau(z',t)=\left(1-\dfrac{z'}{H}\right)\tau_0, \quad z'\geqslant g(t) \\ \tau(z',t)=0, \quad z'<g(t) \end{cases} \tag{8-2}$$

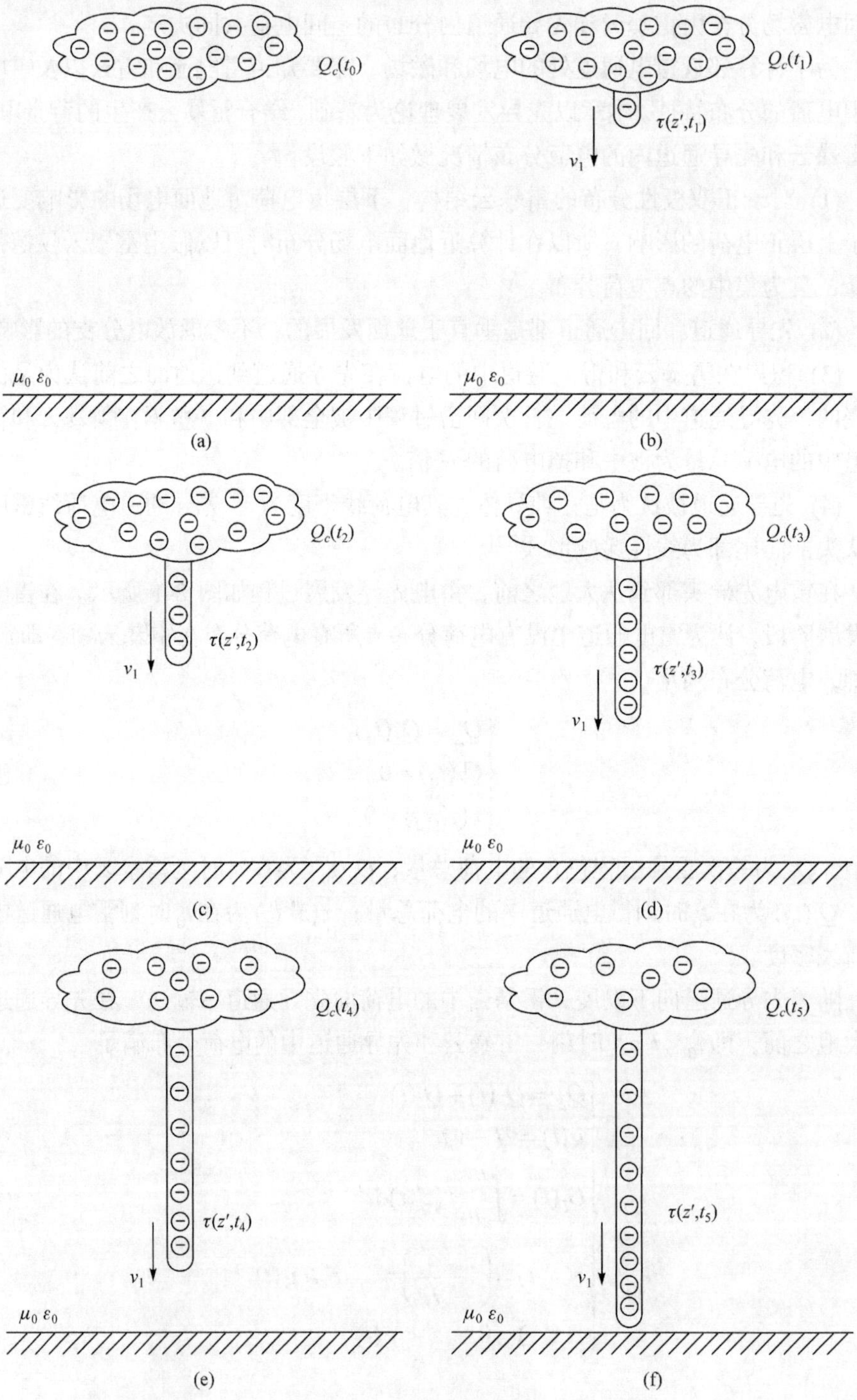

图 8-1　雷电先导发展过程

式中，$g(t)$ 为先导头部到地面的距离；H 为雷暴云到地面的距离；z' 为沿着通道的位置坐标；τ_0 为表征雷电通道电荷线密度的常数；v_1 为先导通道的发展速度。

当先导通道到达大地的瞬间，即 $t=t_5$ 时刻，电荷分布满足

$$\begin{cases} Q_\Sigma = Q_c(t_5) + Q_l(t_5) \\ Q_l(t_5) = \int_0^H \tau(z', t_5)\mathrm{d}z' \\ \tau(z', t_5) = \left(1 - \dfrac{z'}{H}\right)\tau_0 \end{cases} \tag{8-3}$$

首次回击所中和的负电荷，在先导放电时储存在先导通道中，即 $t=t_5$ 时刻，也就是雷电通道到达地面的瞬间，先导通道中的总电荷量可表示为

$$Q_l(t_5) = \int i(0,t)\mathrm{d}t \tag{8-4}$$

式中，t_5 为雷电通道到达大地时刻；$Q_l(t_5)$ 为雷电先导到达大地瞬间雷电通道中储存的电荷总量；$i(0,t)$ 为雷电通道基底电流。

当基底电流已知时，利用式(8-4)可以求出 $Q_l(t_5)$，结合式(8-3)可以求出先导通道中的电荷线密度。一个雷电过程包括多次闪击，一次闪击不能中和掉所有雷暴云中的电荷，假定总电荷 Q_Σ 是一次闪击中和掉电荷的 N 倍，即

$$Q_\Sigma = NQ_l(t_5) \tag{8-5}$$

结合上述公式，可以计算出在雷电通道到达大地之前任意时刻的雷暴云中的电荷量 $Q_c(t)$ 和先导通道的电荷线密度 $\tau(z',t)$。

8.1.2 基底电流模型

当梯级先导头部发展到距地面几十米的范围内时，梯级先导头部存在的大量负电荷和大地上感应的正电荷间产生相对强的电场，导致击穿，正电荷和负电荷在较短的时间内中和，此时中和的电量较大，形成的电流也较大，对应基底电流的上升时间。当已经分布到位的电荷大部分被中和后，在强电场的作用下，地面的感应电荷会重新分布，电荷重新分布的时间大概为 10^{-9}s，重新分布的感应电荷会同雷云中向下运动的电荷继续中和，此时中和的电流会逐渐减小。因为梯级先导头部电荷被中和，所以先导头部的电场变小，感应电荷的量值也会减小，这就是基底电流逐渐变小的原因。当雷电击中点为良好接地的导体时，一般在感应电荷被中和完之后，由于雷电通道的存在，会在雷云和大地之间形成一个通路，如果雷云中的负电荷量比较多，会形成连续电流，连续电流的持续时间为几十到几百毫秒。如果击中不良好接地点，梯级先导同不良好接地点击穿后，不能形成一个通路，回击电流到达雷暴云顶端时便减小到零，很难形成连续电流。

双指数函数和 Heidler 函数能够描述雷电通道基底电流的主要特征，是常用的两种基底电流模型。

1) 双指数函数模型

雷电通道基底电流的双指数函数模型是由 Bruce 和 Golde 于 1941 年提出的，其表达式为

$$i(0,t) = I_0(\mathrm{e}^{-t/\tau_2} - \mathrm{e}^{-t/\tau_1}) \tag{8-6}$$

式中，I_0 为雷电流幅值；τ_1、τ_2 为时间常数，τ_1 与波前时间有关，τ_2 与半波峰值时间有关。该模型能够反映出测得的通道底部电流的主要参数，便于进行积分和微分运算。

2) Heidler 模型

雷电通道基底电流的 Heidler 模型于 1985 年提出，其表达式为

$$i(0,t) = \frac{I_0}{\eta}\frac{(t/\tau_1)^n}{(t/\tau_1)^n + 1}\exp(-t/\tau_2) \tag{8-7}$$

式中，I_0 为基底电流峰值；τ_1 为基底电流上升沿时间常数；τ_2 为延迟时间常数；η 为峰值修正系数；n 为指数。

一次完整的地闪放电过程持续时间为几百毫秒到 1s。负地闪中的回击沿先导通道从地面到云中的传播一般在几十微秒内完成。在回击过程停止即脉冲电流停止后，回击通道内仍可能存在约几百安培，甚至高达 1kA 量级的连续电流，其持续时间一般为几十到几百毫秒，可引起缓慢而大幅度的地面电场变化，且整个雷电通道持续发光，这个过程被称为连续电流过程。连续电流不是一个孤立的物理过程，它的产生离不开击穿放电在云内的发展，将负电荷源源不断地向回击通道输送，形成缓慢、持续时间比较长的连续电流。连续电流释放的电荷量占总电荷量的 75%以上。连续电流可以很容易地从其地面电场变化波形中确定，回击引起的地面电场变化是台阶跳变式的，而其后伴随的连续电流则引起电场向同一方向缓慢而持续变化，连续电流持续时间的确定是以回击引起的电场变化后的突变点为开始点，之后电场连续变化中出现的第一个拐点或者转折点为结束点。

由于连续电流的存在，直接用 Heilder 函数表示雷电基底电流，无法表征连续电流的影响，因为 Heidler 函数具有快速上升，并快速下降到零的特点，所以无法描述连续电流的影响。文献[12]提出了修正的 Heidler 模型，即采用 Heilder 函数加双指数函数的方法描述雷电基底电流：

$$i(0,t) = \frac{I_{01}}{\eta}\frac{(t/\tau_1)^n}{(t/\tau_1)^n + 1}\exp(-t/\tau_2) + I_{02}(\mathrm{e}^{-t/\tau_3} - \mathrm{e}^{-t/\tau_4}) \tag{8-8}$$

式中，I_{01} 为快变化部分雷电流幅值；τ_1 为快变化部分上升沿时间常数；τ_2 为快变化部分延迟时间常数；η 为快变化部分峰值修正系数；n 为快变化部分指数；I_{02} 为慢变化部分雷电流幅值；τ_3 为慢变化部分延迟时间常数；τ_4 为慢变化部分上升沿时间常数。该模型可以通过调整快变化部分参数来表征雷电基底电流快速变化成分，调整慢变化部分参数来表征雷电基底电流的连续电流成分。

2004 年国际雷电研究和测试中心在佛罗里达州进行了人工引雷试验，并测得了基底电流数值，测量值如图 8-2 所示。本章以测得的雷电基底电流为依据，雷电通道基底电流分别用双指数函数、Heidler 模型和修正的 Heidler 模型表示，利用优化算法反演基底电流的参数。

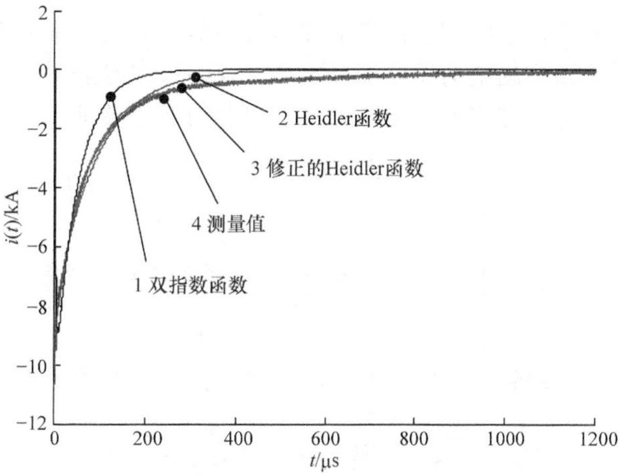

图 8-2　通道基底电流

利用模式搜索优化[13]算法反演基底电流函数的参数，将测量值和拟合值的差值定为目标函数，可计算不同模型在目标函数最小情况下的对应参数值。对于双指数函数，与测量值最接近的参数为雷电流幅值 $I_0 = 11\,\mathrm{kA}$，延迟时间常数 $\tau_1 = 52\mu\mathrm{s}$ 和上升沿时间常数 $\tau_2 = 2.8\mu\mathrm{s}$ 。对于 Heidler 模型，与测量值最接近的参数为雷电流幅值 $I_0 = 9.175\mathrm{kA}$ ，上升沿时间常数 $\tau_1 = 0.295\mu\mathrm{s}$ ，延迟时间常数 $\tau_2 = 91.061\mu\mathrm{s}$ ，峰值修正系数 $\eta = 1$ ，指数 $n = 5$。对于修正的 Heidler 模型，与测量值最接近的参数为快变化部分雷电流幅值 $I_{01} = 8.808\mathrm{kA}$ ，快变化部分上升沿时间常数 $\tau_1 = 0.229\mu\mathrm{s}$ ，快变化部分延迟时间常数 $\tau_2 = 70.344\mu\mathrm{s}$ ，快变化部分峰值修正系数 $\eta = 0.97$ ，快变化部分指数 $n = 2$，慢变化部分雷电流幅值 $I_{02} = 8.281\mathrm{kA}$ ，慢变化部分延迟时间常数 $\tau_3 = 300\mu\mathrm{s}$ ，慢变化部分上升沿时间常数 $\tau_4 = 257\mu\mathrm{s}$ 。测量值和拟合值的对比如图 8-2 所示。

由图 8-2 可知，双指数函数模型可以从一定程度上反映基底电流的主要特征，但误差较大，其幅值在 300μs 处已经衰减到零，Heidler 模型在基底电流的初始阶段误差较小，但其幅值在 500μs 处衰减到零，无法表征连续电流的影响。如果雷电通道基底电流没有连续电流成分，可以较好地反映雷电基底电流特征，但如果含有连续电流成分，在后面阶段误差较大，修正的 Heilder 函数在波头和波尾处与实测值均吻合很好，能够更细致地体现雷电基底电流的变化特征。修正的 Heidler 模型由于可调整的参数增多，既可以表征基底电流在初始阶段的变化特征，也能体现连续电流的影响。在实际的雷电流计算中，由于雷电基底电流的测试不容易进行，可以根据雷电基底电流的特征，选择 Heidler 模型或修正的 Heidler 模型来表征雷电通道基底电流。

8.1.3　回击模型

在雷电回击阶段，回击发展过程如图 8-3 所示。回击电流以速度 v_2 向雷暴云发展，在回击过程中，不断中和掉先前存储在雷电先导通道中的电荷。在回击过程中，存储在雷暴云中的电荷总量保持不变，存储在先导通道中的电荷在回击头部到达之前保持不变，即当 $t_5 < t < t_9$ 时，系统中的电荷满足如下分布关系：

$$\begin{cases} Q_c(t) = Q_c(t_5) \\ h(t) = v_2 t \\ \tau(z',t) = \left(1 - \dfrac{z'}{H}\right)\tau_0, \quad z' \geqslant h(t) \\ \tau(z',t) = 0, \quad z' < h(t) \end{cases} \tag{8-9}$$

式中，$h(t)$ 为回击头部到地面的距离；H 为雷暴云到地面的距离。

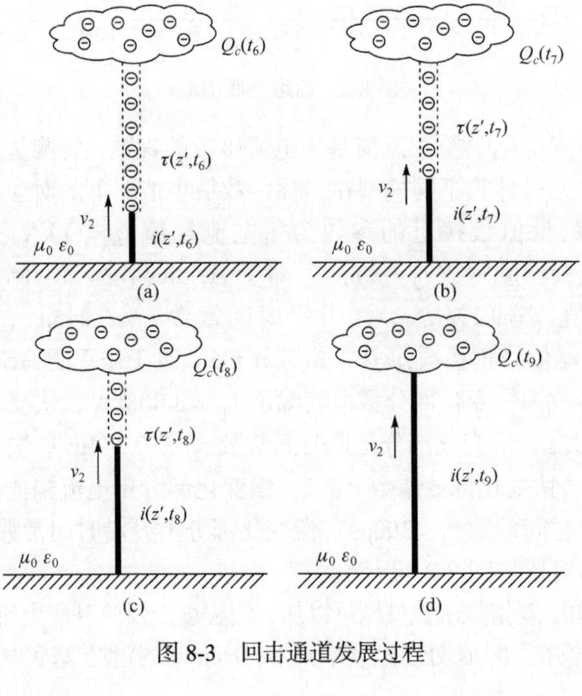

图 8-3　回击通道发展过程

对于回击通道模型中回击电流的确定已经进行了大量研究[14]，并取得了大量进展。雷电回击通道的工程模型认为回击电流同基底电流满足一定的关系，通过该模型可以预测距离雷电通道数十米乃至上百千米处的电磁场强度。目前常用的工程模型包括 Bruce-Golde 模型、传输线模型、修正的传输线模型。

1) Bruce-Golde 模型

该模型提出较早、应用较为广泛。该模型认为电流脉冲在通道中无衰减、无时延地传播，主放电通道某点 z' 处的电流等于通道中地面处的电流。其电流表达式为

$$i(z',t)=i(0,t),\quad t\geqslant z'/v \tag{8-10}$$

式中，v 为主放电在通道中的传播速度，单位为 m/s；z' 为沿主放电通道的位置坐标。该模型表达式简单，但其认为回击放电过程中回击电流无衰减地传播，且放电过程瞬时完成，与实际观测到的数据不相符。

2) 传输线模型

该模型将雷电通道视为理想的传输线，在主放电发生后，回击电流从地面以一定的速度沿回击通道无衰减地向雷云中传播。回击通道中任意点 z' 处电流的表达式为

$$i(z',t)=i\left(0,t-z'/v\right),\quad t\geqslant z'/v \tag{8-11}$$

式(8-11)表明通道给定高度处的电流值与基底电流相比经历了一定的时间延迟，这与波的传播规律相符合，传输线模型目前在国内外有广泛的应用。

3) 修正的传输线模型

该模型假设主放电电流从地面沿通道以特殊形式方式向上传播，即随着高度的增加，电流不断减小，但波形保持不变。Dulzon 和 Rakov 于 1987 年提出的修正的传输线模型中，电流随高度的增加线性减小，传播速度分别为常量和变量。Nucci 等于 1990 年提出的修正的传输线模型[6]中，认为电流随高度的增加以指数形式衰减，衰减常数为 λ，而传播速度则视为常量。与之对应的电流表达式为

$$i(z',t)=\mathrm{e}^{z'/\lambda}i(0,t-z'/v),\quad t\geqslant z'/v \tag{8-12}$$

按照回击中和理论，选择按照线性衰减的传输线模型最为合理。在雷电回击过程中，雷电回击通道中的电流能利用基底电流计算得到：

$$i(z',t)=\left(1-\frac{z'}{H}\right)i(t-z'/v),\quad t\geqslant z'/v \tag{8-13}$$

以基底电流的实测值为依据，假定在雷电通道到达大地瞬间为 $t=0$ 时刻，雷电通道高度为 7500m，回击速度为 10^8m/s，计算了距离大地高度为 1km、3km 和 5km 处的回击电流波形如图 8-4 所示。

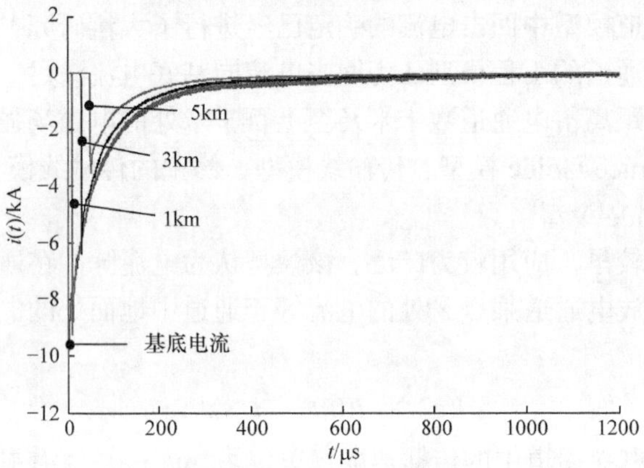

图 8-4　回击电流波形

8.2　完纯导体地面上方雷电通道近区电磁场计算

8.2.1　先导发展阶段雷电通道近区电场计算

基于雷电放电过程的物理机制，在先导发展阶段，邻近雷电通道的电场为电准静态场，近区电场由雷暴云中的电荷、雷电通道中的电荷和大地上的感应电荷共同产生。将大地视为完纯导体时，大地感应电荷的贡献可以利用镜像法求得，如图 8-5 所示。对于图 8-5 所示的系统，利用柱坐标系求解，雷暴云中电荷用点电荷 $Q_c(t)$ 表示，雷电通道中存储电荷用线电荷 $\tau(z',t)$ 表示，雷暴云中电荷在地平面上方 z 处产生的电场 $\boldsymbol{E}_1(\rho,\phi,z,t)$ 可以表示为

$$\boldsymbol{E}_1(\rho,\phi,z,t)=\left\{\frac{-(H-z)Q_c(t)}{4\pi\varepsilon_0[(H-z)^2+\rho^2]^{3/2}}-\frac{(H+z)Q_c(t)}{4\pi\varepsilon_0[(H+z)^2+\rho^2]^{3/2}}\right\}\boldsymbol{e}_z+\left\{\frac{\rho Q_c(t)}{4\pi\varepsilon_0[(H-z)^2+\rho^2]^{3/2}}-\frac{\rho Q_c(t)}{4\pi\varepsilon_0[(H+z)^2+\rho^2]^{3/2}}\right\}\boldsymbol{e}_\rho \tag{8-14}$$

特别地，当 $z=0$ 时，即在地表面处，雷暴云产生电场的轴向分量相互抵消，电场仅含有垂直方向分量：

$$\boldsymbol{E}_1(\rho,\phi,z,t)=\frac{-HQ_c(t)}{2\pi\varepsilon_0(H^2+\rho^2)^{3/2}}\boldsymbol{e}_z \tag{8-15}$$

先导通道中电荷在地平面上方 z 处的电场 $\boldsymbol{E}_2(\rho,\phi,z,t)$ 可以表示为

$$\boldsymbol{E}_2(\rho,\phi,z,t)=\int_{h(t)}^{H}\left\{\frac{-(z'-z)\tau(z',t)}{4\pi\varepsilon_0[(z'-z)^2+\rho^2]^{3/2}}-\frac{(z'+z)\tau(z',t)}{4\pi\varepsilon_0[(z'+z)^2+\rho^2]^{3/2}}\right\}\mathrm{d}z'\boldsymbol{e}_z+\int_{h(t)}^{H}\left\{\frac{\rho\tau(z',t)}{4\pi\varepsilon_0[(z'-z)^2+\rho^2]^{3/2}}-\frac{\rho\tau(z',t)}{4\pi\varepsilon_0[(z'+z)^2+\rho^2]^{3/2}}\right\}\mathrm{d}z'\boldsymbol{e}_\rho \tag{8-16}$$

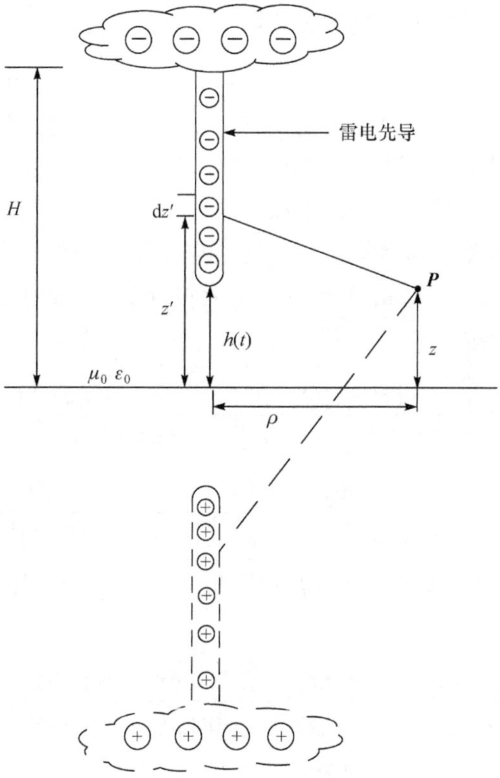

图 8-5　先导通道产生的电场计算

特别地，当 $z=0$ 时，即在地表面处，雷电通道产生电场的轴向分量相互抵消，电场仅含有垂直方向分量：

$$\boldsymbol{E}_2(\rho,\phi,z,t)=\frac{1}{2\pi\varepsilon_0}\int_{h(t)}^{H}\frac{-z'\tau(z',t)}{(z'^2+\rho^2)^{3/2}}\mathrm{d}z'\boldsymbol{e}_z \tag{8-17}$$

将大地视为完纯导体时，雷电通道附近地面上方电场由雷暴云和雷电通道中的电荷共同产生，即

$$\boldsymbol{E}(\rho,\phi,z,t)=\boldsymbol{E}_1(\rho,\phi,z,t)+\boldsymbol{E}_2(\rho,\phi,z,t) \tag{8-18}$$

在大地表面即 $z=0$ 处，雷暴云和雷电通道产生的总电场仅有垂直方向分量，可用式(8-19)表示：

$$\boldsymbol{E}(\rho,\phi,z,t)=\frac{1}{2\pi\varepsilon_0}\left\{\int_{h(t)}^{H}\frac{-z'\tau(z',t)}{(z'^2+\rho^2)^{3/2}}\mathrm{d}z'-\frac{HQ_c(t)}{(H^2+\rho^2)^{3/2}}\right\}\boldsymbol{e}_z \tag{8-19}$$

在先导发展阶段，先导通道中的电流可以忽略，所以先导发展阶段磁场近似等于零。

8.2.2 回击过程雷电通道近区电磁场计算

在回击过程中，雷暴云及雷电通道中的剩余电荷、回击电流和大地组成磁准静态系统。回击过程的近区电场由雷暴云、雷电通道中的剩余电荷和回击电流共同产生[15]。通过分别计算雷暴云、雷电通道中的剩余电荷和回击电流产生的电场，再叠加可以计算出回击过程的近区电场。

根据回击通道模型，可计算出回击过程中雷暴云中的剩余电荷 $Q_c(t_5)$ 和雷电通道中的剩余电荷 $\tau(z',t)$，雷暴云中的电荷 $Q_c(t_5)$ 在地面上方 z 处产生的电场 $\boldsymbol{E}_1(\rho,\phi,z,t)$ 可以表示为

$$\boldsymbol{E}_1(\rho,\phi,z,t)=\left\{\frac{-(H-z)Q_c(t_5)}{4\pi\varepsilon_0[(H-z)^2+\rho^2]^{3/2}}-\frac{(H+z)Q_c(t_5)}{4\pi\varepsilon_0[(H+z)^2+\rho^2]^{3/2}}\right\}\boldsymbol{e}_z$$
$$+\left\{\frac{\rho Q_c(t_5)}{4\pi\varepsilon_0[(H-z)^2+\rho^2]^{3/2}}-\frac{\rho Q_c(t_5)}{4\pi\varepsilon_0[(H+z)^2+\rho^2]^{3/2}}\right\}\boldsymbol{e}_\rho \tag{8-20}$$

雷电通道中的剩余电荷 $\tau(z',t)$ 在地平面上方 z 处的电场 $\boldsymbol{E}_2(\rho,\phi,z,t)$ 可以表示为

$$\boldsymbol{E}_2(\rho,\phi,z,t)=\int_{h(t)}^{H}\left\{\frac{-(z'-z)\tau(z',t)}{4\pi\varepsilon_0[(z'-z)^2+\rho^2]^{3/2}}-\frac{(z'+z)\tau(z',t)}{4\pi\varepsilon_0[(z'+z)^2+\rho^2]^{3/2}}\right\}\mathrm{d}z'\boldsymbol{e}_z$$
$$+\int_{h(t)}^{H}\left\{\frac{\rho\tau(z',t)}{4\pi\varepsilon_0[(z'-z)^2+\rho^2]^{3/2}}-\frac{\rho\tau(z',t)}{4\pi\varepsilon_0[(z'+z)^2+\rho^2]^{3/2}}\right\}\mathrm{d}z'\boldsymbol{e}_\rho \tag{8-21}$$

回击电流用一系列长度为 $\mathrm{d}z'$ 的电偶极子代替，每个电偶极子在场点 P 处产生的矢量磁位为

$$\mathrm{d}\boldsymbol{A}(\rho,\phi,z,t)=\frac{\mu_0}{4\pi}\frac{i(z',t)}{[(z'-z)^2+\rho^2]^{1/2}}\mathrm{d}z'\boldsymbol{e}_z \tag{8-22}$$

回击电流在场点 P 处产生的矢量磁位可表示为

$$\boldsymbol{A}(\rho,\phi,z,t)=\frac{\mu_0}{4\pi}\int_0^{h(t)}\frac{i(z',t)}{[(z'-z)^2+\rho^2]^{1/2}}\mathrm{d}z'\boldsymbol{e}_z \tag{8-23}$$

利用洛伦兹规范，可知

$$\nabla\cdot\boldsymbol{A}=-\frac{1}{c^2}\frac{\partial\varphi(R,t)}{\partial t} \tag{8-24}$$

所以电场强度为

$$\boldsymbol{E}=-\nabla\varphi-\frac{\partial\boldsymbol{A}}{\partial t} \tag{8-25}$$

忽略电流随时间的变化，可知

$$\boldsymbol{E} = -\nabla\varphi = c^2\int\nabla[\nabla\cdot\boldsymbol{A}(R,t)]\mathrm{d}t \tag{8-26}$$

首先对式(8-23)求散度可得

$$\begin{aligned}\nabla\cdot\boldsymbol{A}(\rho,\phi,z,t) &= \frac{\partial A_z}{\partial z} = \frac{\mu_0}{4\pi}\int_0^{h(t)}\frac{\partial}{\partial z}\left(\frac{i(z',t)}{R}\right)\mathrm{d}z' \\ &= \frac{\mu_0}{4\pi}\int_0^{h(t)}\left[\frac{1}{R}\frac{\partial i(t-R/c)}{\partial z} - \frac{z}{R^3}i(t-R/c)\right]\mathrm{d}z'\end{aligned} \tag{8-27}$$

因为

$$\frac{\partial i(t-R/c)}{\partial z} \approx 0 \tag{8-28}$$

所以

$$\nabla\cdot\boldsymbol{A}(\rho,\phi,z,t) = \frac{\mu_0}{4\pi}\int_0^{h(t)} -\frac{z}{R^3}i(z',t)\,\mathrm{d}z' \tag{8-29}$$

回击电流在柱坐标系下电场强度仅有 ρ 和 z 方向分量，没有 ϕ 方向分量，因此可得出

$$\nabla(\nabla\cdot\boldsymbol{A}) = \frac{\mu_0}{4\pi}\int_0^{h(t)}\left[-\frac{\partial}{\partial\rho}\left(\frac{z}{R^3}i(t-R/c)\right)\right]\mathrm{d}z'\boldsymbol{e}_\rho + \frac{\mu_0}{4\pi}\int_0^{h(t)}\left[-\frac{\partial}{\partial z}\left(\frac{z}{R^3}i(t-R/c)\right)\right]\mathrm{d}z'\boldsymbol{e}_z \tag{8-30}$$

将式(8-30)中各项展开得

$$\begin{aligned}E_\rho(\rho,\phi,z,t) = \frac{1}{4\pi\varepsilon_0}\Bigg\{&\int_0^{h(t)}\left[\frac{3\rho(z-z')}{R_0^5(z')}\int_0^t i(z',\tau)\,\mathrm{d}\tau\right]\mathrm{d}z' \\ &+\int_0^{h(t)}\left[\frac{3\rho(z+z')}{R_1^5(z')}\int_0^t i(z',\tau)\mathrm{d}\tau\right]\mathrm{d}z'\Bigg\}\end{aligned} \tag{8-31}$$

$$\begin{aligned}E_z(\rho,\phi,z,t) = \frac{1}{4\pi\varepsilon_0}\Bigg\{&\int_0^{h(t)}\left[\frac{2(z-z')^2-\rho^2}{R_0^5(z')}\int_0^t i(z',\tau)\,\mathrm{d}\tau\right]\mathrm{d}z' \\ &+\int_0^{h(t)}\left[\frac{2(z+z')^2-\rho^2}{R_1^5(z')}\int_0^t i(z',\tau)\mathrm{d}\tau\right]\mathrm{d}z'\Bigg\}\end{aligned} \tag{8-32}$$

综合考虑雷暴云中电荷、雷电通道中的剩余电荷和回击电流的影响，在雷电通道近区电场可表示为

$$\begin{aligned}E_\rho(\rho,\phi,z,t) = \frac{1}{4\pi\varepsilon_0}\Bigg\{&\int_0^{h(t)}\left[\frac{3\rho(z-z')}{R_0^5(z')}\int_0^t i(z',\tau)\,\mathrm{d}\tau + \frac{3\rho(z+z')}{R_1^5(z')}\int_0^t i(z',\tau)\,\mathrm{d}\tau\right]\mathrm{d}z' \\ &+\int_{h(t)}^{H}\left[\frac{\rho\tau(z',t)}{[(z'-z)^2+\rho^2]^{3/2}} - \frac{\rho\tau(z',t)}{[(z'+z)^2+\rho^2]^{3/2}}\right]\mathrm{d}z' \\ &+\frac{\rho Q_c(t_5)}{[(H-z)^2+\rho^2]^{3/2}} - \frac{\rho Q_c(t_5)}{[(H+z)^2+\rho^2]^{3/2}}\Bigg\}\end{aligned} \tag{8-33}$$

$$E_z(\rho,\phi,z,t)=\frac{1}{4\pi\varepsilon_0}\left\{\int_0^{h(t)}\left[\frac{2(z-z')^2-\rho^2}{R_0^5(z')}\int_0^t i(z',\tau)\,\mathrm{d}\tau+\frac{2(z+z')^2-\rho^2}{R_1^5(z')}\int_0^t i(z',\tau)\,\mathrm{d}\tau\right]\mathrm{d}z'\right.$$
$$+\frac{-(H-z)Q_c(t_5)}{[(H-z)^2+\rho^2]^{3/2}}-\frac{(H+z)Q_c(t_5)}{[(H+z)^2+\rho^2]^{3/2}}$$
$$\left.+\int_{h(t)}^H\left[\frac{-(z'-z)\tau(z',t)}{[(z'-z)^2+\rho^2]^{3/2}}-\frac{(z'+z)\tau(z',t)}{[(z'+z)^2+\rho^2]^{3/2}}\right]\mathrm{d}z'\right\} \tag{8-34}$$

特别地，当$z=0$时，即大地上方的雷电通道近区电场为

$$E_z(\rho,\phi,z,t)=\frac{1}{2\pi\varepsilon_0}\int_0^{h(t)}\left[\frac{2z'^2-\rho^2}{R(z')}\int_0^t i\left(z',\tau-\frac{R(z')}{c}\right)\mathrm{d}\tau\right]\mathrm{d}z'$$
$$+\frac{1}{2\pi\varepsilon_0}\int_{h(t)}^H\frac{z'\tau(z',t)}{R^3(z')}\mathrm{d}z'+\frac{HQ_c(t_5)}{2\pi\varepsilon_0[(H+z)^2+\rho^2]^{3/2}} \tag{8-35}$$

式中，$R(z')=(z'^2+\rho^2)^{1/2}$。

回击过程雷电通道近区磁场为磁准静态场，可以忽略位移电流的影响，即变化的电场产生的磁场可以忽略，磁场仅由回击电流产生。磁感应强度 $\boldsymbol{B}$ 可表示为

$$\boldsymbol{B}(\rho,\phi,z,t)=\nabla\times\boldsymbol{A}(\rho,t)=\boldsymbol{e}_\phi\left(-\frac{\partial A_z}{\partial\rho}\right)=\frac{\mu_0}{4\pi}\int_0^{h(t)}\frac{\partial}{\partial\rho}\left\{\frac{i(z',t)}{[(z'-z)^2+\rho^2]^{1/2}}\right\}\mathrm{d}z'\boldsymbol{e}_\phi$$
$$=\frac{\mu_0}{4\pi}\int_0^{h(t)}\left\{\frac{\rho i(z',t)}{[(z'-z)^2+\rho^2]^{3/2}}+\frac{1}{[(z'-z)^2+\rho^2]^{1/2}}\frac{\partial i(z',t)}{\partial\rho}\right\}\mathrm{d}z'\boldsymbol{e}_\phi \tag{8-36}$$

在雷电通道近区，回击电流被看作磁准静态场，此时忽略电流的变化率，即

$$\frac{\partial i(z',t)}{\partial\rho}\approx 0 \tag{8-37}$$

所以回击电流产生的磁感应强度为

$$\boldsymbol{B}(\rho,\phi,z,t)=\frac{\mu_0}{4\pi}\int_0^{h(t)}\frac{\rho i(z',t)}{[(z'-z)^2+\rho^2]^{3/2}}\mathrm{d}z'\boldsymbol{e}_\phi \tag{8-38}$$

考虑镜像电流的影响，总磁场为

$$\boldsymbol{B}(\rho,\phi,z,t)=\frac{\mu_0}{4\pi}\int_0^{h(t)}\left\{\frac{\rho i(z',t)}{[(z'-z)^2+\rho^2]^{3/2}}+\frac{\rho i(z',t)}{[(z'+z)^2+\rho^2]^{3/2}}\right\}\mathrm{d}z'\boldsymbol{e}_\phi \tag{8-39}$$

特别地，当$z=0$时，即在地表面处，雷电通道产生磁感应强度 $\boldsymbol{B}$ 为

$$\boldsymbol{B}(\rho,\phi,z,t)=\frac{\mu_0}{2\pi}\int_0^{h(t)}\frac{\rho i(z',t)}{(z'^2+\rho^2)^{3/2}}\mathrm{d}z'\boldsymbol{e}_\phi \tag{8-40}$$

在回击之后，场的激励源为雷暴云中的剩余电荷，产生的电场可以表示为

$$E_z(\rho,\phi,z,t)=\frac{HQ_c(t_5)}{4\pi\varepsilon_0[(H-z)^2+\rho^2]^{3/2}}+\frac{HQ_c(t_5)}{4\pi\varepsilon_0[(H+z)^2+\rho^2]^{3/2}} \tag{8-41}$$

$$E_\rho(\rho,\phi,z,t)=\frac{\rho Q_c(t_5)}{4\pi\varepsilon_0[(H-z)^2+\rho^2]^{3/2}}-\frac{\rho Q_c(t_5)}{4\pi\varepsilon_0[(H+z)^2+\rho^2]^{3/2}} \tag{8-42}$$

特别地，当 $z=0$ 时，轴向电场为零，垂直电场可表示为

$$E_z(\rho,\phi,z,t)=\frac{HQ_c(t_5)}{2\pi\varepsilon_0(H^2+\rho^2)^{3/2}} \tag{8-43}$$

8.3　有损土壤地面上方雷电近区电磁场计算

8.3.1　先导发展阶段雷电通道近区电场计算

基于雷电放电过程的物理机制，在先导发展阶段，邻近雷电通道的电场为电准静态场，近区电场由雷暴云中的电荷、雷电通道中的电荷和大地上的感应电荷共同产生。将大地视为有损介质时，大地感应电荷的贡献可以利用镜像法求得。雷暴云中电荷用点电荷 $Q_c(t)$ 表示，大地中的镜像电荷用 $Q_{c1}(t)$ 表示。雷电通道中存储电荷用线电荷 $\tau(z',t)$ 表示，雷电通道的镜像电荷用 $\tau_1(z',t)$ 表示，其中，

$$Q_{c1}(t)=\frac{\varepsilon_1-\varepsilon_0}{\varepsilon_1+\varepsilon_0}Q_c(t) \tag{8-44}$$

$$\tau_1(z',t)=\frac{\varepsilon_1-\varepsilon_0}{\varepsilon_1+\varepsilon_0}\tau(z',t) \tag{8-45}$$

式中，ε_0 为空气中的介电常数；ε_1 为有损土壤中的复介电常数。雷暴云中电荷在地平面上方 z 处产生的电场 $\boldsymbol{E}_1(\rho,\phi,z,t)$ 可以表示为

$$\begin{aligned}\boldsymbol{E}_1(\rho,\phi,z,t)=&\left\{\frac{-(H-z)Q_c(t)}{4\pi\varepsilon_0[(H-z)^2+\rho^2]^{3/2}}-\frac{(H+z)Q_{c1}(t)}{4\pi\varepsilon_1[(H+z)^2+\rho^2]^{3/2}}\right\}\boldsymbol{e}_z\\&+\left\{\frac{\rho Q_c(t)}{4\pi\varepsilon_0[(H-z)^2+\rho^2]^{3/2}}-\frac{\rho Q_{c1}(t)}{4\pi\varepsilon_1[(H+z)^2+\rho^2]^{3/2}}\right\}\boldsymbol{e}_\rho\end{aligned} \tag{8-46}$$

先导通道在地平面上方 z 处的电场 $\boldsymbol{E}_2(\rho,\phi,z,t)$ 可以表示为

$$\begin{aligned}\boldsymbol{E}_2(\rho,\phi,z,t)=&\int_{h(t)}^{H}\left\{\frac{-(z'-z)\tau(z',t)}{4\pi\varepsilon_0[(z'-z)^2+\rho^2]^{3/2}}-\frac{(z'+z)\tau_1(z',t)}{4\pi\varepsilon_1[(z'+z)^2+\rho^2]^{3/2}}\right\}\mathrm{d}z'\boldsymbol{e}_z\\&+\int_{h(t)}^{H}\left\{\frac{\rho\tau(z',t)}{4\pi\varepsilon_0[(z'-z)^2+\rho^2]^{3/2}}-\frac{\rho\tau_1(z',t)}{4\pi\varepsilon_1[(z'+z)^2+\rho^2]^{3/2}}\right\}\mathrm{d}z'\boldsymbol{e}_\rho\end{aligned} \tag{8-47}$$

将大地视为有损导体时，雷电通道附近地面上方电场由雷暴云和雷电通道中的电荷共同产生，即

$$E(\rho,\phi,z,t)=E_1(\rho,\phi,z,t)+E_2(\rho,\phi,z,t) \tag{8-48}$$

8.3.2 回击过程雷电通道近区电磁场计算

在回击过程中，雷暴云和雷电通道中的电荷以及回击电流在邻近雷电通道区域产生的电磁场为磁准静态场。雷暴云和雷电通道中的电荷不产生磁场，回击过程中的近区磁场仅由回击电流产生。考虑大地中的镜像电流为$i_1(z',t)$，镜像电流产生的磁场为

$$i_1(z',t)=\frac{\mu_1-\mu_0}{\mu_1+\mu_0}i(z',t) \tag{8-49}$$

式中，μ_0为空气中的磁导率；μ_1为有损土壤中的复磁导率。回击电流产生的磁场可以简化为恒定电流的磁场计算。大地中的镜像电流在场点P处的矢量磁位为

$$A(\rho,t)=\frac{\mu_1}{4\pi}\int_0^{h(t)}\frac{i_1(z',t)}{R_1(z')}\mathrm{d}z'e_z \tag{8-50}$$

磁感应强度为

$$B(\rho,\phi,z,t)=\nabla\times A(\rho,t)=e_\phi\left(-\frac{\partial A_z}{\partial\rho}\right)$$

$$=\frac{\mu_1}{4\pi}\int_0^{h(t)}\frac{\rho i_1(z',t)}{R_1^3(z')}\mathrm{d}z'e_\phi \tag{8-51}$$

考虑镜像电流的影响，总磁感应强度为

$$B(\rho,\phi,z,t)=\frac{\mu_0}{4\pi}\int_0^{h(t)}\frac{\rho i(z',t)}{R^3(z')}\mathrm{d}z'e_\phi+\frac{\mu_1}{4\pi}\int_0^{h(t)}\frac{\rho i_1(z',t)}{R_1^3(z')}\mathrm{d}z'e_\phi \tag{8-52}$$

因为干燥的土壤磁导率等于1，大地中的镜像电流为$i_1(z',t)=0$，所以式(8-52)可以写为

$$B(\rho,\phi,z,t)=\frac{\mu_0}{4\pi}\int_0^{h(t)}\frac{\rho i(z',t)}{R^3(z')}\mathrm{d}z'e_\phi \tag{8-53}$$

回击过程中雷电通道近区电场由雷暴云中电荷、雷电通道中的剩余电荷和回击电流共同产生。将大地视为有损介质时，大地感应电荷的贡献可以利用镜像法求得。雷暴云中的剩余电荷用点电荷$Q_c(t_5)$表示，大地中的镜像电荷用$Q_{c1}(t_5)$表示。雷电通道中存储电荷用线电荷$\tau(z',t)$表示，雷电通道的镜像电荷用$\tau_1(z',t)$表示，雷暴云中的电荷在地平面上方z处的产生的电场$E_1(\rho,\phi,z,t)$可以表示为

$$E_1(\rho,\phi,z,t)=\left\{\frac{-(H-z)Q_c(t_5)}{4\pi\varepsilon_0[(H-z)^2+\rho^2]^{3/2}}-\frac{(H+z)Q_{c1}(t_5)}{4\pi\varepsilon_1[(H+z)^2+\rho^2]^{3/2}}\right\}e_z$$

$$+\left\{\frac{\rho Q_c(t_5)}{4\pi\varepsilon_0[(H-z)^2+\rho^2]^{3/2}}-\frac{\rho Q_{c1}(t_5)}{4\pi\varepsilon_1[(H+z)^2+\rho^2]^{3/2}}\right\}e_\rho \tag{8-54}$$

雷电通道中的剩余电荷在地平面上方 z 处的电场 $\boldsymbol{E}_2(\rho,\phi,z,t)$ 可以表示为

$$\boldsymbol{E}_2(\rho,\phi,z,t)=\int_{h(t)}^{H}\left\{\frac{-(z'-z)\tau(z',t)}{4\pi\varepsilon_0[(z'-z)^2+\rho^2]^{3/2}}-\frac{(z'+z)\tau_1(z',t)}{4\pi\varepsilon_1[(z'+z)^2+\rho^2]^{3/2}}\right\}\mathrm{d}z'\boldsymbol{e}_z$$
$$+\int_{h(t)}^{H}\left\{\frac{\rho\tau(z',t)}{4\pi\varepsilon_0[(z'-z)^2+\rho^2]^{3/2}}-\frac{\rho\tau_1(z',t)}{4\pi\varepsilon_1[(z'+z)^2+\rho^2]^{3/2}}\right\}\mathrm{d}z'\boldsymbol{e}_\rho \quad (8\text{-}55)$$

回击电流产生的电场计算过程如下，根据上述推导过程可知，镜像电流在场点 P 处的电场强度可表示为

$$E_\rho(\rho,\phi,z,t)=\frac{1}{4\pi\varepsilon_0}\int_0^{h(t)}\left[\frac{3\rho(z-z')}{R_0^5(z')}\int_0^t i(z',\tau)\,\mathrm{d}\tau\right]\mathrm{d}z'$$
$$+\frac{1}{4\pi\varepsilon_1}\int_0^{h(t)}\left[\frac{3\rho(z+z')}{R_1^5(z')}\int_0^t i_1(z',\tau)\,\mathrm{d}\tau\right]\mathrm{d}z' \quad (8\text{-}56)$$

$$E_z(\rho,\phi,z,t)=\frac{1}{4\pi\varepsilon_0}\int_0^{h(t)}\left[\frac{2(z-z')^2-\rho^2}{R_0^5(z')}\int_0^t i(z',\tau)\,\mathrm{d}\tau\right]\mathrm{d}z'$$
$$+\frac{1}{4\pi\varepsilon_1}\int_0^{h(t)}\left[\frac{2(z+z')^2-\rho^2}{R_1^5(z')}\int_0^t i_1(z',\tau)\,\mathrm{d}\tau\right]\mathrm{d}z' \quad (8\text{-}57)$$

综合考虑雷暴云中电荷、雷电通道中的剩余电荷和回击电流的影响，在雷电通道近区电场可表示为

$$E_\rho(\rho,\phi,z,t)=\frac{1}{4\pi}\left\{\int_0^{h(t)}\left[\frac{3\rho(z-z')}{\varepsilon_0R_0^5(z')}\int_0^t i(z',\tau)\,\mathrm{d}\tau+\frac{3\rho(z+z')}{\varepsilon_1R_1^5(z')}\int_0^t i_1(z',\tau)\,\mathrm{d}\tau\right]\mathrm{d}z'\right.$$
$$+\int_{h(t)}^{H}\left[\frac{\rho\tau(z',t)}{\varepsilon_0[(z'-z)^2+\rho^2]^{3/2}}-\frac{\rho\tau_1(z',t)}{\varepsilon_1[(z'+z)^2+\rho^2]^{3/2}}\right]\mathrm{d}z'$$
$$\left.+\frac{\rho Q_c(t_5)}{\varepsilon_0[(H-z)^2+\rho^2]^{3/2}}-\frac{\rho Q_{c1}(t_5)}{\varepsilon_1[(H+z)^2+\rho^2]^{3/2}}\right\} \quad (8\text{-}58)$$

$$E_z(\rho,\phi,z,t)=\frac{1}{4\pi}\left\{\int_0^{h(t)}\left[\frac{2(z-z')^2-\rho^2}{\varepsilon_0R_0^5(z')}\int_0^t i(z',\tau)\,\mathrm{d}\tau+\frac{2(z+z')^2-\rho^2}{\varepsilon_1R_1^5(z')}\int_0^t i_1(z',\tau)\,\mathrm{d}\tau\right]\mathrm{d}z'\right.$$
$$+\frac{-(H-z)Q_c(t_5)}{\varepsilon_0[(H-z)^2+\rho^2]^{3/2}}-\frac{(H+z)Q_{c1}(t_5)}{\varepsilon_1[(H+z)^2+\rho^2]^{3/2}}$$
$$\left.+\int_{h(t)}^{H}\left[\frac{-(z'-z)\tau(z',t)}{\varepsilon_0[(z'-z)^2+\rho^2]^{3/2}}-\frac{(z'+z)\tau_1(z',t)}{\varepsilon_1[(z'+z)^2+\rho^2]^{3/2}}\right]\mathrm{d}z'\right\} \quad (8\text{-}59)$$

在回击之后，场的激励源为雷暴云中的剩余电荷，产生的电场可以表示为

$$E_z(r,\rho,z,t)=\frac{HQ_c(t_5)}{4\pi\varepsilon_0[(H-z)^2+\rho^2]^{3/2}}+\frac{HQ_{c1}(t_5)}{4\pi\varepsilon_1[(H+z)^2+\rho^2]^{3/2}} \tag{8-60}$$

$$E_\rho(r,\rho,z,t)=\frac{\rho Q_c(t_5)}{4\pi\varepsilon_0[(H-z)^2+\rho^2]^{3/2}}-\frac{\rho Q_{c1}(t_5)}{4\pi\varepsilon_1[(H+z)^2+\rho^2]^{3/2}} \tag{8-61}$$

8.4 算例分析

2004 年，国际雷电研究和测试中心在佛罗里达州的布兰丁进行了人工触发雷电试验，测得了雷电通道基底电流和雷电电磁场数值。本节以该测试数据为基础，计算了雷电通道附近的电场和磁场值，并与实际测量值进行了比较[16]。

根据实验闪击次数，设定式(8-5)中的系数 N 为 1.5，雷暴云高度为 7500m，测量的雷电通道基底电流波形如图 8-6 所示。

电场强度在 90m 处的测量值如图 8-7 所示。从图中可以看出，先导发展阶段电场变化为 ΔE_L，回击过程中电场变化为 ΔE_{RS}。在雷电先导到达大地之前，电场强度不等于零，说明雷电先导通道中存在电荷或者电流成分，激发了先导电场。在回击过程中，300μs 之后电场强度没有衰减到零，说明雷暴云中存在剩余电荷，雷击通道中存在连续电流成分。

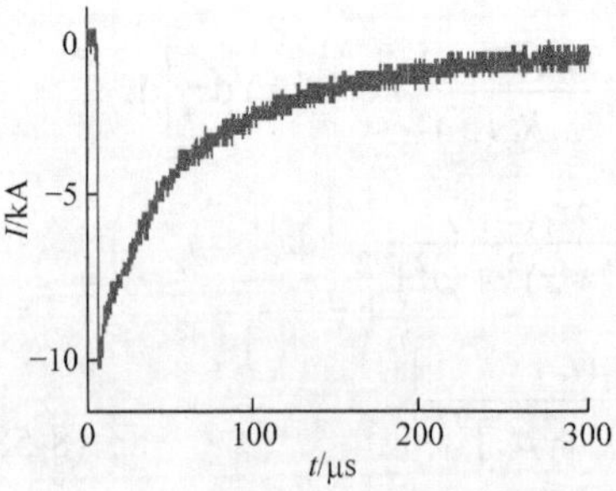

图 8-6　2004 年测量的雷电通道基底电流波形

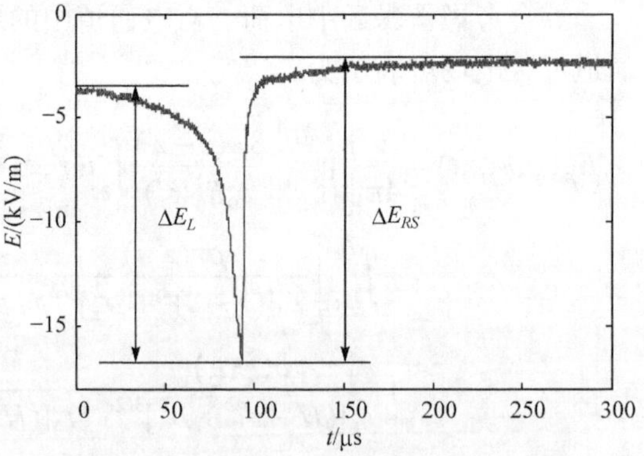

图 8-7　距离雷电通道 90m 处的电场测量值

测量电场数据包含随机噪声，利用中值滤波器可将随机噪声滤除。滤除噪声后，对电场使用数值方法计算电场强度的导数，在距离雷电通道 90m 处的电场导数值 $\mathrm{d}E/\mathrm{d}t$ 如图 8-8 所示，电场导数呈现双极性的波形特征，先导部分为初始负极性部分，回击通道产生随后的正极性部分。过零点时刻为先导通道到达大地的时刻。场的微分正比于源的变化率，回击电流的峰值比先导更大，所以回击的速度大于先导发展速度，雷电先导的速度设置为 10^7m/s，回击速度设置为 10^8m/s。

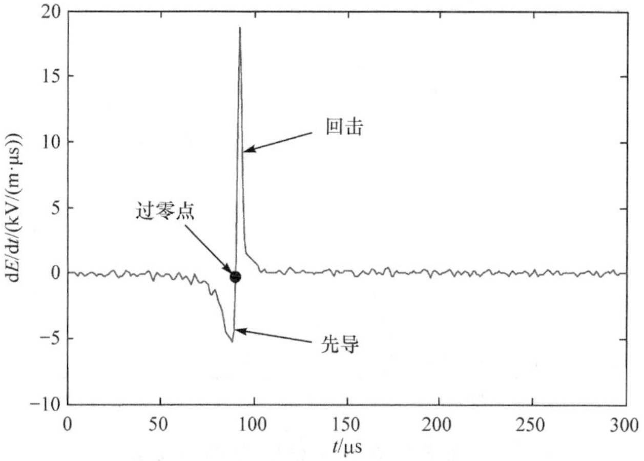

图 8-8　距离雷电通道 90m 处的电场导数值

电场计算值和测量值的对比如图 8-9 所示。方法 1 为本章推荐的方法，考虑了回击电流和存储在雷电通道和雷暴云中电荷的影响。方法 2 为仅考虑回击电流的影响。由图 8-9 可知，仅考虑回击电流的影响时，在先导发展阶段，误差很大，将电荷的影响考虑在内后，误差得到了明显抑制。

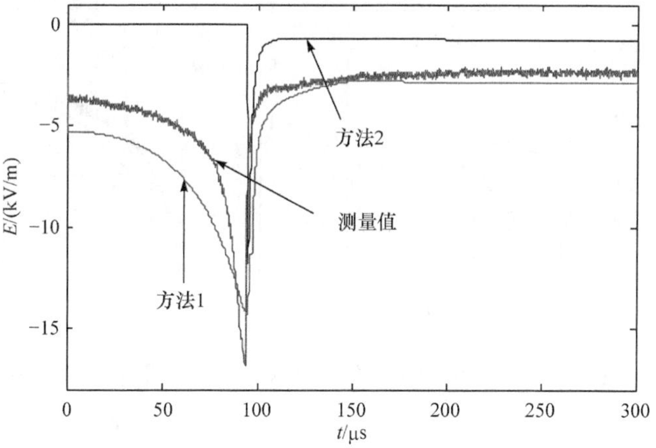

图 8-9　距离雷电通道 90m 处的电场计算值和测量值对比

距离雷电通道 334m 处的磁场测量值如图 8-10 所示。由图可知，先导发展阶段磁场的变化为 ΔB_L，回击过程中的磁场变化为 ΔB_{RS}。在雷电先导到达大地之前，磁场近似等于零。

测得的磁场数据包含随机噪声，利用中值滤波器可将随机噪声滤除。滤除噪声后，对磁场数据使用数值方法计算磁场的导数，在距离雷电通道 334m 处的磁场导数值 dB/dt 如图 8-11 所示，呈现单极性的波形特征。在先导发展阶段，测量

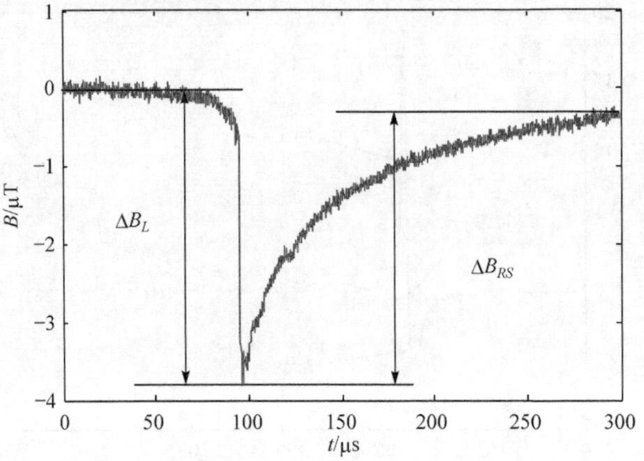

图 8-10　距离雷电通道 334m 处的磁场测量值

到的磁感应强度和磁感应强度变化率都等于零，磁场的场源为电流，说明先导通道中的先导电流近似等于零。

距离雷电通道 334m 处的磁场的计算值和测量值对比如图 8-12 所示，磁场仅由回击电流产生，所以磁感应强度波形同基底电流波形相似，同电场的计算值相比，磁场的计算误差相对较小。

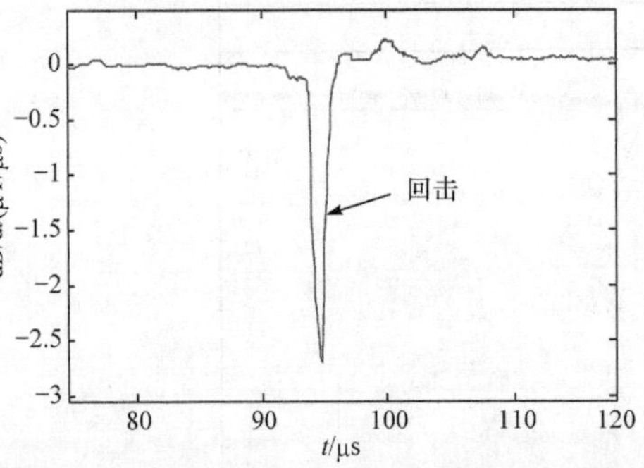

图 8-11　距离雷电通道 334m 处的磁场导数值

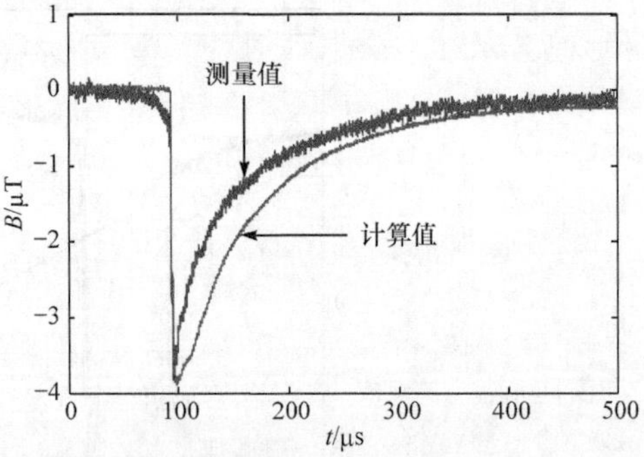

图 8-12　距离雷电通道 334m 处的磁场计算值和测量值对比

8.5 本 章 小 结

基于雷电放电过程的物理机制，在先导发展阶段，邻近雷电通道的电场为准静态场，近区电场由雷暴云中的电荷、雷电通道中的电荷和大地上的感应电荷共同产生。本章推导了在先导发展阶段，将大地视为完纯导体和有损介质情况下，雷电通道近区电场的表达式。

在回击过程中，雷暴云及雷电通道中的剩余电荷、回击电流和大地组成磁准静态系统。回击过程的近区电场由雷暴云、雷电通道中的剩余电荷和回击电流共同产生，近区磁场由回击电流产生。本章推导了在回击过程中，将大地视为完纯导体和有损介质情况下，雷电通道近区电场和磁场的表达式。

利用本章推导的电场和磁场表达式，计算雷电通道近区电场和磁场，并与 2004 年在佛罗里达州进行的人工触发雷电试验测试数据进行对比。研究表明，考虑雷暴云和雷电通道中电荷影响时，电磁场的计算值和测量值更加吻合。

参考文献

[1] Thomson E M, Uman M A, Beasley W H. Speed and current for lightning stepped leaders near ground as determined from electric field records[J]. Journal of Geophysical Research, 1985, 90(5): 8136-8142.

[2] 李东铭. 雷电电磁场以及架空导线雷电感应过电压计算分析[D]. 武汉：华中科技大学, 2011.

[3] Rubinstein M, Uman M A. Methods for calculating the electromagnetic fields from a known source distribution: Application to lightning[J]. IEEE Transactions on Electromagnetic Compatibility, 1989, 31(2): 183-189.

[4] Cooray V. On the accuracy of several approximate theories used in quantifying the propagation effects on lightning generated electromagnetic fields[J]. IEEE Transactions on Antennas Propagation, 2008, 56(7): 1960-1967.

[5] 张飞舟, 陈亚洲, 魏明, 等. 雷电电流的脉冲函数表示[J]. 电波科学学报, 2002, 17(1): 51-53.

[6] Nucci C A, Diendorfer G , Uman M A, et al. Lightning return stroke current models with specified channel-base current: A review and comparison[J]. Journal of Geophysical Research, 1990, 95: 20395-20408.

[7] Heidler F. Analytic lightning current functions for LEMP calculations[C]//International Conference on Lightning Protection (ICLP), Berlin, 1985: 453.

[8] IEC 62305-1-2006: Protection Against Lightning-part[S]. United Nations: International Electrotechnical Commission, 2006.

[9] 陈绍东, 张义军, 杨少杰, 等. 两次仅有连续电流的负极性人工引发雷电特征分析[J]. 中国电机工程学报, 2009, 29(1): 113-119.

[10] Thottappillil R, Rakov V A, Uman M A. K and M changes in close lightning ground flashes in Florida[J]. Journal of Geophysical Research, 1990, 95: 18631-18640.

[11] 杨栋新. 基于时域有限差分法的雷电辐射电磁场的分析研究[D]. 保定：华北电力大学, 2008.

[12] Cooray V. Propagation effects due to finitely conducting ground on lightning generated magnetic fields evaluated using Sommerfeld's equations[J]. IEEE Transactions on Electromagnetic

Compatibility, 2009, 51(3): 526-531.
[13] 杨春. 解最优化问题的模式搜索算法[D]. 南京: 南京航空航天大学, 2003.
[14] Rakov V A, Uman M A. Review and evaluation of lightning return stroke models including some aspects of their application[J]. IEEE Transactions on Electromagnetic Compatibility, 1998, 40(4): 313-324.
[15] Rubinstein M, Rachidi F, Uman M A, et al. Characterization of vertical electric fields 500m and 30m from triggered lightning[J]. Journal of Geophysical Research, 1995, 100(5): 8863-8872.
[16] 王平. 雷电对建筑物和输电线路的电磁影响研究[D]. 北京: 华北电力大学, 2015.

彩　图

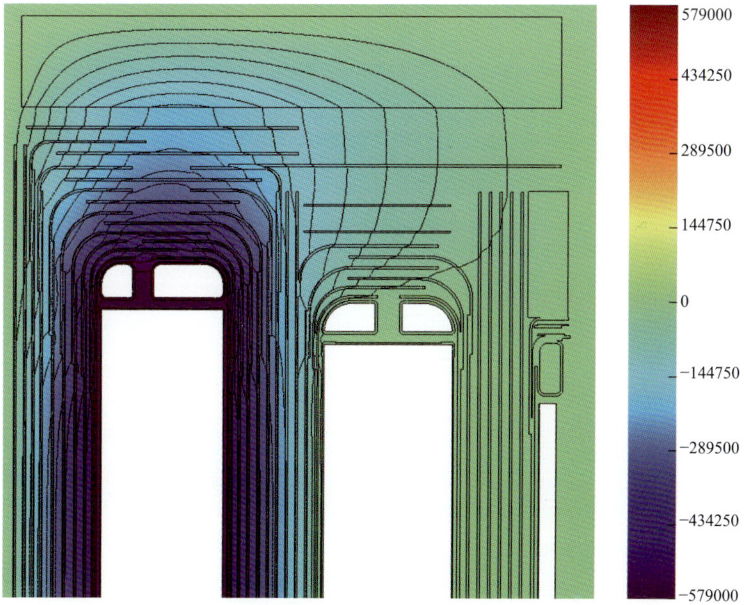

图 2-14　各向同性线性介质第一次反转前时刻的电位分布(单位：V)

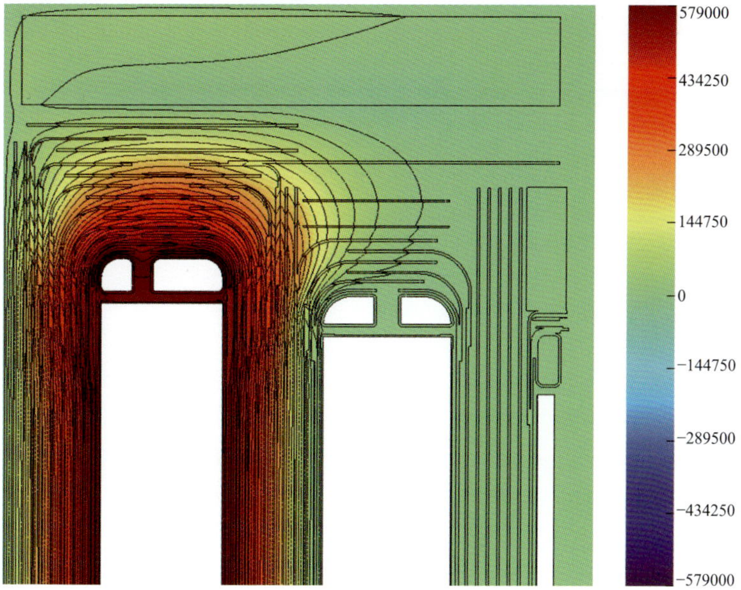

图 2-15　各向同性线性介质第一次反转后时刻的电位分布(单位：V)

图 2-16　各向同性非线性介质第一次反转前时刻的电位分布(单位：V)

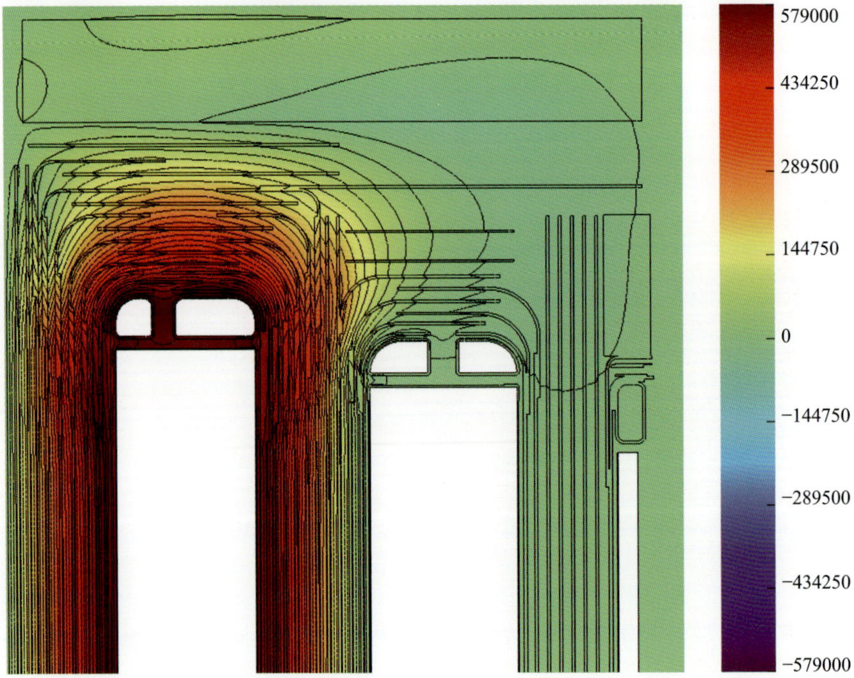

图 2-17　各向同性非线性介质第一次反转后时刻的电位分布(单位：V)

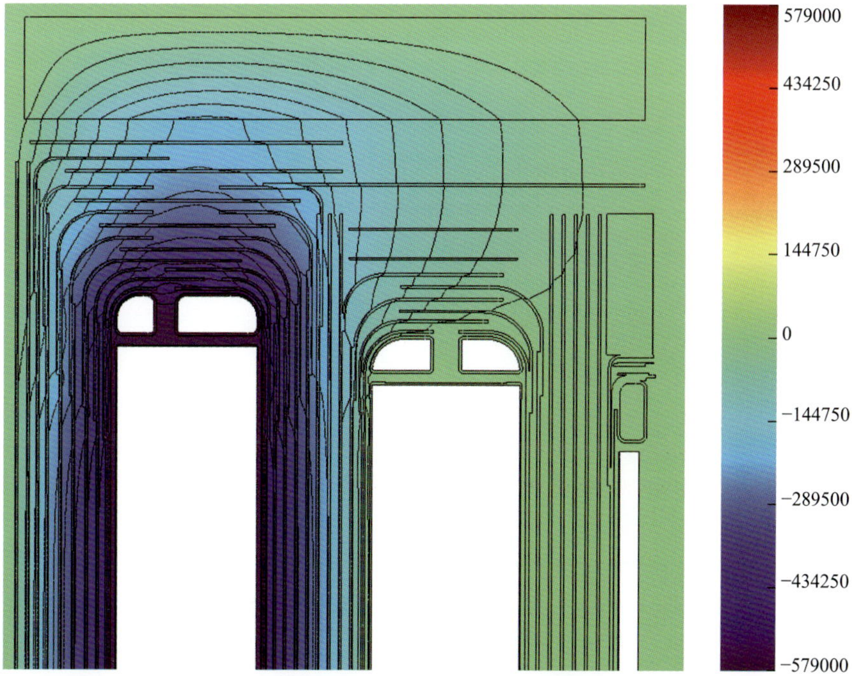

图 2-18　各向异性线性介质第一次反转前时刻的电位分布(单位：V)

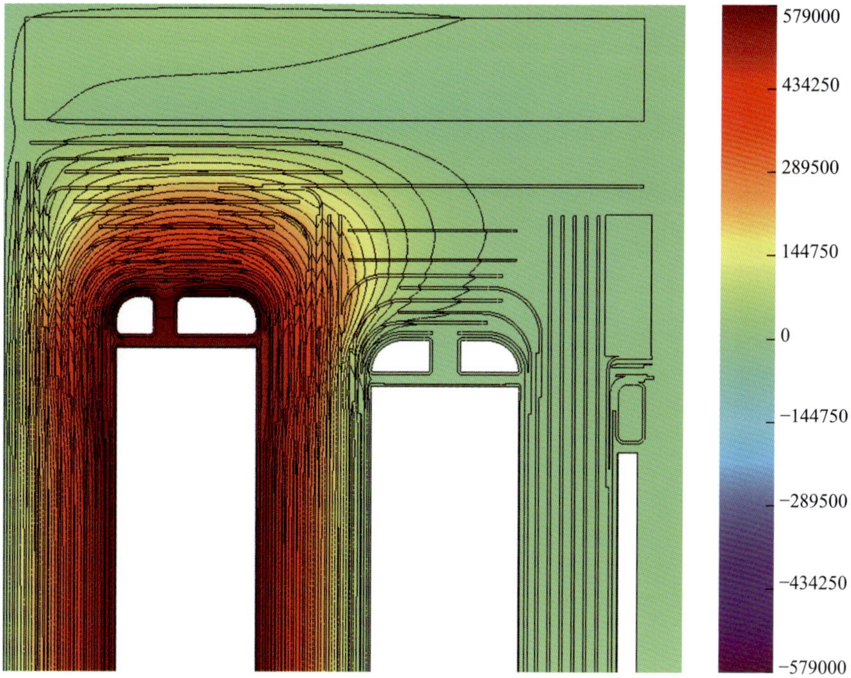

图 2-19　各向异性线性介质第一次反转后时刻的电位分布(单位：V)

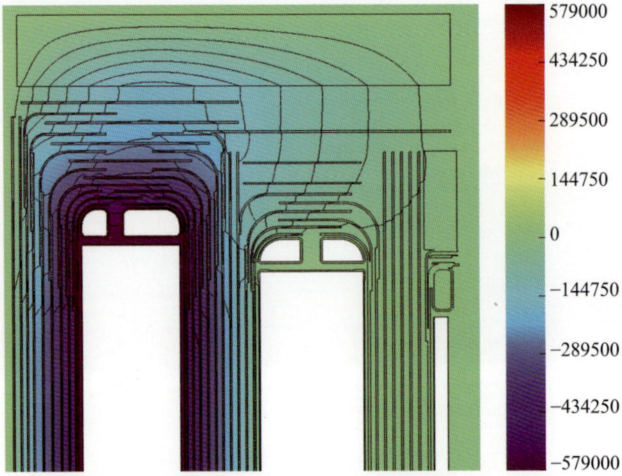

图 2-20　各向异性非线性介质第一次反转前时刻的电位分布(单位：V)

图 2-21　各向异性非线性介质第一次反转后时刻的电位分布(单位：V)

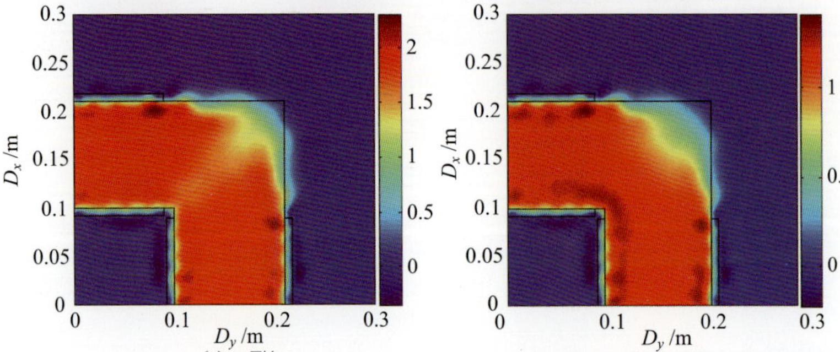

(a) t=T/4　　(b) t=T/2

图 7-5　偏磁下不同时刻磁感应强度的云图